高等学校给排水科学与工程专业系列教材

城市水生态环境保护社会实践

李家科　李伟光　主编
张　智　主审

中国建筑工业出版社

图书在版编目（CIP）数据

城市水生态环境保护社会实践 / 李家科，李伟光主
编．— 北京 ：中国建筑工业出版社，2023.11（2024.6重印）
高等学校给排水科学与工程专业系列教材
ISBN 978-7-112-29208-0

Ⅰ．①城… Ⅱ．①李… ②李… Ⅲ．①城市环境－水
环境－生态环境保护－高等学校－教材 Ⅳ．①X321.2

中国国家版本馆 CIP 数据核字(2023)第 186448 号

随着经济快速发展和城市化进程的加快，城市水生态环境问题日益突出，开展城市水生态环境保护领域的社会实践活动有助于了解和发现存在的问题，并提出可行的解决方案和建议，提高城市水生态环境质量。

本书综合考虑城市水污染控制工程、城市雨洪管理、固体废物与土壤污染控制、水环境监测、水环境保护规划与管理等城市水生态环境保护问题，融合人文社科、数理统计、管理等跨学科社会实践专门知识，从多学科视角解读如何开展城市水生态环境保护社会实践活动。系统介绍城市水生态环境保护基础知识、城市水生态环境保护专业理论知识、典型城市水生态环境保护社会实践案例、社会实践专门知识等内容。全书分为 12 章，内容详尽、涉及面广、取材广泛，特别注重专业理论知识与典型社会实践案例的结合，具有较强的针对性和实用性。

本书可作为高等学校给排水科学与工程、环境工程等专业的教学用书，也可供从事城市水生态环境保护调研、规划与管理人员以及其他与给排水科学与工程、环境工程有关的专业技术人员参考使用。

责任编辑：张文胜
责任校对：刘梦然
校对整理：张辰双

高等学校给排水科学与工程专业系列教材

城市水生态环境保护社会实践

李家科　李伟光　主编

张　智　主审

*

中国建筑工业出版社出版、发行（北京海淀三里河路9号）

各地新华书店、建筑书店经销

北京红光制版公司制版

建工社（河北）印刷有限公司印刷

*

开本：787毫米×1092毫米　1/16　印张：16¼　字数：401千字

2023年11月第一版　　2024年6月第二次印刷

定价：**52.00**元

ISBN 978-7-112-29208-0

(41917)

本 书 编 委 会

主　编　李家科　李伟光

副主编　孟海鱼　杨利伟　张洪伟　李俊峰

主　审　张　智

前　　言

社会实践是高等院校实践育人工作的重要环节，社会实践活动的开展，有助于学生提高思想意识，强化国情认知，锤炼意志品质，增强发现、分析和解决复杂问题的能力。随着经济快速发展和城市化进程的加快，城市水生态环境问题日益突出，开展城市水生态环境保护领域的社会实践活动有助于了解和发现存在的问题，并提出可行的解决方案和建议，提高城市水生态环境质量。目前的社会实践类课程教材主要以介绍社会实践的类型、组织形式、调研方法、过程管理等基本知识为主，缺少以城市水生态环境保护社会实践为主题的专门性教材。

本书针对城市水生态环境保护涉及的水污染控制工程、城市雨洪管理、固体废物与土壤污染控制、水环境保护规划与管理等问题，有机融入社会实践专门知识，系统介绍了城市水生态环境保护基础知识、城市水生态环境保护专业理论知识（城市水污染控制工程、城市雨洪管理、固废与土壤污染控制、水环境监测、水环境保护规划与管理等）、社会实践专门知识（社会实践的开展与环节设计、社会实践数据分析方法、社会实践报告的撰写）、典型城市水生态环境保护社会实践案例（水污染控制工程社会实践、海绵城市社会实践、河流健康社会实践）等内容，特别注重专业理论知识与典型社会实践案例的结合。本书能使本科生理解和掌握系统的城市水生态环境保护社会实践知识和方法，引导本科生更好地组织和开展城市水生态环境保护领域的社会实践活动，增加本科生对城市水生态环境保护的兴趣和热情，促进创新型、应用型人才的培养。

本书内容成熟，取材广泛，层次清晰，适用于给排水科学与工程、环境工程等专业的本科教学使用，也可供从事城市水生态环境保护调研、规划与管理人员以及相关领域的专业技术人员参考。

本书由西安理工大学李家科、哈尔滨工业大学李伟光主编，西安理工大学孟海鱼、长安大学杨利伟、兰州交通大学张洪伟、石河子大学李俊峰为副主编，西安理工大学郭媛、王东琦、蒋春博、成波、王辉、董雯、杨帆、王哲等参加了编写。全书共分12章，第1、3、11章由李家科、蒋春博、杨帆编写；第2、10章由李伟光、王东琦、孟海鱼编写；第4章由杨利伟、董雯编写；第5、6章由张洪伟、郭媛编写；第7章由孟海鱼、杨帆、王哲编写；第8、9章由孟海鱼、王辉编写；第12章由李俊峰、成波编写。

本书由重庆大学张智教授主审，主审人对书稿进行了认真审校，并提出了建设性的修改意见，提高了本书的质量，编者对此深表谢意。

本书的出版得到了陕西高等教育教学改革重点攻关项目"《城市水生态环境保护社会

实践》省级一流课程建设研究与实践"(21BG021)、陕西省高等教育学会高等教育科学研究项目（XGH21090）、西安理工大学本科教材建设项目（JCZ2204）、给排水科学与工程和环境工程国家一流专业建设经费等资助，在编写和出版过程中得到了西安理工大学、哈尔滨工业大学、重庆大学、长安大学、兰州交通大学、石河子大学等高校的大力支持，在此表示衷心的感谢。

　　限于编者水平有限，书中不妥或谬误之处，恳请读者批评指正。

目　　录

第1章 城市水生态环境保护概论

水是人类生存和发展不可缺少的自然资源，不仅是联系山水林田湖生命共同体的纽带性要素，也是保障区域可持续发展的战略性资源。随着社会和经济的快速发展，水资源匮乏、水污染严重和水生态恶化所构成的水危机逐渐成为城市化发展的制约因素，城市发展与水生态环境系统的矛盾日益突出。本章在介绍国内外水生态环境现状的基础上，阐述了城市水生态环境保护的重要意义、内涵和主要任务，明确了水体污染物及其危害，并总结了既能满足城镇社会经济发展需求，又能保护水生态环境的方法，以应对城市水生态环境保护方面的问题。

1.1 城市水生态环境保护概述

水生态指环境水因子对生物的影响和生物对各种水分条件的适应情况。水生态系统是由水生生物群落及其生存环境共同构成的具有特定结构和功能的动态平衡系统。水生物群落由存在于水体并与水体互相依存的一定种类的动物、植物、微生物组成，它们是生态系统的主体。水生物群落内不同生物种群的生存环境包括非生物环境和生物环境。非生物环境又称无机环境或物理环境，如各种无机物质、太阳辐射等。非生物环境为生物提供生存的场所和空间，具备生物生存所必需的物质条件，是水生态系统的生命支持系统。生物环境又称有机环境，如不同种群的生物。水生物体同其生存环境之间以及生物群落内不同种群生物之间不断进行着物质交换和能量流动，并处于互相作用和互相影响的动态平衡之中。环境中水的质和量是决定生物分布、种类组成和数量以及生活方式的重要因素。水生态系统不仅是人类资源的宝库，而且是重要的环境因素，具有调节气候，净化污染及保护生物多样性等功能。

水环境是指自然界中水的形成、分布和转化所处空间的环境，指围绕人群空间及可直接或间接影响人类生活和发展的水体；也有的指相对稳定的、以陆地为边界的天然水域所处空间的环境。水环境主要由地表水环境和地下水环境两部分组成，地表水环境包括河流、湖泊、水库、海洋、池塘、沼泽、冰川等，地下水环境包括泉水、浅层地下水、深层地下水等。

水生态环境即水生态和水环境的统称，水生态环境破坏指维持水因子及生物之间的平衡性被打破，水体失去了原有的功能。当前国内外水生态环境现状不容乐观。

1.1.1 国内外水生态环境现状

1.1.1.1 全球水资源现状

水资源（地表水和地下水）的更新即水的蒸发、降水和径流在自然界的无限循环。水循环由全球气候驱动：气候变化影响降水量和蒸发量，降水量和蒸发量决定径流大小和可用水量（通过自然和人工蓄水调节）（图1-1）。过去几十年的观察结果和气候变化情景预

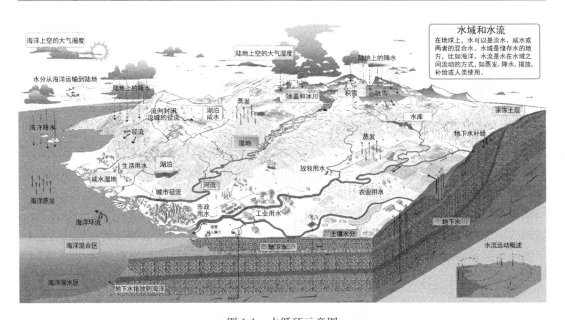

图 1-1　水循环示意图

资料来源：美国地质勘探局（United States Geological Survey，USGS）。

测均表明，全球水循环动态在空间和时间上的变化日益加剧，水资源供需之间的差距也逐渐拉大。

据估计，全球约有 36 亿人（近一半全球人口）目前居住的地区每年都将经历至少长达 1 个月的干旱，而到 2050 年这一数字可能会增加至 48 亿～57 亿人。值得注意的是全球面临水资源短缺的人口中有 50% 居住在中国和印度。约 5 亿人口所在地区的水资源消耗量超过了当地可再生的水资源总量，包括印度部分地区、中国、地中海地区、中东、中亚、撒哈拉沙漠以南非洲干旱地区、澳大利亚、南美洲中西部地区，以及北美洲中西部地区。

预计未来几十年全球对水资源的需求将显著提高。全球需水量与人口增长、经济发展和消费结构变化等因素相关。目前全球需水量正以每年约 1% 的速度增长，且在未来 20 年内将继续出现大幅增长。至 2050 年，全球需水量预计增长 55%，工业和居民需水量的增长速度将高于农业需水量，但农业仍然是最大的用水行业。日益增长的需水量主要来自于发展中国家和新兴经济体。

根据联合国粮食及农业组织（FAO）的全球水资源及农业的信息系统（AQUASYAT）数据库，全球淡水取用量每年约 3928km³，其中约 43.69%（即每年 1716km³）在农田灌溉时通过蒸发被消耗掉，剩下的 56.31%（即每年 2212km³）以城市废水、工业污水和农业排水的形式流入自然环境。

1.1.1.2　全球水污染现状

全球每年有大量的污水排入环境，污染自然界中的淡水。未经处理的污水排放日益增加，加上农田径流和未经适当处理的工业废水，导致世界各地的水质持续恶化。如果这样的排放趋势持续下去，未来数十年水质将继续恶化，尤其是干旱地区的资源贫乏国家，这将威胁生态系统和人类的健康，引发水质型缺水，并阻碍经济可持续发展。

目前，全球每天有2万t污水和其他废水排入水体，超过80%（在一些发展中国家超过95%）的废水未经处理就直接排入自然水体，包括人类排泄物到剧毒工业排放物的所有物质。全球水质监测计划的早期调查结果显示，自20世纪90年代以来，非洲、亚洲和拉丁美洲几乎所有河流中的水污染情况均出现恶化。在非洲、亚洲和拉丁美洲地区，约有1/3的河段已遭受严重的病原体污染影响，数百万人的健康被置于危险中。6%~10%的拉美河段、7%~15%的非洲河段以及11%~17%的亚洲河段受到严重的有机污染（每月河流生化需氧量（BOD）浓度大于8mg/L），且连续几年的不断恶化，对内陆渔业、粮食安全和人类生计造成重大影响，尤其是靠淡水渔业谋生的贫困农村地区。约1/10的河流受中度和重度盐度污染影响，损害了河流的灌溉、工业和其他功能。

在全球范围内，最为普遍的水质问题是富营养化。农业化肥的集中使用带来的营养负荷（氮、磷和钾）预计至2050年会持续增多，加剧淡水和沿海海洋生态系统的富营养化。据估计，2050年生活在由于BOD过高造成高度水质量风险环境下的人口数量约为全球人口的1/5，而面临氮和磷过高风险的人口数量将约占全球总人口的1/3。

1.1.1.3 中国水生态环境现状

经过多年的建设，我国水生态环境保护工作取得了显著的成绩。地表水环境质量持续向好，重点流域水质提升。"十三五"以来，全国地表水和重点流域水质优良比例不断提升，劣Ⅴ类比例持续下降（图1-2）。湖泊水质改善明显，Ⅰ~Ⅲ类湖泊数量提升显著。黑臭水体的治理初见成效。截至2019年年底，全国295个地级及以上城市的2899个黑臭水体中，已完成整治2513个，完成率为86.7%。到2022年，七大重点流域和浙闽片河流、西北诸河、西南诸河主要江河水质优良（达到或优于Ⅲ类）比例总体达90.2%，重

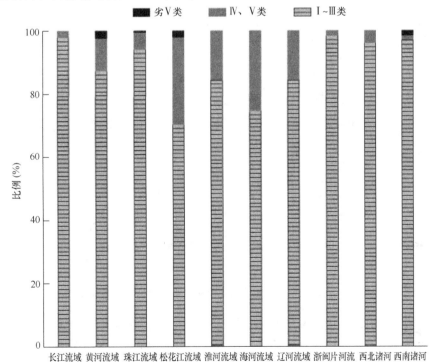

图1-2 2022年七大流域和浙闽片河流、西北诸河、西南诸河主要江河水质状况
图片来源：《2022中国生态环境状况公报》流域国控断面监测数据。

要湖泊（水库）水质优良比例占 73.8%，全国地下水质量极差的比例控制在 20% 左右。长江干流国控断面连续三年全线达到 Ⅱ 类水质，黄河干流国控断面首次全线达到 Ⅱ 类水质，我国水生态环境保护发生重大转折性变化。此外，2010—2020 年，我国对工业污染的治理取得了较大的进步，工业废水排放量总体上呈下降趋势（图 1-3）。从工业污染物排放来看，也有明显的改善，生态环境部发布的《2016—2019 年全国生态环境统计公报》显示，2016—2019 年，我国工业源废水主要污染物化学需氧量（COD）、氨氮和总氮的整体排放量呈下降趋势（图 1-4），说明我国工业废水处理能力有所加强，工业废水处理质量亦有所提升。

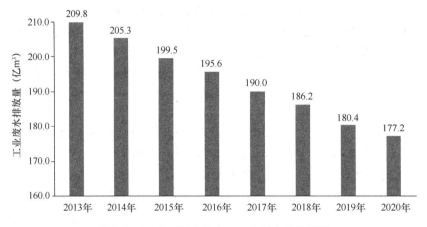

图 1-3　2013—2020 年中国工业废水排放情况

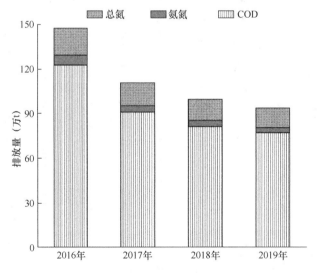

图 1-4　2016—2019 年中国工业源废水主要污染物排放量

　　尽管我国水生态环境质量有所改善，但与建设美丽中国的目标要求相比，我国水生态环境保护面临的结构性、根源性、趋势性压力尚未根本缓解，水环境质量改善不平衡不协调问题突出，河湖生态用水保障不足，水生态破坏问题凸显，水生态环境风险依然较高。综合分析，主要表现在以下五个方面。

（1）环境质量上，氮、磷等指标污染压力提升，消除黑臭水体仍需攻坚。

"十三五"以来，全国地表水和各流域Ⅰ～Ⅲ类比例不断上升，常规污染物得到一定控制，但氮、磷等污染压力提升。分析 2019 年七大流域 1367 个国控断面的监测数据可知，水质超标定类因子主要集中在氨氮、总磷、COD 等方面（图 1-5）。长江流域首要污染物为总磷和氨氮，氮磷超标断面占总超标断面比例达 60%；黄河流域、珠江流域氨氮问题突出，黄河流域氨氮超标断面占比达到 54%，珠江流域也达到 39%；辽河流域氨氮和总磷超标倍数分别达到了 3.4 和 2.6；淮河流域、海河流域氨氮和总磷超标倍数也已趋近最高。重点湖库水质有所好转，总磷仍是重点湖库的首要污染物。已开展水质监测的110 个重要湖泊（水库）中，总的超标断面数为 132 个，其中总磷超标断面达到 91 个，占比 69%。

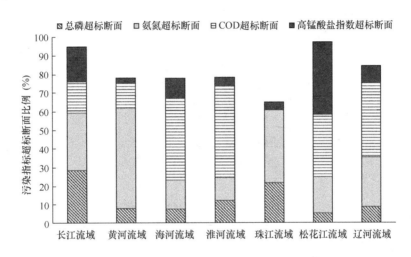

图 1-5　七大流域水质超标定类因子的断面情况

数据来源：流域国控断面监测数据。

黑臭水体整治工作取得了较好成效，但黑臭水体治理不平衡、不协调的情况依然突出，全国 295 个地级及以上城市的 2899 个黑臭水体的整治完成率为 86.7%，除 36 个重点城市（直辖市、省会城市、计划单列市）外的其他城市消除率仅为 81.2%，与 2030 年"城市建成区黑臭水体总体得到消除"的目标还有不小差距。

（2）污染排放上，常规污染物得到一定控制，农业、生活源仍占主导。

污染结构上，在七大重点流域中分别统计 COD、氨氮和总磷等常规污染因子。在统计的大型畜禽、工业源和生活源中，七大流域生活源占主体，其次为工业源。生活源各常规污染因子排放量占比在 82%～96% 之间（图 1-6）。黄河流域 COD 生活源占比最低，为 82.85%。辽河流域氨氮生活源占比最高，为 96.4%。工业源各因子排放占比均在 10% 以内。大型畜禽污染物排放占比最低。但对比"十二五"和"十三五"统计范围和数据趋势（图 1-7），结合已有研究可知，农业农村污染物排放远大于大型畜禽养殖污染物排放，甚至超过生活源污染排放而占据污染排放量的最大占比。最新发布的《第二次全国污染源普查公报》显示，农业农村污染源 COD、氨氮和总磷排放占比分别达到 73.16%、47.87% 和 78.94%。

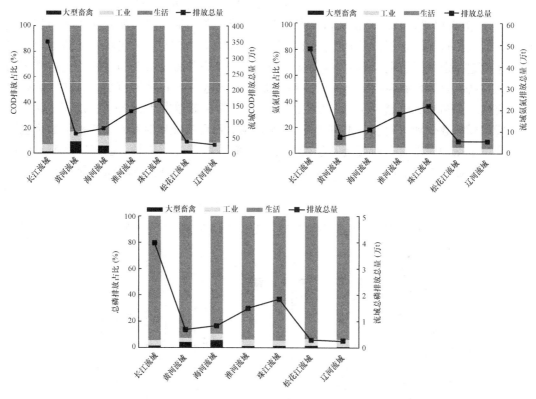

图 1-6 七大流域污染排放结构图

数据来源：环境统计数据。

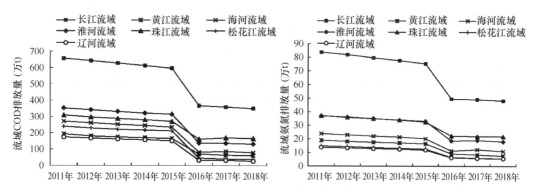

图 1-7 七大流域污染物排放趋势图

数据来源：环境统计数据。

（3）"三水"统筹上，水生态问题凸显，部分河流生态流量严重不足，统筹亟须加强。

流域水资源开发利用强度高，水生态空间挤占严重，部分河流生态流量难以保障，特别是半干旱区域"三水"统筹亟须加强，如长江流域虽然水资源总量充沛，但时空分布不均，形成了上蓄、中调、下引的流域水资源开发利用格局，存在工程性、区域性缺水，同时也影响了自然水生态系统，导致水生生物多样性、完整性受到威胁；海河流域水资源开发利用率超过110%，且超标断面比例达到48%，造成资源性和水质性缺水双重压力；淮河流域 5 个支流断面生态流量不达标，且高密度水利工程严重破坏了河流天然生境条件，导致水生生物多样性减少，水生态受损严重；辽河流域水资源开发利用程度已达 77%，浑太河流域已达 89%，水资源利用中生态用水占比仅为 2.2%，生态用水严重不足；黄河流域部分支流经常断流等。

（4）生态问题上，水生态系统失衡问题依然存在，水生态环境遭破坏现象较为普遍。

流域水源涵养区、河湖水域及其缓冲带等重要生态空间过度开发，造成生态功能严重衰退、生物多样性减少、生境破碎化、湖泊蓝藻水华居高不下等一系列生态问题。全国各流域水生生物多样性降低趋势尚未得到有效遏制，多种珍稀水生野生动植物濒危程度加剧，水生物种资源严重衰退。长江上游受威胁鱼类种类较多，白鳍豚已功能性灭绝，江豚面临极危态势；典型河湖生境状况发生重大改变，部分流域（如长江）或区域（京津冀地区）天然水生生境面积大幅萎缩，水生生物生存空间被挤占，导致栖息地破碎化，"人鱼争水"问题凸显，严重威胁水生生物生存。黄河流域水生生物资源量减少，北方铜鱼、黄河雅罗鱼等常见经济鱼类分布范围急剧缩小，甚至成为濒危物种；湖泊富营养化和水华问题突出。全国重点湖库藻类生物量自 1980 年以来，稍有增加的趋势，微囊藻水华有逐步北移的趋势，如拟柱孢藻原适应于亚热带区域，近年在华北地区湖库出现。2020 年国控网监测的重点湖库中处于富营养化的湖库个数为 32 个，较 2016 年增加 7 个，太湖、巢湖、滇池等湖库蓝藻水华发生面积及频次居高不下。

（5）环境风险上，突发环境事件时有发生，持久性有机污染物、新兴污染物的健康风险开始凸显。

我国不少化工、石化等重污染行业布局不合理的局面尚未完全扭转，有的甚至建在饮用水水源地附近和人口密集区，水污染事故安全隐患大。长江流域，30% 的环境风险企业位于饮用水源地周边 5km 范围内，长江江苏段沿线分布 24 个化工园区，700 多家化工企业，化工码头 117 个，危化品运输船舶日均流量达 500 艘次，年过境危险化学品运输量超过 2 亿 t；松花江流域沿干、支流（到三级支流）1km 范围内的重点涉水企业有 45 家，其中化工、食品酿造各 12 家，造纸、采矿、冶金各 4 家，另有制药、发电、建材等企业，潜在风险较大。同时，七大流域均有不同程度的有毒有害物质超标，2015—2017 年，在七大重点流域采集了约 140 个地表水型饮用水水源取水口样品，分析了包括重金属、挥发性有机物、农药类等 76 项指标的污染水平。结果表明，包括锑、钡、镍、三氯乙醛、甲醛和丙烯酰胺在内的 6 种污染物出现超标。

1.1.2 国内外水污染事件

水资源短缺问题一方面来源于水资源时空分布不均导致的人均水资源量的匮乏，一方面来源于越来越多的突发水污染事件造成的水环境质量的下降。近年来，由于企业安全生产事故、工厂违法排污、水陆交通运输事故和洪涝自然灾害等多种因素影响，我国突发水污染事件逐年增加，对沿河地区水源和人们的生产生活造成严重的威胁。

频繁的突发性水污染事件始终是国内外大多数城市水源地安全和城市供水安全的重要威胁。18 世纪 60 年代以来，英国进入工业发展的浪潮，企业家将大量的工业废水、废渣倾入江河，废弃物对江河的大面积污染，打破了江河内的生态平衡，水中的生物几乎灭绝，依靠河湖水资源生存的居民也因重金属中毒而严重威胁到身体健康。1956 年，日本熊本县水俣镇一家氮肥公司排放的废水中含有汞，这些废水排入海湾后经过某些生物的转化，形成甲基汞，导致水俣地区大面积爆发水俣病，死亡人数达 1 千人以上。1986 年，瑞士巴塞尔市某工厂仓库失火，近 30t 剧毒的硫化物、磷化物与含有水银的化工产品随灭火剂和水流入莱茵河，造成莱茵河沿岸 150km 内的水生生物几乎死绝，并无法为人类提供饮用水资源，大量剧毒物质沉积于河底，使河流 20 年间无法恢复到健康状态，在人类没有人为干涉前成为"死河"。2000 年，罗马尼亚某金矿污水沉淀池因积水暴涨发生漫坝，污染物随着河流排泄，迅速汇入多瑙河，严重影响匈牙利、南斯拉夫等的生态环境。2007 年，大型集装箱货轮"中远釜山号"在美国旧金山地区奥克兰湾与跨海大桥桥墩相撞，船只受损致使约 200t 油料泄漏，成为旧金山地区 20 年间最为严重的环境灾难，对海湾附近的生态造成严重影响。2014 年，美国东部的西弗吉尼亚州某煤矿公司发生化学物质泄漏，液体化学品流入埃尔克河，造成周围近 30 万居民用水危机。

就国内而言，纵观近几年的水危机事件，江河湖库的水环境因遭受外界因素的干扰而导致不同程度污染的可能性逐渐增加。2010 年福建省发生了严重的铜酸水渗漏事件，该事件导致大量鱼类死亡，仅棉花滩库区的死鱼和中毒鱼重量就超过 350 万斤。2011 年，蓬莱油田泄漏，约有 7‰的渤海海水受到污染，周边渔民及养殖户遭受损失严重，生态环境破坏重大。2012 年，山西天脊集团发生苯胺泄漏事故，约有 8.7t 的苯胺排入浊漳河，严重污染了浊漳河，并对邯郸、安阳等下游地区造成较大的负面影响，造成邯郸很多地区进行了紧急停水处理，对城市居民的正常生活造成较大冲击。2013 年，西江流域内贺江发生水污染事故，沿岸超过一百家采矿企业都存在非法采矿、偷排废水废渣等问题，导致贺江受污河段超过 100km，严重影响贺江沿岸及下游广东省的用水安全。2015 年，甘肃陇西尾矿发生严重的矿产事故，导致 3000m³ 以上的污水流入西汉水，顺西汉水而下流入嘉陵江等地区，对陕西、四川等地均造成影响，被污染河道超过 300km，持续时间超过 30 天，在国内外均引起广泛关注。2016 年，江西省仙女湖水源地因企业偷排工业污水，致使水源地重金属超标，导致 100 万人饮水安全得不到保障。2017 年，陕西省宁强县汉中锌业铜矿违法加工并排放废水，使嘉陵江四川广元段受到铊污染，导致西湾水厂饮用水水源地水质铊浓度超标 4.6 倍。2018 年，山东省潍坊市高密市工业废水管道破裂，污水、危险废物污染高密市夏庄镇十里堡村的近百亩小麦。

诸多突发性水污染事故，导致的损失和负面影响都是非常严重的，不仅导致经济上的巨大损失，还会严重破坏环境。整体而言，无论是对社会、经济，还是对生态环境，突发性水污染都存在巨大的潜在风险。

1.1.3 城市水生态环境治理的重要意义

（1）符合生态文明建设的国家重大需求

自我国《水污染防治行动计划》实施以来，江河湖库水资源和水生态环境得到了有效保护和治理。持续改善水生态环境质量是我国新时期全面推进生态文明建设的重大需求，是贯彻生态文明建设的有力抓手。"十四五"处于"两个一百年"奋斗目标的历史交汇期，"十四五"及更长时期的水生态环境保护策略效果，直接影响着能否"到 2035 年，生态环境根本好转，美丽中国目标基本实现"。

党的二十大报告提出要统筹水资源、水生态、水环境保护，推动江河湖库生态环境治理。当前水生态环境综合治理面临着结构性、根源性矛盾尚未根本缓解，水环境状况改善不平衡不协调的突出问题。城市水生态环境治理为我国实现碳达峰、碳中和，加快绿色低碳转型进程，实现流域低碳发展提供了重要推力，是生态文明建设的主战场和推进经济社会高质量发展的重要抓手，对于满足人民日益增长的生态环境需求，深入打好污染防治攻坚战，建设美丽中国具有重大意义。

（2）有助于促进社会经济的可持续发展

国内外实践证明，生态环境保护和经济发展是辩证统一的，决不能简单割裂开来。从生态环境与经济发展二者关系来讲，绿色发展本身就是高质量发展的重要组成部分。城市水生态环境保护与社会经济发展之间是相互促进的关系，水生态保护能够促进经济发展，经济发展能够加强对水生态环境的保护。现阶段，人类社会水生态环境保护与经济发展之间仍存在一定的矛盾，水污染源防治难度较大，经济发展在很大程度上加剧了水生态环境的污染。针对这些问题，完善城市水生态环境治理思路，积极探索水生态环境保护与经济发展相协调的策略不仅能够加强水生态环境保护，而且对经济发展有着直接意义。

从实质上来讲，经济增长是经济产出增长的过程，而经济产出是多种生产要素的组合。水生态环境是经济产出的重要组成部分，在经济发展过程中为经济生产提供水资源，吸收经济生产和消费过程中的废水并为经济发展提供水资源环境服务。由此可见，水生态环境直接影响着经济的社会福利。完善的水生态环境保护策略能够促进水资源的循环利用，加快经济发展。

（3）有助于提升我国水生态环境管理与治理能力现代化水平

《"十四五"重点流域水环境综合治理规划》推动了我国水生态环境管理由水污染防治向水生态系统保护修复转变，由单一的水质目标向水生态和水环境综合管护目标转变，强化水生态系统整体保护。这必将促使水生态管理制度由单一水质理化参数向多指标、多要素、多尺度的完整性监测评估体制转变，推进流域层面环境总量与生态环境承载力相匹配的管理体系的建立，增进跨部门、跨区域生态环境保护协调机制的完善。一方面城市水生态环境治理为水生生物多样性恢复、流域水生态环境综合治理和保护修复提供指导，具有极其重要的科学价值，另一方面将水生态系统完整性的理念融入水生态环境管理体系，有利于深化我国水生态环境管理制度现代化建设，与国际接轨。

1.1.4　水生态环境保护的主要内容

新时代水生态环境保护工作坚持山水林田湖草沙生命共同体理念，坚持精准、科学、依法治污，从流域生态系统的整体性、系统性及其内在规律出发，从源头上系统开展生态环境修复和保护，坚持污染减排与生态扩容两手发力，构建水环境、水资源、水生态"三水"统筹兼顾、多措并举、协调推进的格局。

"三水"是水域生态系统相互联系、相互支撑的一个有机整体，任何"一水"都需要其他"两水"协同推进。首先，从水资源与水环境的关系来看，充足的水量和良好的水动力条件有利于污染物的迁移和降解，从而改善水环境质量、为水生物提供良好的生活环境；而水环境质量改善，有利于提升水资源的使用价值，为水资源配置提供更大的空间。其次，从水生态、水资源和水环境的关系来看，结构稳定、物种多样的适生生物群落可增加水环境容量，同时还具有涵养水源、调节径流等功能，从而促进水资源和水环境保护。按照木桶理论，"三水"中任何"一水"出现短板，都会削弱水域生态系统对经济社会可持续发展的支撑作用。因此，新时代水生态环境保护要从维持水域生态系统的完整性出发，以"三水"统筹为框架构建目标指标体系、分析问题和设计任务措施，从而实现对水域生态系统的整体保护、系统修复、综合治理。

（1）水资源方面，以生态流量的保障为重点，坚持节水优先，提升水源涵养和水土保持能力，合理利用引调水，强化再生水循环利用，把生态用水摆在一个更加突出的位置。坚持以水定人、以水定地、以水定产、以水定城，完善水资源配置制度，提高生态用水比例及保证水平。有机结合污染治理、生态保护、循环利用体系，力争在"有河有水"上实现突破。

（2）水生态方面，以维护河湖生态功能需要为重点坚持，保护优先、自然恢复为主。聚焦流域的重要空间，按照流域生态功能需要明确管控要求，清理整治不符合水源涵养区、水域、河湖生态缓冲带等保护功能要求的生产生活活动，推动转变以生态破坏为代价的生产、生活方式；对生物生境和生物群落受损的河湖生态空间，实施河湖生态缓冲带恢复、天然生境和水生植被恢复等措施，增强水生态系统韧性，逐步恢复水体生态功能和生物多样性，力争在"有鱼有草"上实现突破。

（3）水环境方面，坚持建管并重，有针对性地改善水环境。实施黑臭水体综合治理，推动加快补齐县城和建制镇污水收集处理设施短板，根据水质改善目标及需求合理规划提标改造工程和尾水人工湿地净化工程，持续推进城市面源污染治理；推进工业污染防治由末端治理的全面达标排放向全过程绿色发展转变，面源污染突出的流域区域要着力完善城市降雨"源头防控—过程防控—末端治理"污染防治政策。一方面深化污染减排，治理环境破坏，另一方面针对人民群众亲水的需求，力争在"人水和谐"上实现突破。

1.1.5　城市水生态环境保护工作的主要任务

城市水生态环境保护工作要以习近平生态文明思想为指导，以改善水环境质量为首要目标，聚焦在面源污染防治方面实现突破，主要水污染排放总量持续减少，水生态环境持续改善等重点任务，结合不同流域特点和问题，突出补短板、强弱项，统筹推进水资源利用、水环境综合治理和水生态保护修复，深入打好污染防治攻坚战，逐步恢复流域水环境质量和水生态功能，有效防范环境风险，努力建设人与自然和谐共生的美丽中国。

（1）水资源方面，优化水资源利用，保障生态流量。加强水资源节约和合理利用，保障生态流量。一是针对我国河网水资源分布不均的现实特征和河流水体修复中的水量保障需求，开展流域河流生态需水量评估、流域水质水量优化调配和联合调度，科学确定生态流量，将再生水、雨水和微咸水等非常规水源纳入水资源统一配置。二是着力节约保护水资源，提高工业和农业的用水效率，控制用水总量，推进再生水、雨水、矿井水、微咸水等非常规水资源的梯级利用，综合多类型水源开发利用、库群调度、闸坝调控等手段，维持河湖基本生态用水需求，重点保障枯水期生态基流，形成以自然水循环为核心的我国河流水质水量联合调度体系。

（2）水环境方面，科学开展河流、湖泊、城市水体、饮用水源等不同水体的环境保护。科学分析不同水体的主要矛盾，实施有针对性的生态环境保护策略。一是针对河流，重点是控源减排和保障生态流量，统一规划调度，实施水资源综合管理。二是针对湖泊，针对不同水平的富营养化湖泊，应分别采取"污染治理""防治结合""生态保育"策略。

三是针对城市水体，重点巩固与持续推进黑臭水体治理，不断由城市向乡镇、农村扩大，并针对黑臭水体成因，采取提高污水收集率及处理率、改变水动力学条件、加强深度处理、开展河道水体生态修复等不同举措。四是针对饮用水源，全面构建针对我国水源水质特点和供水特征的多级屏障协同净化技术和监管体系。

（3）水生态方面，深入推进水生态监测评估和水生态保护修复。按照"保护优先、绿色发展，流域统筹、系统修复，技术创新、综合治理"的思路，大力推进流域水生态监测评估和保护修复。一是推进水生态监测和健康评估，夯实水生态管理的技术基础，继续完善水生态监测项目，比如加强河湖生态流量、浮生植物、地下水水质等的监测。二是建立和完善水生态健康评价体系、分区管理考核办法以及优化绩效评估体系，广泛开展区域流域水生态监测，评估水生系统的健康状况。三是开展重点流域水生态保护修复，加强生态空间管控，结合水功能区划和"三线一单"要求，建立基于控制单元的水生态环境空间管控体系。四是科学制定重点流域水生态保护和修复目标，实施河（湖）滨缓冲带生态修复、湖滨带/河流堤岸修复、受损河流生态恢复、重污染河道底泥修复、河口湿地水质净化与生态修复等工程方案。五是建立健全黑臭水体监管机制，高效多元消除黑臭河道和城镇黑臭水体，以有效改善水质、恢复水生态系统功能。

（4）水风险防控方面，建立完善水生态环境风险全过程防范体系。关注水环境风险问题，提升评估预警能力，构建和完善水生态环境风险防范体系。一是构建和完善累积性水生态环境风险长效管控体系，构建流域水生态环境风险源识别、监测和评价体系，识别、评价有害环境因素（如重金属、抗生素、内分泌干扰物、持久性有机污染物、农药等）的健康效应，确定风险污染物控制阈值，建立风险源基础信息数据库。二是开展流域水生态环境累积性风险评估和预警，形成累积性水生态环境风险评估与预警的智能分析和决策能力。三是构建和完善突发性水污染事件应急管理技术支撑平台，完善水污染突发事件应急体系，分级、分类指导突发性水污染事故控制。

1.2 水体污染物及其危害

水体污染是指进入水体的污染物超过水体环境容量，使得水体固有的生态系统和功能受到破坏。水体污染物包括有机物、无机物、放射性、生物性和生产过程中副产物等。这些污染物之间相互联系、影响和渗透，造成水体的复合污染，给水生态环境的保护和可持续发展带来诸多问题与挑战。

1.2.1 水体污染物分类

水体污染物是指造成水体水质、水中生物群落以及水体底泥质量恶化的各种有害物质（或能量）。进入水体的污染物种类繁多，通常可以从物理、化学和生物等方面进行分类。物理方面主要是影响水体的颜色、浊度、温度、悬浮物含量和放射性水平等的污染物；化学方面主要是排入水体的各种化学物质，包括无机污染物与有机污染物；生物方面主要包括污水排放中的细菌、病毒、原生动物、寄生蠕虫及藻类等。水体主要污染物和污染的危害标志如表1-1所示。

水污染类型、污染物、污染标志 表1-1

	污染类型	污染物	污染标志
物理性污染	热污染	热的冷却水	升温、缺氧或气体过饱和
	放射性污染	铀、钚、锶、铯等	放射性玷污
	水的浊度	泥、沙渣、屑、漂浮物	混浊
	水色	腐殖质、色素、染料、铁、锰	染色
	水臭	酚、氨、胺、硫、醇、硫化氢	恶臭
化学性污染	酸碱污染	无机或有机的酸、碱物质	pH异常
	重金属污染	汞、镉、铬、铜、铅、锌等	毒性
	非金属污染	砷、氰、氟、硫、硒等	毒性
	耗氧有机物污染	糖类、蛋白质、油脂、木质素等	耗氧,进而引起缺氧
	农药污染	有机氯农药、多氯联苯、有机磷农药	毒性
	易分解有机物污染	酚类、苯、醛等	耗氧、异味、毒性
	油类污染	石油及其制品	漂浮和乳化、增加水色、毒性
生物性污染	病原菌污染	病毒、虫卵、细菌	水体带菌、传染疾病
	霉菌污染	霉菌毒素	毒性、致癌
	藻类污染	无机和有机氮、磷	富营养化、恶臭

1.2.2 水体污染物来源

进入水体的污染物种类繁多,危害各异,其分类方法依不同的要求可有多种。按污染的属性进行分类,归纳为物理性污染、化学性污染和生物性污染;按排放污染物的空间分布方式分类,可分为点源污染和非点源污染。点源污染主要指工业废水和城镇生活污水,它们均有固定的排放口;非点源污染主要指来自流域广大面积上的降雨径流污染,也称面源污染;按污染物的发生源地,可分为工业污染源、生活污染源和农业污染源。

(1) 工业污染源

未经处理直接排放的工业废水是水体的重要污染源,具有量大、面广、成分复杂、毒性大、不易净化、难处理等特点。工业废水最常见于造纸工业、钢铁工业、金属制品工业、食品加工业、化学工业、皮革印染工业等,主要行业排放废水的典型成分见表1-2。

一些主要行业废水中的典型成分和指标 表1-2

行业	废水中的典型成分和指标
制浆造纸	约500种不同的氯代有机化合物,如氯化木质素磺酸、氯代树脂酸、氯化酚和氯代烃
	有色化合物和可吸收的有机卤素(AOX)
	以BOD、COD、悬浮物(SS)、毒性和颜色为特征的污染物
钢铁	含氨和氰化物的冷却水
	气化产物—苯、萘、蒽、氰化物、氨、苯酚、甲酚和多环芳烃
	液压油、动物油脂和颗粒固体
	酸性冲洗水和废酸(盐酸和硫酸)

行业	废水中的典型成分和指标
采矿和采石	泥石浆
	表面活性剂
	油和液压油
	矿物质,如砷
	含有细小颗粒的煤泥
食品	高浓度的 BOD 和 SS
	随蔬菜、水果、肉类的种类以及季节不同而变化的 BOD 和 pH
	蔬菜加工——些溶解有机物、表面活性剂
	肉类—高浓度有机物、抗生素、生长激素、农药和杀虫剂
	烹饪—植物有机物质、盐类、着色材料、酸、碱、油脂
酿造	随过程不同而发生变化的 BOD、COD、SS、氮、磷
	依酸性和碱性清洁剂而变化的 pH
	高温
奶制品	溶解的糖、蛋白质、脂肪和添加剂残留物
	BOD、COD、SS、氮和磷
有机化学品	农药、药品、油漆和染料、石油化学品、洗涤剂、塑料等
	原料、副产品、可溶或颗粒状产品材料、洗涤剂和清洁剂、溶剂和高附加值产品,如增塑剂
纺织	BOD、COD、金属、悬浮物、尿素、盐、硫化物、过氧化氢、氢氧化钠
	消毒剂、灭微生物剂、杀虫剂残留物、洗涤剂、油、针织润滑剂、纺丝油剂、废溶剂、防静电化合物、稳定剂、表面活性剂、有机加工助剂、阳离子材料、颜料
	高酸度或者高碱度
	热量、泡沫
	有毒材料、清洁废物、胶料
能源	化石燃料产生——油井和气井压裂造成的污染
	热冷却水

(2)生活污染源

生活污水的排放比工业废水要大得多,在组成上也有很大不同。生活污水悬浮物含量少,毒性低,但往往含有较多营养物质。它有如下特点:

1)磷、硫含量高。生活污水中的磷、硫主要来自于洗涤剂的使用。

2)有纤维素、淀粉、糖类、脂肪、蛋白质等,在厌氧细菌作用下易产生恶臭物质。

3)含有多种微生物,如细菌、病原菌,易使人传染上各种疾病。

(3)农业污染源

农业活动将多种类型的污染物排放到水环境中(表1-3)。这些污染物从农场中排出后,随着水循环输移至水体中,进而影响水生态环境。典型的污染途径是:1)渗透到地下水;2)以地表径流和排水等形式流向江河湖海;3)吸附到河流沉积物中。

13

农业生产的主要水污染物和不同农业生产系统排放相关污染物的严重程度　　表 1-3

污染物类别	指标	排放相关污染物的严重程度		
		种植业	牲畜养殖业	水产养殖业
营养物	主要以硝酸盐、氨或磷酸盐形式存在于化学肥料、有机肥料、动物排泄物和水中的氮和磷	＊＊＊	＊＊＊	＊
农药	除草剂、杀虫剂、杀菌剂，包括有机磷酸盐、氨基甲酸盐、拟除虫菊酯、有机氯类杀虫剂等	＊＊＊	—	—
盐分	包括钠离子（Na^+）、氯离子（Cl^-）、钾离子（K^+）、镁离子（Mg^{2+}）、硫酸根离子（SO_4^{2-}）、钙离子（Ca^{2+}）等	＊＊＊	＊	＊
浊度	总悬浮物（TSS）	＊＊＊	＊＊＊	＊
有机物	BOD、COD	＊	＊＊＊	＊＊
病原体	细菌和病原体，包括大肠杆菌、总大肠菌群、粪大肠杆菌和肠球菌	＊	＊＊＊	＊
金属	包括硒、铅、铜、汞、砷、锰等	＊	＊	＊
新污染物	药物残留、激素、饲料添加剂等	—	＊＊＊	＊＊

注："＊"越多，表示情况越严重

1.2.3　水污染对环境的危害

水体污染物直接影响了人类健康、环境和经济生产力（表 1-4）。水污染物能使水体发生物理性、化学性和生物性的危害。所谓物理性危害，指恶化感官性状，减弱浮游植物的光合作用，以及热污染、放射性污染带来的一系列不良影响；化学性危害是指化学物质降低水体自净能力，毒害动植物，破坏生态系统平衡，引起某些疾病和遗传变异，腐蚀工程设施等；生物性危害，主要指病原微生物随水传播，造成疾病蔓延。下文按水污染的危害特点作简要介绍。

水体污染物对人类健康、环境和生产活动的负面影响　　表 1-4

影响方面	危害
健康	饮用水质量下降
	食品安全问题
	增加疾病风险
环境	生物多样性下降
	水生生态系统退化（如出现富营养化和死亡层）
	恶臭
	温室气体排放增加
	毒素在生物体内累积

续表

影响方面	危害
经济	降低工、农业生产率
	增加国际贸易壁垒（出口）
	降低水产品的市场价值
	增加医疗保健经济负担
	减少水上娱乐活动
	增加水处理成本（用于人类饮用和其他用途）

（1）热污染

热污染是一种能量污染。热电厂、核电厂、钢铁厂、焦化厂等的冷却水是热污染的主要来源。当水体容纳过多废热，超过水环境的热容量时，将产生一些不良的影响和危害：

1）对水体的影响：水温升高，水溶氧量降低，水体缺氧加重，厌氧菌大量繁殖，有机物腐败严重，导致水体变质。

2）对水生生物的影响：

① 生物多样性下降，喜冷的生物（如硅藻）减少，耐热的生物（如蓝藻、绿藻）增加，造成水质恶化，影响水体饮用和渔业生产等功能。

② 水生动物绝大部分是变温动物，体温不能自动调节，随水温的升高体温也会随之升高。当其体温超过相应的上限时即会引起酶系统失活，导致代谢机能失调直至死亡。

③ 加大水中某些毒物的毒性，如水温升高 10℃，氰化钾对鱼的毒性可增加一倍。

④ 生物种群发生变化，寄生生物及捕食者相互关系混乱，影响生物的生存及繁衍。

（2）放射性污染

水体放射性污染物质，如放射性同位素铀-238（^{238}U）、锶-90（^{90}Sr）、铯-137（^{137}Cs）、镭-226（^{226}Ra）等，主要来自于铀矿开采、选矿和精炼厂的废水，原子能工业和反应堆设施的废水，原子武器试验的沉降物，放射性同位素应用时产生的废水。放射性物质可在水中扩散、稀释，从一种环境介质转移到另一种环境介质，但不会因自然的物理、化学、生物作用而削减，只能按其固有的衰变速率随时间而衰减。衰变期往往很长，衰变过程中放出 α、β、γ 射线，引起生物体细胞、组织和体液中的原子、分子电离，直接破坏机体内某些大分子结构，如蛋白质分子链、核糖核酸分子链等断裂，使某些生物酶失去活性，还可直接破坏机体细胞和组织，严重者可使人在几分钟至几小时内死亡。受放射性物质污染的水体，还会通过水生生物和灌溉的农作物，通过食物链危害人体，尤其是放射性物质可积蓄在人体内部，引起贫血、白内障、不育症、致畸、恶性肿瘤、发育不良等多种疾病。

（3）重金属污染

水中重金属的污染包括汞、镉和铬等生物毒性显著及锌、铜、镍和锡等毒性一般的重金属。污染来源广泛，如城市工业废水和生活污水的排放、各种金属矿山的污废水、金属材料的泄漏以及地表雨水径流等使得重金属进入水体。工业废水中的重金属常与共存有机配体结合形成重金属-有机络合物，经过生物富集进入人体，危害人体健康，应引起重视。例如无机汞可在生物体中转化为毒性很强的有机汞（甲基汞），损害人体细胞内的酶系统蛋白质的巯基，引起中枢神经系统障碍。中毒者会出现小脑性运动神经失调、语言障碍、视野缩小等症状；长期接触低浓度镉化合物，容易引起肺气肿、肾病和骨痛病；铅中毒表现为多发性神经炎，头晕头痛、乏力，还可造成心肌损伤。重金属中有些是人们必需的微量元素，但摄入过量，又会引起严重疾病。例如铜是人体必不可少的，但长期饮用含铜高的水（$>100mg/L$）会引起肝硬化。

（4）耗氧污染物

耗氧污染物又称为需氧污染物，能通过生物化学作用消耗水中溶解氧的化学物质。耗氧污染物包括无机耗氧污染物和有机耗氧污染物。由于耗氧有机物在水体中分解消耗大量的氧气，对水体污染较严重。人们所说的耗氧污染物通常指耗氧有机物。这类物质绝大多数无毒，但消耗溶解氧过多时，将造成水体缺氧，致使鱼类等水生生物窒息死亡。例如，一般鱼类生存的溶解氧临界值为 $34mg/L$，水体的溶解氧低于此值时，就会危及鱼类的生存。当水体中的氧耗尽时，有机物将在厌氧微生物作用下分解，产生甲烷、氨、硫化氢等有毒物质，使水变黑发臭。

（5）氨氮污染

氨氮污染在我国饮用地表水中普遍存在。未经处理的生活污水和工业排放废水、农业中使用的化肥、养殖排放的废水等通过地表径流、水土流失等途径造成氨氮进入水体，主要以有机氮、氨氮、亚硝态氮和硝态氮的形式存在，其中只有当氨氮、亚硝态氮和硝态氮都不出现的水体才是不受氨氮污染的水体。氨氮会为水中藻类提供营养，造成藻类的大量繁殖，影响水质安全。在制水工艺过程中，增加了制水成本、氯的消耗和消毒副产物的生成量，而且在管网输配水过程中，促进管道细菌的繁殖，引发水质污染。较高浓度的氨氮经由饮用水、饮食等途径进入人体，在其转化过程中生成亚硝态氮和硝态氮物质，可能导致高铁血红蛋白血症、胃癌、肝癌等疾病。

（6）新污染物

新污染物又称新型污染物或新兴污染物，它是指新近发现或被关注，对生态环境或人体健康存在风险，尚未纳入管理或者现有管理措施不足以有效防控其风险的污染物。

新污染物具有较高的稳定性，在环境中往往难以降解并易于在生态系统中富集。水环境中新污染物的含量很低，但对生态环境和人体健康危害巨大。比如，内分泌干扰物可以干扰动物或人类的内分泌系统，导致动物或人类免疫毒性和生殖异常，造成野生鱼类雌雄同体或雌性化现象频发等；抗生素能够影响微生物的群落结构和功能，甚至诱导耐药菌和耐药基因的产生，致使抗生素失效；全氟化合物稳定性极强，可在生物体内长期蓄积，导致生殖毒性、神经毒性、免疫毒性等多种毒害作用；微塑料可作为生物膜和各种水体污染物的载体，加速病原微生物和污染物的传播。

（7）油类污染

油类污染是水质污染的一个重要方面，近年来愈来愈引起人们的重视。污染水体的油主要来自油船、输油管和海上油井事故，船只的压舱水、洗舱水和船底废水，油厂、船厂等排放的废水，以及各种机械洒漏在地面上的油脂经雨水带入水域。

石油中含有数千种化合物，主要是烷烃、环烷烃和芳香烃等碳氢化合物。油品进入水体后，先成浮油，后成油膜和乳化油。油膜具有一定的毒性且会产生难闻的气味，其在水面上扩展和漂浮，会阻碍水分蒸发和氧气溶入水体，危及鱼类及鸟类生存，破坏渔场、海产养殖场及鱼的繁殖场所，影响水资源利用价值，包括降低游览娱乐价值。石油在水体中会经过光化学氧化作用和生物氧化作用而分解，产生多种化合物，有一些甚至是致癌物质。

（8）病原微生物污染

生物制品厂、制革厂、屠宰厂、洗毛厂、畜牧场、医院的污水和生活污水中，常含有各种各样的病毒、病菌、寄生虫虫卵、原生动物，如肝炎病毒、霉菌毒素、霍乱杆菌、大肠杆菌、血吸虫卵、蛔虫卵等。人们饮用或接触受病原微生物污染的水体时，便会感染许多疾病，引起传染病蔓延。例如甲肝、血吸虫病等，都可通过水体污染流行。

（9）藻类及藻毒素的污染与危害

水体营养化会造成藻类的大量繁殖，增大水体色度和 pH，降低水体透明度，消耗水中的溶解氧，造成水体生物死亡，引发水体臭味，影响水生态系统结构和多样性。藻类易附着在构筑物和管道表面，造成沉积和腐蚀，其在代谢过程中分泌有机物，增加了制水难度和成本以及消毒副产物的生成量。并且藻类分泌的次级代谢物蓝藻毒素等，对人体健康危害巨大。微囊藻毒素（MCs）是最常见的蓝藻毒素，具有 90 多种变体，毒性较大的是微囊藻毒素-LR（MC-LR）、微囊藻毒素-RR（MC-RR）和微囊藻毒素-YR（MC-YR）等，且不易被水体颗粒物吸附去除。蓝藻毒素可通过饮用水和皮肤接触等途径进入人体，造成人体呼吸急促、乏力、呕吐等症状，严重时出现肝肿大、肝出血及肝坏死。MC-LR是目前最强的肝脏肿瘤促进剂，长期饮用含 MCs 污染的水可能会引发肝癌等疾病。

1.3 城市水生态环境保护方法概述

水体环境中的污染物种来源广泛，往往在自然环境中不容易发生降解，一旦进入生物体内会不断积累，对生态环境带来严重的破坏，即使相对较低浓度仍能对人体健康和自然环境造成严重的伤害。因此，积极探索水生态环境保护技术，寻求正确的方式方法对净化水环境中的污染物和改善生态环境意义重大。

（1）综合统筹实施城市水生态环境保护修复。

1）狠抓污染源头治理，消除外源污染

① 城镇生活源方面，加快补齐污水管网设施短板，尽快实现污水管网全覆盖、全收集、全处理，消除污水体外循环现象，减少生活污水对受纳水体、水质的破坏；推动城市污水处理提质增效和污泥处理处置与资源化利用，进一步提高污水处理率和处理深度；健全城市排水系统，加强溢流污水及初期雨水面源污染治理，通过"硬件—软件"组合提高"管网—泵站—调蓄池—污水厂"的匹配性，优化污水处理设施使其在雨季充分发挥最大能效。

② 工业污染源方面，加强重点行业污染物全过程控制，深化水污染物排放总量削减工作。针对缺水地区、生态脆弱区等重点区域，选取煤化工等重污染行业，构建基于全生命周期的废水绿色评价体系和标准，引导工业水污染治理向源头清洁生产减排、资源能源循环、提高水资源回用等全过程绿色可持续方向转变；针对重点行业高浓度、高盐度、高毒性、难降解的工业废水，推广应用去除效能高、经济性好的最佳实用处理技术和模式，实施差别化、精细化的精准治理；此外要加强工业园区污染控制，以清洁生产化实现节水减排，加强工业园区非常规水源的深度处理与再生利用，采用多水源供水平衡调度技术，

提高水资源的利用效率，推动园区升级转型。

2）加强城区水系连通，解决内源污染

首先，开展疏浚清淤，塑造城区水体天然形态，加强河湖连通。水系连通可提高河湖蓄滞空间，增强防洪能力，提高河湖的水动力，解决内源污染。其次，积极推广生态护岸技术，种植植被保护河岸，充分利用植物的固土、吸水、延缓径流等功能，降低洪涝对河堤的破坏力，有效地涵养水源。生态护岸不仅能固土，防止河岸塌方，还能增强河道自净能力，是一种具有景观效果的护坡形式。最后，在生境条件得到充分改善的情况下，合理种植水生植物，科学放养鱼类、贝类等，模拟自然，构建稳定健康的水生态系统。

3）探索多元城市非点源污染控制技术，减少城市面源污染

① 城市道路径流污染控制技术方面，结合城镇雨水排放系统，将道路两侧雨水口收集的雨水通过道路绿化隔离带、行道树绿带和路侧绿化带下铺设的碎石或砾石等过滤层，降低其初期径流污染，然后再排入城镇排水系统。

② 源头控制与调蓄技术方面，针对不同的降雨类型，遵循"浓度控制"原则，截流高浓度初期雨水，充分利用调蓄池容积，提高截污率。对城市河流周边地区绿地、道路、岸坡等不同源头的降雨径流，设置下凹式绿地、透水铺装、缓冲带及生态护岸等增加绿化面积和增加透水地面面积，通过源头控制措施控制初期雨水径流污染，充分利用调蓄池、污水管网、水厂和河湖的富余能力对初期雨水进行调蓄。

③ 过程控制和末端控制技术方面，利用路边的植被浅沟、植被截污带、雨水沉淀池、合流制管系溢流污水的沉淀净化，分流制管系上的各类雨水池，氧化塘与湿地系统等，对积聚在不透水地表上的污染物，在雨水冲刷前就从地表上清除；对已被径流冲走的污染物，在不透水区中布设透水带，减少地表中有效的不透水面积，增加集水区的透水性，增加下渗，阻滞和吸附不透水地表所产生的污染物。

（2）持续提高城市水体水生态环境监测和监管能力。

1）加强对城市水系的控制单元开展水生态环境承载力评估、调控潜力预测，以"指标筛选—路径措施确定—潜力评估—目标制定—优化调控—方案制定"为主线，开展控制单元水生态承载力综合调控。

2）针对城市不同功能区的多种类型控制单元，构建不同类型城市水系控制单元水质目标管理技术体系。

3）构建"城市水系—控制区—控制单元"的多级水污染物容量与总量控制体系，在控制单元内集成水质目标和排污许可管理，以改善水质、防范环境风险为目标，将污染物排放种类、浓度、总量、排放去向等纳入许可证管理范围，构建以水环境容量与总量分配为基础的"一证式"排污许可证管理体系。

4）加强生态空间管控，优化土地利用空间格局，实行"结构—格局—过程"一体化管控，支撑城市水系水生态系统健康保护。

5）搭建水环境管理智慧平台，充分应用"物联网＋区块链＋大数据"技术，建设集环境信息智能感知、环境数据智慧应用、环境资源综合评价于一体的"智慧环保物联网"系统，实现集多源水生态环境数据的收集传输、信息集成分析和可视化表达。针对新时代、新理念、新形势下的水生态环境保护需求，统筹水资源、水污染、水生态因素，从水生态环境综合治理目标要求出发，建立适用于新阶段经济社会发展特点的水生态环境一体

化决策平台。

（3）完善城市水生态环境基准标准体系和管理机制建设。

1）在水环境质量标准修订中，充分考虑保护水体、水生生物、水生态系统完整性、底泥沉积物及人体健康等的标准，建立精细化、科学化、系统化的水质标准体系，协同保障水生态健康与人体健康。

2）研究建立差异化的水质标准体系，以国家标准或基准值为指导，依据省市区域地表水体特征，制订地区特征的水质管理标准。

3）重点建立城市水体上下游生态补偿机制，形成上下游、左右岸、干支流协同保护、治理和修复模式。

思考题

1. 城市水生态保护的意义、内容、任务是什么？
2. 水体污染物、污染标志、来源及危害都有哪些？
3. 城市水生态环境的保护方法有哪些？

本章参考文献

[1] Bao Z X, Zhang J Y, Liu J F, et al. Sensitivity of hydrological variables to climate change in the Haihe River basin, China[J]. Hydrological Processes, 2012, 26(15): 2294-2306.

[2] Gaget V, Lau M, Sendall B, et al. Cyanotoxins: Which detection technique foran optimum risk assessment[J]. Water Research, 2017, 118: 227-238.

[3] Han L X, Huo F, Sun J. Method for calculating non-point source pollution distribution in plain rivers [J]. Water Science and Engineering, 2011, 4(1): 83-91.

[4] Hu J, Chu J Y, Liu J H, et al. Risk identification of sudden water pollution on fuzzy fault tree in Beibu-Gulf economic zone [J]. Procedia Environmental Sciences, 2011, 10: 2413-2419.

[5] Ichiki A, Yamada K. Study on characteristics of pollutant runoff into Lake Biwa Japan[J]. Water Science & Technology, 1999, 39(12): 17-25.

[6] IPCC (Intergovernmental Panel on Climate Change). Climate change 2013-The physical science basis. Working group I contribution to the fifth assessment report of the intergovernmental panel on climate change[M]. Cambridge, UK: Cambridge University Press, 2013.

[7] Kronvang B, Græsbøll P, Larsen S E, et al. Diffuse nutrient losses in Denmark[J]. Water Science & Technology, 1996, 33(4-5): 81-88.

[8] Mekonnen M M, Hoekstra A Y. Four billion people facing severe water scarcity[J]. Science Advances, 2016, 2(2): e1500323.

[9] OECD (Organisation for Economic Co-operation and Development). Environmental Outlook to 2050: The Consequences of Inaction[R]. Paris: OECD (Organisation for Economic Cooperation and Development), 2012a.

[10] UNEP(United Nations Environment Programme). A Snapshot of the World's Water Quality: Towards a global assessment[M]. Nairobi: UNEP, 2016.

[11] United Nations. World Water Development Report[R]. 2017.

[12] UN-Water. Wastewater Management. A UN-Water Analytical Brief[I]. 2015.

[13] IFPRI (Internatiional Food Policy Research Inistitute and VEOLIA). The Murky Future of Global

Water Quality. New Global Study Projects Rapid Deterioration in Water Quality[Z]. Washington, D. C. and Chicago. IL：International Food policy Research Institute(IFPRI) and Veolia Water North America，2015.

[14] Wang G Q, Zhang J Y, He R M, et al. Runoff sensitivity to climate change for hydro-climatically different catchments in China[J]. Stochastic Environmental Research and Risk Assessment，2017，31(4)：1011-1021.

[15] Wang G Q, Zhang J Y, Xuan Y Q, et al. Simulating the impact of climate change on runoff in a typical river catchment of the Loess Plateau, China[J]. Journal of Hydrometeorology，2013，14(5)：1553-1561.

[16] WWAP (World Water Assessment Programme). The United Nations World Water Development Report 2012：Managing Water under Uncertainty and Risk[R]. Paris：United Nations Educational, Scientific and Cultural Organization(UNESCO)，2012.

[17] 边凯旋. 基于突发水污染事件的西江上中游水库应急调度研究[D]. 西安：西安理工大学，2021.

[18] 陈安，刘霞. 蓬莱19-3油田溢油事件及其应急管理综述[J]. 科技促进发展，2011(7)：23-28.

[19] 丁隆真，廖长丹，王超，等. 不同广藿香产区土壤中重金属污染特征及风险评价[J]. 水土保持通报，2021，41(6)：89-97，104.

[20] 段红东，段然. 关于生态流量的认识和思考[J]. 水利发展研究，2017(11)：1-4.

[21] 哈里特贾·南迪密什·基米尔维拉·古德，郁振山. 油气管道泄漏检测的现状与未来[J]. 现代职业安全，2019，(4)：15-16.

[22] 黄敏，吴开兴，王永航，等. 母岩高铀离子型稀土矿采区的放射性污染风险浅析[J]. 中国稀土学报，2020，38(1)：11-20.

[23] 蒋喜艳，张述习，尹西翔，等. 土壤-作物系统重金属污染及防治研究进展[J]. 生态毒理学报，2021，16(6)：150-160.

[24] 孔艳丽. 江苏某市水源水中特征污染物解析及强化常规除污染效能[D]. 哈尔滨：哈尔滨工业大学，2018.

[25] 刘琰，乔肖翠，李雪等. 关注饮用水水源"微"污染，未雨绸缪完善水源风险防控体系[R]. 北京：中国环境科学研究院，2019.

[26] 马梦含. 长距离输水工程突发水污染事件风险评价[D]. 兰州：兰州交通大学，2021.

[27] 孟紫强. 生态毒理学[M]. 北京：中国环境出版社，2009.

[28] 邱通理. 矿山地质水工环境影响因素对水生态环境保护研究[J]. 世界有色金属，2022，612(24)：117-119.

[29] 生态环境部. 重点流域水生生物多样性保护方案[Z]. 2018.

[30] 生态环境部. 2019 年度《水污染防治行动计划》实施情况[Z]. 2020.

[31] 生态环境部. 2022中国生态环境状况公报[R]. 北京：中华人民共和国生态环境部，2023.

[32] 生态环境部. 新污染物治理行动方案(征求意见稿)[Z]. 2022.

[33] 沈园，谭立波，单鹏，等. 松花江流域沿江重点监控企业水环境潜在污染风险分析[J]. 生态学报，2015(9)：2732-2739.

[34] 世界自然基金会. 长江生命力报告 2020[R]. 北京：世界自然基金会(瑞士)北京代表处，2020.

[35] 宋雪杉. 生态城市美学中的若干问题研究[D]. 西安：西安电子科技大学，2013.

[36] 涂敏，易燃. 长江流域生态流量管理实践及建议[J]. 中国水利，2019(17)：64-66.

[37] 王充. 水工环在矿山地质勘查中存在的问题与对策[J]. 世界有色金属，2020(5)：162-163.

[38] 王丽婧，黄国鲜，刘录三，等. 长江流域磷污染态势分析与"十四五"强化治理建议[R]. 北京：中国环境科学研究院，2020.

［39］ 魏健，钱锋，刘雪瑜，等. 辽河流域水污染防治进展与"十四五"规划建议［R］. 北京：中国环境科学研究院，2020.

［40］ 杨开忠，张永生，单菁菁，等. 城市蓝皮书：中国城市发展报告 No.14［M］. 北京：社会科学文献出版社，2021.

［41］ 杨晓晓. 突发性水污染事件应急管理研究［D］. 北京：中国地质大学，2020.

［42］ 杨占红，孙启宏，王健，等. 我国水生态环境保护思考与策略研究［J］. 生态经济，2022，38(7)：198-204.

［43］ 袁倩. 日本水俣病事件与环境抗争—基于政治机会结构理论的考察［J］. 日本问题研究，2016，30(1)：47-56.

［44］ 袁哲，许秋瑾，宋永会，等. 辽河流域水污染治理历程与"十四五"控制策略［J］. 环境科学研究，2020(6)：1805-1812.

［45］ 张坤，王善强，李战国，等. 放射性污染土壤中铯的吸附/解吸行为研究进展［J］. 原子能科学技术，2021，55(3)：405-416.

［46］ 张珊，李俊奇，李小静，等. 生物滞留设施对城市雨水径流热污染的削减效应［J］. 中国给水排水，2021，37(3)：116-120.

［47］ 张玉群，葛长字，刘丽晓. 沉积物表面磷的等温吸附/解吸行为对耗氧有机物的响应［J］. 中国农学通报，2020，36(20)：59-64.

［48］ 赵晏慧，李韬，黄波，等. 2016—2020 年长江中游典型湖泊水质和富营养化演变特征及其驱动因素［J］. 湖泊科学，2022，34(5)：1441-1451.

［49］ 赵玉婷，李亚飞，董林艳，等. 长江经济带典型流域重化产业环境风险及对策［J］. 环境科学研究，2020(5)：1247-1253.

［50］ 赵志刚，王立. 长江(江苏段)环境风险防控体系建设［J］. 环境监控与预警，2018(3)：18-20.

［51］ 周广飞. 环境保护部统筹协调甘陕川三省齐心协力应对跨界锑污染事件［J］. 中国应急管理，2015(12)：37-38.

［52］ 朱达俊. 中国重大环境案例回顾：紫金矿业水污染案［J］. 环境保护与循环经济，2013(2)：28-31.

第2章　城市水污染控制工程概论

随着城市化进程的加快，城市水污染问题日益严重，不仅会破坏水生态环境，还直接影响到人们的生活质量和身体健康，因此城市水污染控制工程变得尤为重要。城市水污染控制工程通过对城市污水的收集、处理和排放，以及对城市排水系统的管理和维护来控制城市水环境污染。城市污水处理是城市水污染控制工程的核心任务，主要通过建设和维护污水处理设施，采用适当的技术手段对污水进行处理与回用，使污水达到国家和地方规定的排放标准，提高城市水资源的利用效率，以促进城市的可持续发展。本章将从城市水污染控制工程概述、污水分类、污水性质与污染指标、污水排放标准、污水处理与回用方法等方面进行介绍，以便更好地理解城市水污染控制工程的基本概念、技术路线和发展趋势。

2.1　城市水污染控制工程概述

城市水资源对城市发展和人类生存繁衍至关重要，涉及生活、生产、农业、水利等各个方面。而城市水污染会对居民健康和水生态环境产生重大影响，严重制约着城市生态环境保护与高质量发展。城市水污染控制工程能够改善城市生活环境、保护城市供水质量、促进城市经济发展和完成生态保护任务等。城市管理者应不断加强对城市水资源的保护与治理，建设更加有效的城市水污染控制工程，提高城市水资源的利用效率，促进城市环境和经济的可持续发展。

人类从自然界取水、净水、供水到使用后污水的收集、处理、排放的过程，构成了人类用水的社会循环。城市水污染控制的主要目标是通过采取一系列措施，减少或消除城市污水中的各种有害物质从而防止水体受到污染，促进城市污水再生利用，保障人类社会对用水的持续需求，具体来说是：（1）补充水源水，确保地表水和地下水饮用水源地的水质，为向居民供应安全可靠的饮用水提供保障。（2）确保城市污水回用于农林牧渔业、城市杂用、工业等领域用水的水质，为经济建设提供合格的水资源。（3）恢复各类水体的使用功能和生态环境，确保自然保护区、珍稀濒危水生水产养殖区、景观水体等水质，美化人类居住区的环境。

城市水污染控制工程的主要内容与任务是：（1）制定城镇的水污染防治规划。在调查分析现有水环境质量及水资源利用需求的基础上，明确水污染防治的任务，制定相应的防治措施。（2）加强对污染源的控制，包括对工业、城市居民区、禽畜养殖业等点污染源，以及城市暴雨径流、农田径流等面污染源的控制。在工业企业中推行清洁生产，有效减少污染排放。（3）对各类废水进行妥善地收集和处理，建立完善的排水管网及污水处理厂，使污水排入水体前达到排放标准。（4）开展水处理工艺的研究，满足不同水质、不同水环境的处理要求。（5）加强对水环境和水资源的保护，通过法律、行政、技术等一系列措施，使水环境和水资源免受污染。

2.2 污 水

2.2.1 城市污水的分类

城市污水是城市人口生活、生产和社会活动排放的含有各种污染物的水体，是城市环境保护中的重要问题之一，也是城市水污染控制工程的主要处理对象。城市污水根据其来源一般可分为生活污水、工业废水、农业废水和初期雨水等。

2.2.1.1 生活污水

生活污水主要来自于盥洗、淋浴、洗衣、卫生间冲厕以及厨房等用水点，主要成分为纤维素、淀粉、糖类、脂肪和蛋白质等有机物质，以及氮、磷、硫等无机盐类及泥沙等杂质。此外，生活污水中还含有多种微生物及病原体，会对水质造成一定的污染。根据其污染物浓度差异，可将其分为灰水和黑水。灰水主要指洗手池、衣物清洗、淋浴、浴缸、厨房水槽等收集的污水，其水量占生活用水量的 $50\%\sim75\%$。黑水则由来自卫生间的大小便和冲洗废水组成，占生活用水量的 $25\%\sim35\%$。

灰水的污染物浓度较低，采用膜生物反应器（Membrane Bio-reactor，MBR）、流化床生物膜反应器（Moving Bed Biofilm Reactor，MBBR）、曝气生物滤池（Biological Aerated Filter，BAF）、生物转盘（Rotating Biological Contactor，RBC）、过滤技术、人工湿地等水处理工艺即可实现水资源的循环利用。灰水因水源和用户使用情况不同，其水质存在地域差异性，实际使用时需根据实际出水水质、运行维护难度、经济等因素进行水处理工艺综合比选。目前，对于灰水的资源化利用途径有冲厕、园林灌溉、道路清洗、杂用水等。有研究表明，灰水再利用可减少城市用水的 $25\%\sim40\%$。灰水的碳氮含量相对于黑水较低，是目前限制灰水资源化高效利用的主要因素。

黑水的有机物浓度高、悬浮固体多。生活污水中约 50% 的化学需氧量（COD）、90% 的氮、80% 的磷和部分病原微生物来自于黑水。主要采用厌氧技术、好氧技术、厌氧-好氧结合处理技术对黑水进行集中处理。厌氧生物处理技术包括传统厌氧消化池、上流式厌氧污泥床（UASB）、膨胀颗粒污泥床（EGSB）等厌氧反应器，具有处理量大、能耗少、产沼气作为再生资源等优点。好氧技术包括生物接触氧化、氧化沟、序批式活性污泥法（SBR）等。厌氧-好氧结合技术解决了单独厌氧或好氧处理降解不完全、氮磷去除效果差的问题。黑水经生物处理和其他技术的耦合多级处理后可符合杂用水标准，用于厕所冲洗、农田灌溉、景观用水等场景。

近年来，生活污水中的"新污染物"也逐渐受到关注。新污染物种类多且来源广，目前主要以持久性有机污染物、内分泌干扰物、抗生素、微塑料为典型新污染物。

（1）持久性有机污染物（Persistent Organic Pollutants，POPs）一般指可长期存在于环境中，通过食物网积聚，对人类健康及环境造成不利影响的有机化学物质。持久性有机物具有环境持久性、生物蓄积性、半挥发性和高毒性的特点。目前，POPs 处理技术发展迅速，其中高级氧化、生物修复等技术在应用中取得了一定的效果。但是单一的处理技术处理效果较差，且成本较高。因此，除了继续研究开发新技术外，还要考虑将生物、物理、化学方法进行联用，形成高效、经济的联用技术，这也是 POPs 处理技术的一个重要发展趋势。

（2）内分泌干扰物（Endocrine Disrupting Compounds，EDCs）被定义为能干扰和影响生物体自身荷尔蒙合成、分泌、传递、结合、活性反应、代谢和消解等的外源性物质，主要包括药物和个人护理用品、邻苯二甲酸盐、多氯联苯、多环芳烃、烷基酚、烷基酚聚氧乙烯醚、杀虫剂和增塑剂等。极低的内分泌干扰物暴露浓度便能对生物体的生理机能造成严重危害。单一的物理、化学或生物处理技术在水体痕量 EDCs 的去除过程中，存在效率低、能耗高等问题，而通过多种去除技术组合联用的方式，可有效提升水体 EDCs 的去除效率。

（3）抗生素是一种由微生物（或动植物）产生的代谢物或人工合成的类似物，用于抑制或杀死某些特定微生物。抗生素在医学治疗、畜禽养殖中广泛使用，对水生生物具有慢性毒性效应。同时，抗生素的广泛使用会使细菌产生耐药性而导致细菌基因突变，形成新的更多的耐药细菌。对微量抗生素的处理工艺主要有离子交换、消毒、生物处理、砂滤、活性炭吸附、膜过滤及膜生物反应器、化学氧化及高级氧化技术等。

（4）微塑料（Microplastics）和纳米塑料（Nanoplastics）是指尺寸小于 5mm 的塑料纤维、颗粒或薄膜。微塑料化学性质稳定，可在环境中存在数百年至数千年。我国淡水水体中微塑料污染问题十分严重，长江口海域中微塑料的最高丰度是加拿大温哥华西海岸海域的 2.3 倍。三峡水库和太湖表层水中检测到的微塑料丰度分别达到 1.36×10^7 个/km^2 和 6.8×10^6 个/km^2。污水中微塑料的去除研究尚处于起步阶段，主要包括强化混凝、沉淀、活性炭滤池和膜工艺技术等。高级氧化、生物降解技术等也被用于微塑料降解研究，但取得的成果多限于实验室，仍需大量试验验证其在实际污水处理中的适用性。

2.2.1.2　工业废水

工业废水主要指工业生产过程中被生产原料、中间产品或成品等物料所污染的水。一般而言，工业废水污染比较严重，往往含有许多有毒有害物质，甚至包括易燃和腐蚀性强的污染物。这些废水是城镇污水中有毒有害污染物的主要来源，须经过处理达到现行国家标准《污水排入城镇下水道水质标准》GB/T 31962 等要求后才能排入城镇排水系统。工业废水种类繁多，污染物成分及性质差异大，过程变化复杂，处理难度大。对工业废水进行处理需要根据不同的污染物质和水质特性，采用不同的处理方法。本节以印染废水、冶金废水、造纸废水为例加以说明：

印染废水：印染废水水质随采用的纤维种类和加工工艺的不同而异，污染物组分差异很大。一般印染废水 pH 为 6～10，COD 为 400～1000mg/L，五日生化需氧量（BOD$_5$）为 100～400mg/L，悬浮固体（SS）为 100～200mg/L，色度为 100～400 倍。当废水中含有涤纶仿真丝印染工序中产生的碱减量废水时，废水 COD 增大到 2000～3000mg/L 以上，BOD$_5$ 增大到 800mg/L 以上，pH 达 11.5～12，且水质随碱减量废水的加入量增大而恶化。在对印染废水进行处理时，有机物的去除一般以生物法为主。对难于生物降解的印染废水，采用厌氧水解-好氧联合处理较为合适。色度的去除一般以物理化学方法为主。对于规模大、处理水平高的工厂，可采用电解、化学絮凝、臭氧氧化等工艺。对于小规模的工厂，可采用炉渣过滤。

冶金废水：冶金废水的主要特点是水量大、种类多、水质复杂多变。按废水来源和特点分类，主要有冷却水、酸洗废水、洗涤废水、冲渣废水、炼焦废水以及由生产中凝结、分离或溢出的废水等。冶金废水治理的发展趋势是：（1）发展和采用不用水或少用水及无污染或少污染的新工艺、新技术，如干法熄焦、炼焦煤预热、直接从焦炉煤气脱硫脱氰等。（2）发展综合利用技术，如从废水废气中回收有用物质和热能，减少物料燃料流失。（3）根据不同水质要求，综合平衡，串流使用，同时改进水质稳定措施，不断提高水的循环利用率。（4）发展适合冶金废水特点的新的处理工艺和技术，如磁法处理钢铁废水，具有效率高、占地少、操作管理方便等优点。

造纸废水：造纸废水主要来自造纸工业生产中的制浆和抄纸两个生产过程。这两项工艺都排出大量废水，制浆产生的废水污染最为严重，污染物浓度很高，BOD_5 高达 $5\sim40g/L$，含有大量纤维、无机盐和色素。抄纸排出的废水含有大量纤维和在生产过程中添加的填料和胶料。造纸工业废水的处理应着重于提高循环用水率，减少用水量和废水排放量，同时也应探索各种可靠、经济和能够充分利用废水中有用资源的处理方法。例如浮选法可回收抄纸中纤维性固体物质，回收率可达 95%，澄清水可回用；燃烧法可回收制浆中氢氧化钠、硫化钠、硫酸钠以及同有机物结合的其他钠盐；中和法调节废水 pH。混凝沉淀或浮选法可去除废水中悬浮固体。化学沉淀法可脱色；生物处理法可去除 BOD，对牛皮纸废水较有效。湿式氧化法处理亚硫酸纸浆废水较为成功。此外，国内外也有采用反渗透、超过滤、电渗析等处理方法。

总之，处理工业废水需要根据废水中存在的污染物质和水质特性，采用不同的处理方法，以达到减少污染、促进资源再利用的目的。

2.2.1.3 农业废水

农业废水是指在农业生产过程中产生的含有高浓度的有机物、营养物和微生物的废水，主要来源于农田灌溉、农产品加工和畜禽养殖等。其中畜禽废水具有 COD、SS、氨氮浓度高，可生物处理性和降解性能好，水量大，含有大量病原菌等特点。畜禽废水的物化处理技术大致可分为吸附法、絮凝沉淀法、电化学法等方法。生物处理技术按微生物的类别可大致分为好氧生物法、厌氧生物法及厌氧-好氧混合处理法，还可采用人工湿地、氧化塘等自然生态处理技术去除废水中污染物质。畜禽废水处理的组合工艺对畜禽废水具有良好的处理效果，例如金海峰等人以 UASB＋A/O＋Fenton 工艺处理猪场养殖废水，且 A/O 段采用 MBR 进行固液分离，使废水 COD 从 8000mg/L 降至 100mg/L 以下，NH_4^+ 从 600mg/L 降至 15 mg/L 以下，但是处理成本相对较高。农业废水的处理主要是为了减少其对环境的污染和资源的浪费，同时也可以将其转化为可再利用的资源。

2.2.1.4 初期降水与融雪径流

初期降水中的污染物浓度一般比后期降水的污染物浓度高出十几倍或者更多，这是由于初期降水时，雨和雪的淋洗和冲刷作用，将大气中的污染物质（如降尘、飘尘、氮氧化物、二氧化硫等）、各种构筑物表面的腐蚀锈蚀和附着物、地面残土、植物枝叶、工业固体废物等产生的有机和无机污染物质带入其中所致，初期降水经过排水系统汇入受纳水体，使受纳水体的水质受到污染。

初期降水中的主要污染物包括有机物、固体悬浮物、植物营养物、重金属、放射性物质、油类、酚类、病原微生物及一些无机盐类。初期降水中的污染物含量与当地大气污染的程度、地表覆盖和环境卫生条件等有密切的关系。对受纳水体水质的影响最大的是固体悬浮物、有机物和重金属，初期降水还具有发生的随机性大、时间性强、偶然因素多的特点。为了有效消除初期降水的污染问题，应综合考虑初期降水的水质与水量、排水系统的状况和受纳水体功能等几方面的因素，以便采取相应的治理措施。另外，在寒冷地区的城镇中，为了防止降雪后在路面上结冰而使用融雪剂，其中含有较多的氯化钠等化学盐类，导致融雪水夹带大量盐类进入受纳水体使盐分增加，由此可能影响淡水的生态系统。

2.2.2　城市污水性质与污染指标

城市污水的性质特征主要与下列因素有关：居民生活习惯、气候条件、生活污水与生产污水所占的比例以及所采用的排水体制（分流制、合流制、半分流制等）。城市污水的一般物理性质、化学性质、生物性质及其污染指标分述如下。

2.2.2.1　污水的物理性质及指标

污水物理性质的主要指标是水温、色度、臭味、固体含量及泡沫等。

（1）水温

污水的水温对污水的物理性质、化学性质及生物性质有直接的影响。所以水温是污水水质的重要物理性质指标之一。生产污水的水温与生产工艺有关，变化很大。因此，城市污水的水温与排入排水系统的生产污水水温及所占比例有关。污水的水温过低（如低于5℃）或过高（如高于40℃）都会影响污水生物处理的效果。

（2）色度

生活污水的颜色常呈灰色。但当污水中的溶解氧降低至零，污水所含有机物腐烂时，则转呈黑褐色并有臭味。生产污水的色度视工矿企业的性质而异，差别极大。如印染、造纸、农药、焦化、冶金及化工等的生产污水，都有各自的特殊颜色。水的颜色用色度作为指标。色度可由SS、胶体或溶解物质形成。SS（如泥沙、纸浆、纤维、焦油等）形成的色度称为表色。胶体或溶解物质（如染料、化学药剂、生物色素、无机盐等）形成的色度称为真色。

（3）臭味

生活污水的臭味主要由有机物腐败产生的气体造成；工业废水的臭味主要由挥发性化合物造成。臭味给人以感观不悦，甚至会危及人体健康，如呼吸困难，倒胃胸闷，呕吐等。

（4）固体含量

污水中固体物质按存在形态的不同可分为：悬浮的、胶体的和溶解的三种。按性质的不同可分为：有机物、无机物与生物体三种。固体含量用总固体量作为指标。悬浮固体（SS）的颗粒粒径在 $0.1\sim1.0\mu m$ 之间者称为细分散悬浮固体，颗粒粒径大于 $1.0\mu m$ 者称为粗分散悬浮固体。悬浮固体中有一部分可在沉淀池中沉淀，称为可沉淀固体。胶体（颗粒粒径为 $0.001\sim0.1\mu m$）和溶解固体（DS）由有机物和无机物组成。生活污水中的溶解性有机物包括尿素、淀粉、糖类、脂肪、蛋白质及洗涤剂等，溶解性无机物包括无机盐（如碳酸盐、硫酸盐、铵盐、磷酸盐）与氧化物等。工业废水的溶解性固体成分极为复杂，视工矿企业的性质而异，主要包括种类繁多的合成高分子有机物及金属离子等。

2.2.2.2　污水的化学性质及指标

污水中的污染物质，按化学性质可分为无机物和有机物，按存在的形态可分为悬浮状态与溶解状态。

（1）无机物及指标

1）pH

pH等于氢离子浓度的负对数。pH＝7时，污水呈中性；pH＜7时，污水呈酸性，数值越小，酸性越强；pH＞7时污水呈碱性，数值越大，碱性越强。当pH超出6～9的范围时，会对人畜造成危害并对污水的物理、化学及生物处理产生不利影响。尤其是pH低于6的酸性污水，对管渠、污水处理构筑物及设备会产生腐蚀作用。因此pH是污水化学性质的重要指标。

2）氮、磷

氮、磷是植物的重要营养物质，也是污水进行生物处理时微生物所必需的营养物质，主要来源于人类排泄物及某些工业废水。氮、磷是导致湖泊、水库、海湾等缓流水体富营养化的主要原因。

①氮及其化合物

污水中含氮化合物有四种：有机氮、氨氮、亚硝酸盐氮与硝酸盐氮。四种含氮化合物的总量称为总氮（TN）。凯氏氮是有机氮与氨氮之和。凯氏氮指标可以用作判断污水在进行生物法处理时，氮营养是否充足的依据。氨氮在污水中存在形式有游离氨（NH_3）与离子状态铵盐两种，故氨氮等于两者之和。

②磷及其化合物

污水中含磷化合物可分为有机磷与无机磷两类。有机磷的存在形式主要有：葡萄糖-6-磷酸、2-磷酸-甘油酸及磷肌酸等。无机磷都以磷酸盐形式存在。

3）硫酸盐与硫化物

生活污水的硫酸盐主要来源于人类排泄物。工业废水如洗矿、化工、制药、造纸和发酵等工业废水，含有较高的硫酸盐，浓度可达1500～7500mg/L。

污水中的硫化物主要来源于工业废水（如硫化染料废水、人造纤维废水）和生活污水。硫化物在污水中的存在形式有硫化氢（H_2S）、硫氢化物（HS^-）与硫化物（S^{2-}）。当污水pH较低时（如低于6.5），以H_2S为主；pH较高时（如高于9），以S^{2-}为主。硫化物属于还原性物质，会消耗污水中的溶解氧，并能与重金属离子反应，生成金属硫化物的黑色沉淀。

4）重金属离子

重金属指原子序数在21～83之间的金属或相对密度大于4的金属。污水中的重金属主要有汞、镉、铅、铬、锌、铜、镍、锡、铁、锰等。生活污水中的重金属离子主要来自人类排泄物。冶金、电镀、陶瓷、玻璃、氯碱、电池、制革、照相器材、造纸、塑料和颜料等工业废水，都含有不同的重金属离子。重金属离子在微量浓度时有益于微生物、动植物及人类，但当浓度超过一定值后会产生毒害作用。

（2）有机物

生活污水中的有机物主要来源于人类排泄物及生活活动产生的废弃物、动植物残体等，主要成分是碳水化合物、蛋白质、脂肪与尿素。组成元素是碳、氢、氧、氮和少量的硫、磷、铁等。食品加工、饮料等工业废水中有机物成分与生活污水基本相同，其他工业废水所含有机物种类繁多。有机物按被生物降解的难易程度，可分为两类四种：

第一类是可生物降解有机物，可分为两种：对微生物无毒害或抑制作用；对微生物有毒害或抑制作用。

第二类是难生物降解有机物，也可分为两种：对微生物无毒害或抑制作用；对微生物有毒害或抑制作用。

上述两类有机物的共同特点是都可被氧化成无机物。第一类有机物可被微生物氧化，第二类有机物可被化学氧化或被经驯化、筛选后的微生物氧化。

污水中的各类有机物包括：1）糖、淀粉、纤维素和木质素等碳水化合物；2）蛋白质与尿素；3）脂肪和油类；4）酚类；5）有机酸碱；6）烷基苯磺酸盐、烷基芳基磺酸盐等表面活性剂；7）有机氯或有机磷有机农药；8）苯环上的氢被硝基、氨基取代后生成的取代苯类化合物；9）其他种类繁多、成分复杂的人工合成高分子有机化合物，如聚氯联苯、联苯氨、二噁英等三致物质（致癌、致突变、致畸形），以及第 2.2.1.1 节介绍的 EDCs、抗生素、微塑料等新污染物。

（3）有机物污染指标

由于有机物种类繁多，现有的分析技术难以区分并定量。可根据有机物可被氧化这一共同特性，用氧化过程所消耗的氧量作为有机物总量的综合指标进行定量。一般采用的指标有：生物化学需氧量或生化需氧量（Bio-Chemical Oxygen Demand，BOD）、化学需氧量（Chemical Oxygen Demand，COD）、总需氧量（Total Organic Demand，TOD）、总有机碳（Total Organic Carbon，TOC）。

1）BOD

在水温 20℃ 的条件下，由于微生物（主要是细菌）的活动，将有机物氧化成无机物所消耗的溶解氧量，称为生物化学需氧量或生化需氧量。生物化学需氧量代表了第一类有机物，即可生物降解有机物的数量。在有氧的条件下，可生物降解有机物的降解可分为两个阶段：第一阶段是碳氧化阶段，即在异养菌的作用下，含碳有机物被氧化（或称碳化）为 CO_2、H_2O，含氮有机物被氧化（或称氨化）为 NH_3。第二阶段是硝化阶段，即在自氧菌（亚硝化菌）的作用下，NH_3 被氧化为 NO_2^- 和 H_2O，再在自氧菌（硝化菌）的作用下，NO_2^- 被氧化为 NO_3^-。同时，微生物合成的新细胞在生活活动中进行着新陈代谢，即自身氧化的过程，产生 CO_2、H_2O，并释放出能量及氧化残渣（残存物质）。以上过程的耗氧量被称为 BOD。一般以 5 日作为测定 BOD 的标准时间，因而称之为五日生化需氧量（BOD_5）。

2）COD

COD 的测定原理是用强氧化剂（重铬酸钾）在酸性条件下将有机物氧化成 CO_2 与 H_2O 所消耗氧化剂中的量。由于重铬酸钾的氧化能力极强，可较完全地氧化水中各种性质的有机物。此外，也可用高锰酸钾作为氧化剂，但其氧化能力较重铬酸钾弱，测出的耗氧量也较低，被称为高锰酸盐指数（COD_{Mn}）。化学需氧量 COD 的优点是较准确地表示污水中有机物的含量，测定时间仅需数小时，且不受水质限制。COD 的数值大于 BOD，两者的差值大致等于难生物降解有机物量。因此 BOD/COD 的值可作为污水是否适宜于采用生物处理的判别标准。一般认为该比值＞0.3，可采用生化处理法；比值＜0.25 时，不宜采用生化处理法。

3）TOD

由于有机物的主要组成元素是 C、H、O、N、S 等，被氧化后分别产生 CO_2、H_2O、NO_2 和 SO_2 等，所消耗的氧量称 TOD。TOD 的测定原理是将一定数量的水样在高温下燃烧，有机物被彻底氧化，故 TOD 值大于 COD 值。

4）TOC

TOC 与 TOD 的测定原理相同，都是将水样高温下燃烧，把有机物所含的碳氧化成 CO_2，用红外气体分析仪记录 CO_2 的数量并折算成含碳量。

2.2.2.3　污水的生物性质及指标

污水中的有机物是微生物的食料，污水中的微生物以细菌与病菌为主。生活污水、食品工业污水、制革污水、医院污水等含有肠道病原菌（痢疾、伤寒、霍乱菌等）、寄生虫卵（蛔虫、钩虫卵等）、炭疽杆菌与病毒（脊髓灰质炎、肝炎、狂犬、腮腺炎、麻疹等）。如每克粪便中含有 $10^4 \sim 10^5$ 个传染性肝炎病毒。污水生物性质的检测指标有大肠菌群数、大肠菌群指数、病毒及细菌总数。

（1）大肠菌群数与大肠菌群指数

大肠菌群数是每升水样中所含有的大肠菌群的数目，以个/L 计。大肠菌群数是污水被粪便污染程度的卫生指标。大肠菌群指数是查出 1 个大肠菌群所需的最少水量，以毫升（mL）计。

（2）病毒

目前污水中已被检出的病毒有 100 多种。病毒的检验方法主要有数量测定法与蚀斑测定法两种。

（3）细菌总数

细菌总数是大肠菌群数、病原菌、病毒及其他细菌数的总和，以每毫升水样中的细菌菌落总数表示。细菌总数越多，表示病原菌与病毒存在的可能性越大。

2.2.2.4　生物脱氮除磷的一般指标

《城镇污水处理厂污染物排放标准》GB 18918—2002 对污水处理厂的排放水质作了严格的规定。除了二级和三级排放标准外，还设置了更加严格的一级 A 标准（$BOD_5 \leqslant$ 10mg/L，SS≤10mg/L，COD≤50mg/L，磷酸盐≤0.5mg/L，氨氮≤5 mg/L）和一级标准 B 标准（$BOD_5 \leqslant 20$mg/L，SS≤20mg/L，COD≤60mg/L，磷酸盐≤1.0mg/L，氨氮≤8mg/L）。故需要对污水进行脱氮除磷处理。

生物脱氮除磷对污水的 BOD_5/TN 值和 BOD_5/TP 值有一定的要求。

（1）BOD_5/TN（即 C/N）

C/N 的值是判别能否有效生物脱氮的重要指标。理论上 C/N＞2.86 就能进行生物脱氮，实际工程宜 C/N＞3.5 才能进行有效脱氮。

（2）BOD_5/TP（即 C/P）

C/P 比是衡量能否进行生物除磷的重要指标。一般认为该比值应大于 20，比值越大生物除磷效果越好。

2.3　污水的排放标准

污水的排放标准又可分为国家标准和地方标准。国家标准一般包括强制性国家标准、推荐性国家标准、国家标准化指导性技术文件等。国家标准具有普遍性，可在各地区使用。由于各地区的环境条件不同，根据本地区的实际情况还可以制定地方标准。地方标准严于国家标准，以保证环境质量的改善。针对行业污水排放和水环境保护要求，我国相关管理部门还制定了一系列行业污染物排放标准。

2.3.1　污水排放国家标准

随着人们环保意识的不断提高和环保法规的不断加强，我国的污水排放标准也在不断更新和完善。2002 年，我国发布了《城镇污水处理厂污染物排放标准》GB 18918—2002，分年限规定了城镇污水处理厂出水、废气和污泥中污染物的控制项目和标准值。在水污染物排放标准方面，根据污染物的来源及性质，将污染物控制项目分为基本控制项目和选择控制项目两类。基本控制项目主要包括影响水环境和城镇污水处理厂一般处理工艺可以去除的常规污染物，以及部分一类污染物，共 19 项。选择控制项目包括对环境有较长期影响或毒性较大的污染物，共计 43 项。基本控制项目必须执行，选择控制项目由地方环境保护行政主管部门根据污水处理厂接纳的工业污染物的类别和水环境质量要求选择控制。城镇污水处理厂水污染物排放标准基本控制项目最高允许排放浓度见表 2-1。

基本控制项目最高允许排放浓度（日均值）　　　　　　表 2-1

序号	基本控制项目		一级标准		二级标准	三级标准
			A 标准	B 标准		
1	化学需氧量（COD）（mg/L）		50	60	100	120[①]
2	生化需氧量（BOD_5）（mg/L）		10	20	30	60[①]
3	悬浮物（SS）（mg/L）		10	20	30	50
4	动植物油（mg/L）		1	3	5	20
5	石油类（mg/L）		1	3	5	15
6	阴离子表面活性剂（mg/L）		0.5	1	2	5
7	总氮（以 N 计）（mg/L）		15	20	—	—
8	氨氮（以 N 计）（mg/L）		5(8)[②]	8(15)[②]	25(30)[②]	—
9	总磷（以 P 计）	2005 年 12 月 31 日前建设的	1	1.5	3	5
		2006 年 1 月 1 日起建设的	0.5	1	3	5
10	色度（稀释倍数）		30	30	40	50
11	pH		6～9			
12	粪大肠菌群数（个/L）		10^3	10^4	10^4	

① 下列情况下按去除率指标执行：当进水 COD 大于 350mg/L 时，去除率应大于 60%；BOD 大于 160mg/L 时，去除率应大于 50%。

② 括号外数值为水温＞12℃时的控制指标，括号内数值为水温≤12℃时的控制指标。

根据城镇污水处理厂排入地表水域环境功能和保护目标，以及污水处理厂的处理工艺，将基本控制项目的常规污染物标准值分为一级标准、二级标准和三级标准。一级标准分为 A 标准和 B 标准。一级标准的 A 标准是城镇污水处理厂出水作为回用水的基本要求。当污水处理厂出水引入稀释能力较小的河湖作为城镇景观用水和一般回用水等用途时，执行一级 A 标准。2022 年，生态环境部发布了《城镇污水处理厂污染物排放标准》GB 18918—2002 修改单（征求意见稿），该文件提出了城镇污水处理厂水污染物排放不仅要满足 GB 18918—2002 原有的基本控制项目，还需满足一次监测最大允许排放浓度限值，并将色度、pH、粪大肠菌群数这三个项目从基本控制项目移至一次监测最大允许排放浓度限值中。该征求意见稿的提出表明我国对污水排放标准更加规范化、精细化。

2.3.2 污水排放地方标准

鉴于我国水环境污染问题的地域性特征,制定地方水污染物排放标准成为解决区域性和流域性水环境污染问题的有效手段。目前全国各地已有多个城市、地区相继出台了多项地方排放标准。标准的一次次更新修订都代表着内容的不断完善,如 2018 年出台的《陕西省黄河流域污水综合排放标准》DB 61/224—2018 代替了原有的 DB 61/224—2011。该标准提高了污染物排放控制要求,加严了设计处理规模大于 2000m³/天的城镇污水处理厂主要污染指标限值,与《地表水环境质量标准》GB 3838—2002 中Ⅳ类标准限值靠近;对于一般工业企业水污染物排放标准略作调整,适当加严氨氮、总氮、石油类三项污染物排放限值。总体上,地方标准规定的污染物控制要求不断趋于严格。目前我国城镇污水处理厂污染物排放标准及主要污染物排放限值见表 2-2。

城镇污水处理厂污染物排放标准及主要污染物排放限值　　表 2-2

标准名称	标准	COD(mg/L)	BOD$_5$(mg/L)	氨氮(mg/L)	总氮(mg/L)	总磷(mg/L)
《城镇污水处理厂污染物排放标准》GB 18918—2002	一级 A	50	10	5(8)	15	0.5
	一级 B	60	20	8(15)	20	1
	二级	100	30	25(30)	—	3
	三级	120	60	—	—	5
《城镇污水处理厂污染物排放标准》GB 8918—2002 修改单(征求意见稿)一次监测最高允许排放浓度	一级 A	75	15	10(15)	20	1
	一级 B	90	30	15(20)	25	1.5
	二级	130	45	30(35)	—	5
	三级	140	70	—	—	6
北京市《城镇污水处理厂水污染物排放标准》DB 11/890—2012	A 标准	20	4	1.0(1.5)	10	0.2
	B 标准	30	6	1.5(2.5)	15	0.3
天津市《城镇污水处理厂污染物排放标准》DB 12599—2015	A 标准	30	6	1.5(3.0)	10	0.3
	B 标准	40	10	2.0(3.5)	15	0.4
	C 标准	50	10	5(8)	15	0.5
浙江省《城镇污水处理厂主要水污染物排放标准》DB 33/2169—2018	现有	40	—	2(4)	12(15)	0.3
	新建	30	—	1.5(3)	10(12)	0.3
湖南省《城镇污水处理厂主要水污染物排放标准》DB 43/T 1546—2018	一级标准	30	—	1.5(3.0)	10	0.3
	二级标准	40	—	3.0(5.0)	15	0.5
昆明市《城镇污水处理厂主要水污染物排放限值》DB 5301/T 43—2020	A 级	20	4	1.0(1.5)	5(10)	0.05
	B 级	30	6	1.5(3.0)	10(15)	0.3
	C 级	40	10	3(5)	15	0.4
	D 级	40	10	5(8)	15	0.5
	E 级	70	30	1	1	2

续表

标准名称	标准	COD (mg/L)	BOD₅ (mg/L)	氨氮 (mg/L)	总氮 (mg/L)	总磷 (mg/L)
江苏省《城镇污水处理厂污染物排放标准》 DB 32/4440—2022	A 标准	30	10	3(6)	12(15)	0.5
	B 标准	40	10	6(10)	12(15)	0.5
	C 标准	50	10	8(12)	15(20)	1
	D 标准	50	10	10(15)	20	1
陕西省《黄河流域污水综合排放标准》 DB 61/224—2018	A 标准	30	6	1.5(3)	15	0.3
	B 标准	50	10	5(8)	15	0.5
四川省《岷江、沱江流域水污染物排放标准》 DB 51/2311—2016	城镇	30	6	1.5(3)	10	0.3
河南省《黄河流域水污染物排放标准》 DB 41/2087—2021	一级	40	6	3(5.0)	12	0.4
	二级	50	10	5.0	15	0.5
河北省《大清河流域水污染物排放标准》 DB 13/2795—2018	核心控制区	20	4	1.0(1.5)	10	0.2
	重点控制区	30	6	1.5(2.5)	15	0.3
	一般控制区	40	10	2.0(3.5)	15	0.4
河北省《子牙河流域水污染物排放标准》 DB 13/2796—2018	重点控制区	40	10	2.0(3.5)	15	0.4
	一般控制区	50	10	5(8)	15	0.5
河北省《黑龙港及运东流域水污染物排放标准》 DB 13/2797—2018	重点控制区	40	10	2.0(3.5)	15	0.4
	一般控制区	50	10	5(8)	15	0.5
安徽省《巢湖流域城镇污水处理厂和工业行业主要水污染物排放限值》 DB 34/2710—2016	Ⅰ类别(工业废水量<50%)	40	—	2.0(3.0)	10(12)	0.3
	Ⅰ类别(工业废水量≥50%)	50	—	5.0	15	0.5
广东省《淡水河、石马河流域水污染物排放标准》 DB 44/2050—2017	城镇	40	—	2.0(4.0)	—	0.4
广东省《汾江河流域水污染物排放标准》 DB 44/1366—2014	城镇	40	10	5.0	—	0.5
广东省《练江流域水污染物排放标准》 DB 44/2051—2017	城镇	40		5.0(2.0)		0.5(0.4)
广东省《茅洲河流域水污染物排放标准》 DB 44/2130—2018	城镇	30	—	1.5	—	0.3
广东省《小东江流域水污染物排放标准》 DB 44/2155—2019	城镇	40		5.0(2.0)		0.5(0.4)

从目前发布的污水处理厂污染物排放地方标准来看，除昆明市和北京市的城镇污水处理厂污染物排放 A 标准与《地表水环境质量标准》GB 3838—2002 中的Ⅲ类标准接近（即"准Ⅲ类"）以外，其余地方标准与地表水Ⅳ类标准接近（即"准Ⅳ类"）。污水排放标准日趋严格是趋势，因此城镇污水处理厂的提标改造要具有适度的前瞻性。

2.3.3 行业水污染物排放标准

我国关于行业废水的排放标准主要有《污水综合排放标准》GB 8978、《污水排入城镇下水道水质标准》GB/T 31962、行业排放标准、地方或流域排放标准以及地方环保部门行政要求等。其中《污水综合排放标准》GB 8978—1996 规定了凡有国家行业水污染物排放标准的行业执行行业标准（如造纸工业、纺织染整工业、钢铁工业等），其他一切污水排放标准均执行综合排放标准。《污水排入城镇下水道水质标准》GB/T 31962—2015 对所有行业排入城镇下水道的污水水质进行了详细规定和标准化。这项标准适用于从各种生产和服务行业的建筑物和建筑群的下水道系统中排放的污水，包括但不限于工业、农业生产、商业、文化、教育和医疗保健行业的排水。该标准主要规定了污水的各种水质标准的最大限值，以保障污水处理厂的污水处理的出水水质效果，减轻环境污染。

国家污水综合排放标准是适用于全国性的标准，而行业排放标准则是适用于特定行业的标准。为避免两种标准的交叉执行造成的混乱和不必要的负担，原则上应从严执行国家综合排放标准。然而，随着环境标准体系的日益完善，排放水质的要求也越来越细化，因此执行综合排放标准的情况越来越少。通常，单独排放的情况更多地使用行业排放标准或地方标准，这样可以更好地满足特定行业或地区的环境要求。因此，在制定环境污染治理措施时，必须根据具体情况权衡利弊，选择最合适的排放标准来实施。表 2-3 是目前我国现行的主要行业水污染物排放标准。

主要行业水污染物排放标准　　　　　　　　　　　　　　表 2-3

行业名称	标准名称
钢铁行业	《钢铁工业水污染物排放标准》GB 13456—2012
医疗机构	《医疗机构水污染物排放标准》GB 18466—2005
污水处理厂	《城镇污水处理厂污染物排放标准》GB 18918—2002
畜禽养殖业	《畜禽养殖业污染物排放标准》GB 18596—2001
船舶行业	《船舶水污染物排放控制标准》GB 3552—2018
肉类加工行业	《肉类加工工业水污染物排放标准》GB 13457—92
纺织染整行业	《纺织染整工业水污染物排放标准》GB 4287—2012
电子工业	《电子工业水污染物排放标准》GB 39731—2020
石油炼制工业	《石油炼制工业污染物排放标准》GB 31570—2015
再生铜、铝、铅、锌行业	《再生铜、铝、铅、锌工业污染物排放标准》GB 31574—2015
合成树脂行业	《合成树脂工业污染物排放标准》GB 31572—2015
无机化学行业	《无机化学工业污染物排放标准》GB 31573—2015
电池行业	《电池工业污染物排放标准》GB 30484—2013
制革及毛皮加工行业	《制革及毛皮加工工业水污染物排放标准》GB 30486—2013
合成氨行业	《合成氨工业水污染物排放标准》GB 13458—2013

行业名称	标准名称
炼焦化学行业	《炼焦化学工业污染物排放标准》GB 16171—2012
铁合金工业	《铁合金工业污染物排放标准》GB 28666—2012
铁矿采选行业	《铁矿采选工业污染物排放标准》GB 28661—2012
橡胶行业	《橡胶制品工业污染物排放标准》GB 27632—2011
汽车维修行业	《汽车维修业水污染物排放标准》GB 26877—2011
生物工程类制药行业	《生物工程类制药工业水污染物排放标准》GB 21907—2008
电镀行业	《电镀污染物排放标准》GB 21900—2008
制浆造纸行业	《制浆造纸工业水污染物排放标准》GB 3544—2008
煤炭行业	《煤炭工业污染物排放标准》GB 20426—2006
兵器制造行业	《兵器工业水污染物排放标准 火炸药》GB 14470.1—2002
兵器制造行业	《兵器工业水污染物排放标准 火工药剂》GB 14470.2—2002
兵器制造行业	《弹药装药行业水污染物排放标准》GB 14470.3—2011

2.4　现行主流水处理工艺

现行污水处理工艺主要包括厌氧-好氧工艺和单一好氧工艺。对于市政污水来说，一般以好氧工艺为主，而厌氧生物处理法用于处理高浓度有机废水，其容积负荷和 COD 去除量较大，抗冲击负荷能力强，因此能大幅度削减 COD，可以降低基建、设备投资和运行费用。但厌氧微生物对有机物的不彻底分解又使其出水很难达标。好氧生物处理法却能弥补这一缺陷，它是通过好氧微生物对废水中可溶解有机物的吸附和彻底氧化分解作用而实现对废水的净化。本节主要介绍几种典型的好氧处理工艺。

2.4.1　活性污泥法

活性污泥法是污水生物处理的一种主要方法。该方法是在人工充氧条件下，对污水和各种微生物群体进行连续混合培养，形成活性污泥。利用活性污泥的生物凝聚、吸附和氧化作用，分解去除污水中的有机污染物。然后使污泥与水分离，大部分污泥再回流到曝气池，多余部分则排出活性污泥系统。活性污泥法自 1914 年发明至今已有超过百年的历史，其工艺经历了不断的改进和革新。本节主要阐述活性污泥法中具有代表性的几种处理工艺。

2.4.1.1　典型活性污泥处理工艺

（1）普通活性污泥工艺

图 2-1 是活性污泥处理工艺最基本的工艺系统流程，是早期开始使用并一直沿用至今的活性污泥处理工艺的工艺系统流程。该工艺系统是由活性污泥反应器——曝气池及二次沉淀池组成。

由图 2-1 可知，经预处理技术处理后的原污水，从活性污泥反应器——曝气池的首端进入池内，由二次沉淀池回流的回流污泥也同步注入。污水与回流污泥形成的混合液在池内呈推流式流态向前流动，流至池的末端，流出池外进入二次沉淀池。流入二次沉淀池的

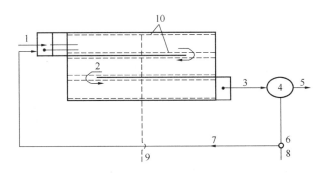

图 2-1 普通活性污泥工艺系统流程图

1—预处理后的污水；2—活性污泥反应器（三廊道曝气池）；3—从曝气池流出的混合液；

4—二次沉淀池；5—处理后的污水；6—污泥泵站；7—回流污泥系统；8—剩余污泥；

9—来自空压机站的空气；10—曝气系统与空气扩散装置

混合液，经沉淀分离处理，活性污泥与被处理水分离。处理后的水排出系统，分离后的污泥进入污泥泵站进行分流，一定量的污泥作为回流污泥通过污泥回流系统回流至曝气池首端，多余的剩余污泥则排出系统。普通活性污泥法对有机物有良好的处理效果，但是基本上没有脱氮除磷效果。而目前日益严格的污水排放标准对于氮磷排放的要求不断提高，这就使得现存污水处理厂大多采用具有脱氮除磷功能的活性污泥工艺。

（2）缺氧/好氧（A/O）工艺

A/O工艺是由缺氧和好氧两部分反应池组成的污水生物脱氮工艺（图 2-2）。污水依次经历缺氧反硝化、好氧降解有机物和硝化的阶段。工艺的特点是前置反硝化，硝化后部分混合液回流到反硝化池以提供硝酸盐。缺氧池在前，污水中的有机碳被反硝化菌所利用，可减轻其后好氧池的有机负荷。反硝化反应产生的碱度可以补偿好氧池中进行硝化反应对碱度的需求。好氧在缺氧池之后，可以使反硝化残留的有机污染物得到进一步去除，提高出水水质。

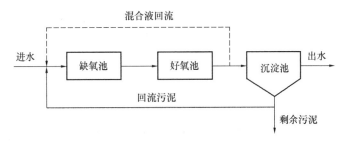

图 2-2 A/O工艺系统流程

（3）厌氧-缺氧-好氧（A^2/O）工艺

A^2/O工艺（图 2-3）在 A/O工艺的基础上增加了厌氧池，可以同时完成有机物的去除、反硝化脱氮、磷的过量摄取而被去除等功能。脱氮的前提是氨氮应完全硝化，好氧池能完成这一功能。将好氧池流出的一部分混合液回流至缺氧池前端，缺氧池完成脱氮功能。厌氧池和好氧池联合完成除磷功能。该工艺处理效率一般能达到：BOD_5 和 SS 为 90%～95%，总氮为 70%以上，磷为 90%左右，一般适用于要求脱氮除磷的大型城市污

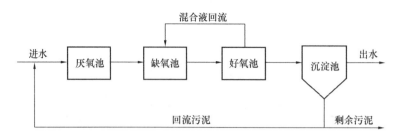

图 2-3　A^2/O 工艺系统流程

水处理厂。它与普通活性污泥法二级处理后再进行三级物化处理相比，不仅投资和运行成本低，而且不产生大量难以处理的化学污泥，具有良好的环境效益和经济效益。

（4）巴顿浦（Bardenpho）工艺

Bardenpho 工艺是一种能够脱氮除磷的活性污泥法改进工艺（图 2-4）。在一级缺氧池中，进水和混合液通过好氧池的混合液回流去除残留的硝酸盐。然后，好氧池进行有机物的生物降解，同时还进行硝化和吸磷。二级缺氧池同样进行有机物降解和脱氮，接着废水和污泥进入沉淀池，在这里实现泥水分离，上清液作为处理水进行排放，一部分污泥回流至缺氧池。一级好氧反应器的低浓度硝酸盐排入二级缺氧反应器会被反硝化去除，产生理论上无硝酸盐的出水。为了去除混合液中的氮气和残余的有机物，并避免二沉池的厌氧释磷，在二级缺氧反应器和二沉池之间引入了好氧反应器。另外，Bardenpho 工艺前端还可以设置厌氧池使其具备良好的除磷能力。

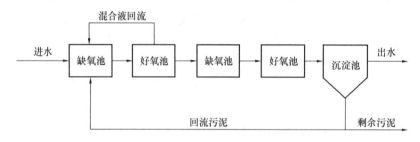

图 2-4　Bardenpho 工艺系统流程

（5）侧流强化生物除磷（S2EBPR）工艺

S2EBPR（Side-Stream Enhanced Biological Phosphorus Removal）工艺是一种改进的 EBPR 工艺，也被称为活性污泥侧流水解（SSH 或 RSS）工艺。该工艺将部分或全部的回流污泥或混合液引入侧流反应器进行厌氧水解发酵，再回流至主流工艺的缺氧或好氧池。侧流厌氧发酵可将部分污泥转化为挥发性脂肪酸（VFA）等"内碳源"，从而可降低乃至消除工艺对外加碳源和化学药剂的依赖，解决了污水处理厂进水中 VFA 含量不足的问题。同时，侧流反应器持续深度厌氧的环境还可起到筛选聚磷菌等特定功能微生物的作用，进一步促进工艺的生物除磷性能。目前，S2EBPR 工艺主要有 4 种构型（图 2-5），分别为侧流回流污泥发酵（SSR）、补充碳源的侧流回流污泥发酵（SSRC）、侧流混合液悬浮固体发酵（SSM）和无搅拌原位混合液悬浮固体发酵（UMIF）。许多工程应用实践与对比试验表明，S2EBPR 工艺相较传统 EBPR 工艺具有以下优势：（1）低碳源进水条件下高效稳定的除磷性能；（2）降低或消除对进水和外加碳源的依赖，碳足迹小；（3）不需额

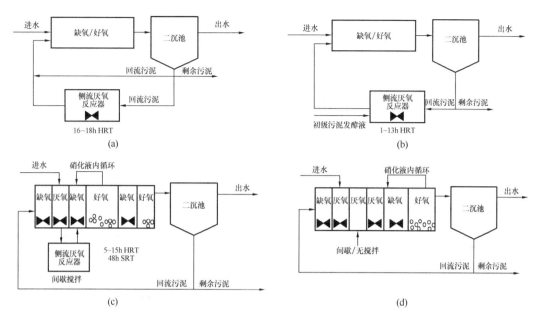

图 2-5 S2EBPR 工艺的基本流程

(a) SSR；(b) SSRC；(c) SSM；(d) UMIF

外加化学除磷剂，有利于磷回收；（3）更多的可利用碳源有利于脱氮；（4）污泥水解发酵有减量效果；（5）改造简单灵活，运行管理难度低，适用于多种污水处理厂现有设施。

2.4.1.2　序批式活性污泥（SBR）工艺

SBR 工艺以其结构紧凑、占地面积小等突出的优越性受到广泛关注，派生出多种各具特色的新工艺系统和变型工艺，形成了独特的 SBR 系列工艺，广泛用于城市污水和工业废水处理。常见的 SBR 工艺包括：间歇式循环延时曝气活性污泥法（ICEAS）、连续进水间歇曝气（DAT-IAT）以及一体化活性污泥（UNITANK）等。

（1）SBR 工艺

SBR 工艺系统最主要的技术特征是将原污水入流、有机底物降解反应、活性污泥沉淀的泥水分离、处理水排放等各项污水处理过程在统（唯）一的序批式反应器内实施并完成。SBR 工艺系统在运行工况上的主要特征是间歇式操作，即序列间歇式操作。序列间歇式操作包括两项含义：首先，在实际的运行中原污水都是连续入流的，而且在流量上可能还有一定的波动。因此 SBR 反应器在数量上至少是 2 台或多台，原污水依次进入每台反应器，即 SBR 反应器的运行操作在空间上是按序排列的间歇式。其次，每台 SBR 反应器的运行一般包括基本运行周期的 5 个阶段：进水、反应、沉淀、排水及闲置，即 SBR 工艺系统的运行操作在时间上也是按序排列的间歇式（图 2-6）。由于 SBR 工艺系统的 5 个阶段都在统一的一台反应器内实施与完成，使系统组成大为简化，不设二次沉淀池、污泥回流系统等。

（2）DAT-IAT 工艺

DAT-IAT 工艺系统的主体反应构筑物由 1 座连续曝气反应器（DAT）和 1 座间歇曝气反应器（IAT）串联组成（图 2-7）。DAT 反应器呈好氧状态，原污水连续流入的同时，还有从 IAT 反应器回流的混合液注入，进行连续曝气，也可以根据进水与出水水质进行

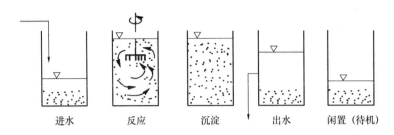

图 2-6　SBR 工艺运行操作流程

间歇曝气。DAT 反应器充分发挥其活性污泥的生物降解功能，使污水中大部分的可溶性有机底物得到降解去除。DAT 反应器对进入污水的水质进行了调节与均衡作用，其处理水进入 IAT 反应器。IAT 反应器按传统 SBR 反应器运行方式周期运行，由 DAT 反应器流入的污水水质稳定，有机污染物负荷低，提高了其对水质变化的适应性。此外，IAT 反应器内混合液的 C/N 值较低，有利于硝化菌的生长繁殖，能够产生硝化反应。由于实施间歇曝气，能够在时间上形成好氧/缺氧/厌氧交替出现的环境条件，在降解 BOD 的同时还能取得脱氮除磷的效果。

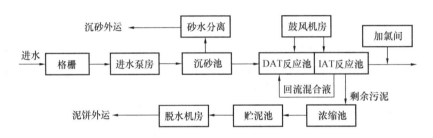

图 2-7　DAT-IAT 工艺系统的循环操作过程

（3）UNITANK 工艺

UNITANK 工艺将传统活性污泥工艺和 SBR 工艺运行模式的优点加以综合，将连续流系统的空间推流与 SBR 工艺的时间推流过程合二为一，使系统在整体上保持连续进水和连续出水状态，但每座反应器单体则相对为间歇进水和间歇排水。通过对时间和空间的灵活控制，并适当改变曝气搅拌方式和提高水力停留时间，可取得良好的脱氮除磷效果。图 2-8 为典型的单段式 UNITANK 工艺系统。该系统是一座被隔成 3 个各部位尺寸相等、水力相通的矩形单元反应器，每个单元都能够接受原污水的进入，也都设有曝气系统和空气扩散装置。外侧的 2 个单元设置出水堰和剩余污泥排放装置，这 2 个单元交替地变换充作曝气反应单元和沉淀（泥水分离）单元，中间

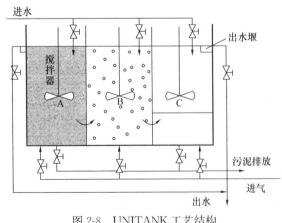

图 2-8　UNITANK 工艺结构

单元则只充作曝气反应单元。UNITANK 工艺系统连续进水，周期交替运行。通过对系统运行的调整，能够实现对污水处理过程时间和空间的控制，形成好氧、缺氧和厌氧条件以达到应取得的处理效果。

2.4.1.3 氧化沟工艺

氧化沟工艺是活性污泥工艺系统的变形，因反应器在表面上呈环状的沟渠形而得名。被处理污水与活性污泥形成的混合液在连续进行曝气的环状沟渠内不停地循环流动，所以又被称为循环曝气池。氧化沟可以使污水与污泥在一个长期阶段内呈现完全混合的特征，而在短期内呈现推流循环的特征。氧化沟这种首尾相接的封闭环形反应器中的水流特征有利于提高氧化能力与反应时间，实现充分反应。氧化沟在溶解氧浓度梯度上区分明显。由于曝气设备的定位分区以及氧化沟的结构，使沟内沿水流方向存在明显的溶解氧浓度梯度，使氧化沟内兼顾好氧区和缺氧区两个区域，并能够呈现出好氧区和缺氧区的交替变化的特点。在缺氧区污泥中反硝化细菌的作用下，将硝态氮还原为氮气，在好氧区中可以进行有机物去除、硝化作用、聚磷菌吸磷等反应，从而实现脱氮除磷。氧化沟运行稳定，维护方便，除城市污水外，已有效地应用于化工废水、造纸废水、印染废水、制药废水等多种工业废水的处理。本节主要介绍几种典型的氧化沟工艺。

（1）卡鲁赛尔（Carrousel）氧化沟

Carrousel 氧化沟也称循环折流式氧化沟，采用表面曝气机如曝气转刷、曝气转蝶、倒伞曝气机等进行曝气。Carrousel 氧化沟使用定向控制的曝气和搅动装置，向混合液传递水平速度，从而使被搅动的混合液在氧化沟闭合渠道内循环流动，且沟内存在明显的溶解氧浓度梯度。

改良型 Carrousel 2000 氧化沟在 Carrousel 2000 氧化沟前增加了一个厌氧区，工艺流程见图 2-9。全部回流污泥后的污水进入厌氧区，可将回流污泥中的残留硝酸盐去除。同时，厌氧区中的兼性细菌可将可溶性 BOD 转化成 VFA，聚磷菌获得 VFA 将其同化成聚羟基丁酸酯（PHB），所需能量来源于聚磷的水解，并导致磷酸盐的释放。厌氧区后接 Carrousel 2000 氧化沟的前置缺氧池进行脱氮，再进入氧化沟进一步完成去除 BOD 和除磷。聚磷菌在氧化沟富氧环境下消耗 PHB 实现过量吸磷，将磷从水中转移到污泥中，并随剩余污泥排出系统。

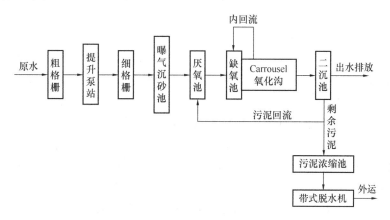

图 2-9 改良型 Carrousel 2000 氧化沟系统工艺流程

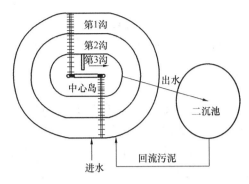

图 2-10　典型的奥贝尔氧化沟工艺系统

（2）奥贝尔（Orbal）氧化沟

Orbal 氧化沟由几条同心圆或椭圆的沟渠组成，沟渠之间通过隔墙分开，形成多条环形沟渠状的反应器（图 2-10）。Orbal 氧化沟是一系列串联的环状反应器的组合体。运行时，原污水首先进入氧化沟最外层的沟渠第 1 沟，在循环流动的同时，通过水下的传输孔道进入下一层的沟渠第 2 沟，依次再进入下一层的第 3 沟。最后，混合液则由位于氧化沟中心的中心岛排出，进入二沉池。

（3）D 型/DE 型氧化沟

D 型氧化沟由池容完全相同的 2 个氧化沟组成，两池串联运行，交替作为曝气池和沉淀池，控制运行工况可以实现硝化和一定的反硝化。DE 型氧化沟（图 2-11）是在 D 型氧化沟的基础上为强化生物脱氮而开发的新工艺。DE 型氧化沟为半交替式氧化沟，兼具连续工作式和交替工作式的特点。DE 型氧化沟设有独立的二沉池和污泥回流系统，可以实现曝气和沉淀的完全分离。沟内曝气转刷一般为双速，高速工作时曝气充氧，低速工作时以推动水流为目的。通过两沟内转刷交替处于高速和低速运行，使两沟交替处于好氧和缺氧状态，从而达到交替进行硝化和反硝化脱氮的目的。在 DE 型氧化沟前增设一厌氧池，可以实现强化生物除磷。

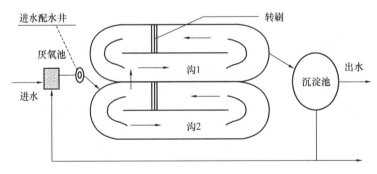

图 2-11　DE 型氧化沟工艺系统

2.4.1.4　吸附-生物降解活性污泥（A-B）工艺

A-B 工艺系统（图 2-12）与传统活性污泥工艺系统相比具有下列主要特征：（1）A-B 工艺系统的全部工艺流程分为预处理段、A 段、B 段共 3 段。在预处理段不设初次沉淀池，只设格栅、沉砂池等简易的污水处理工艺设备；（2）A 段由吸附反应器及中间沉淀池组成，B 段则由生物降解（曝气）反应器及二次沉淀池组成；（3）A 段与 B 段完全分开，各自为独立的工艺系统，各自拥有独立的污泥回流系统，每段能够培育出独特的、适用于本段水质特征并适应本段污水处理工艺要求的微生物种群。A 段污泥产率高，并有一定的吸附能力，对污染物的去除主要依靠生物污泥的吸附作用。某些重金属、可微生物降解有机物以及氮、磷等物质都能够通过 A 段得到一定的去除，且可生化性有所改善，有利于后续 B 段的生物降解。B 段的主要净化功能是进一步去除有机污染物。另外，B 段的剩余污泥量少，泥龄长，有利于增殖缓慢、生长期长的硝化菌繁育。近年来，部分国内外学者提出的以能量回收、磷回收及低碳排放为目标的未来新型污水处理厂概念也采用了A-B工艺构型。A段采用生物絮凝或化学强化一级处理（CEPT）等碳捕获工艺提取污水中的碳源，使其通过厌氧消化生产甲烷，或通过厌氧发酵生产生物塑料、生物柴油、脂肪酸等；B段采用基于厌氧氨氧化的自养脱氮工艺，或通过微藻处理技术吸收污水中的氮、磷并制取生物肥料等，从而实现污水中碳源的能源化、氮磷资源的回收及闭环利用。

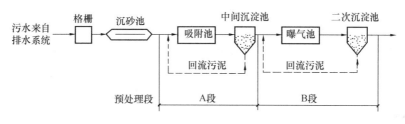

图 2-12 A-B 活性污泥工艺流程

2.4.1.5 带有膜分离的活性污泥工艺

膜生物反应器（MBR）是一种由活性污泥法与膜分离技术相结合组成的新型水处理技术（图 2-13）。它利用膜分离设备可将生化反应池中的活性污泥和大分子有机物截留住，省掉了二沉池。膜生物反应器工艺通过膜的分离技术大大强化了生物反应器的功能，使活性污泥浓度大大提高，其水力停留时间（HRT）和污泥停留时间（SRT）可以分别控制。

MBR 采用的膜可以由多种材料制备，可以是液相、固相甚至是气相的。目前使用的分离膜绝大多数是固相膜。根据孔径不同可分为：微滤膜、超滤膜、纳滤膜和反渗透膜。根据材料不同可分为：无机膜和有机膜。广泛用于废水处理的膜主要是由有机高分子材料制备的固

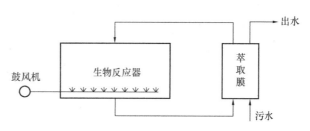

图 2-13 膜分离活性污泥工艺流程

相非对称膜。高分子有机膜材料主要包括：聚烯烃类、聚乙烯类、聚丙烯腈、聚砜类、芳香族聚酰胺、含氟聚合物等。

根据膜组件和生物反应器的组合方法，可将 MBR 分为分置式、一体式以及复合式三种类型。分置式是把膜组件和生物反应器分隔设置。生物反应器中的混合液经循环泵增压后输送至膜组件的过滤端，在压力作用下混合液中的液体透过膜成为系统处理水，固形物、大分子物质等则被膜截留，随浓缩液回流到生物反应器内。一体式是把膜组件置于生物反应器内部。进水进入 MBR，其间的大部分污染物被混合液中的活性污泥去除，再在外压作用下由膜过滤出水。这种方法的 MBR 由于省去了混合液循环系统，并且靠抽吸出水，能耗相对较低，占地较分置式更为紧凑。但是一般膜通量相对较低，容易产生膜污染，膜污染后不容易清洗和替换。复合式也归于一体式 MBR，与一体式不同的是在生物反应器内加装填料，然后构成复合式 MBR，改变了反应器的某些特性。

MBR 工艺通过将分离工程中的膜分离技术与传统废水生物处理技术有机结合，不仅

省去了二沉池的建设，而且大大提高了固液分离效率，并且由于曝气池中活性污泥浓度的增大和污泥中特效菌（特别是优势菌群）的出现，提高了生化反应速率。同时，通过降低污泥负荷（F/M）减少剩余污泥产生量，解决了传统活性污泥法存在的许多问题。

2.4.2　生物膜法

污水的生物膜处理法是与活性污泥法并列的一种污水好氧生物处理技术。这种处理法的实质是使细菌和菌类相关的微生物和原生动物、后生动物一类的微型动物附着在滤料或某些载体上生长繁育，并在其上形成膜状生物污泥——生物膜。污水与生物膜接触，污水中的有机污染物作为营养物质被生物膜上的微生物所摄取，污水得到净化，微生物自身也得到繁衍增殖。污水的生物膜处理法既是古老的，又是发展中的污水生物处理技术。迄今为止，属于生物膜处理法的工艺主要有生物滤池（普通生物滤池、高负荷生物滤池、塔式生物滤池）、生物转盘、生物接触氧化、生物流化床、曝气生物滤池（BAF）及派生工艺、移动床生物膜反应器（MBBR）等。

2.4.2.1　传统生物膜法

（1）普通生物滤池

普通生物滤池一般适用于处理每日污水量不高于 1000m³ 的小城镇污水或有机性工业废水。其主要优点是：①处理效果良好，BOD 去除率可达 95% 以上；②运行稳定、易于管理、节省能源。主要缺点是：①占地面积大、不适于处理量大的污水；②滤料易于堵塞，当预处理不够充分或生物膜季节性大规模脱落时，都可能使滤料堵塞；③产生滤池蝇，恶化环境卫生；④喷嘴喷洒污水，易散发臭味。正是因为普通生物滤池具有以上这几项的实际缺点，它在应用上受到不利影响，近年来已很少新建。

（2）高负荷生物滤池

高负荷生物滤池是生物滤池的第二代工艺，大幅度提高了滤池的负荷率，其 BOD 容积负荷率高于普通生物滤池 6~8 倍，水力负荷率则高达 10 倍。高负荷生物滤池的高滤率是通过限制进水 BOD 值和在运行上采取处理水回流等技术措施实现的。进入高负荷生物滤池的 BOD 值必须低于 200mg/L，否则用处理水回流加以稀释。处理水回流可以产生以下效应：①均化与稳定进水水质；②加大水力负荷，及时冲刷过厚和老化的生物膜，加速生物膜更新，抑制厌氧层发育，使生物膜经常保持较高的活性；③抑制滤池蝇的过度滋长；④减轻散发的臭味。

（3）塔式生物滤池

塔式生物滤池是一种新型高负荷生物滤池（图 2-14）。塔式生物滤池的池体高，有抽风作用，可以克服滤料空隙小所造成的通风不良问题。塔式生物滤池的主要工艺特征是能承受的负荷高，高有机物负荷使生物膜生长迅速，高水力负荷也使生物膜受到强烈的水力冲刷，从而使生物膜不断脱落、更新。塔式生物滤池占地面积小，

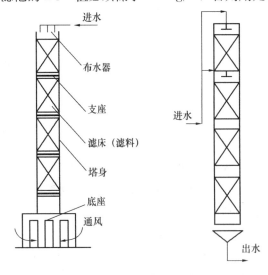

图 2-14　塔式生物滤池构造图

由于滤池分层而抗冲击负荷能力较强。但在地形平坦时污水所需抽升费用较大，且由于滤池较高，运行管理不够方便。

（4）生物转盘

生物转盘（图 2-15）是用转动的盘片代替固定的滤料，转盘在工作时浸入或部分浸入充满污水的接触反应槽内。在驱动装置的驱动下，转轴带动转盘一起以一定的线速度不停地转动。转盘交替地和污水、空气接触，经过一段时间的转动后，盘片上将附着一层生物膜。在转入污水中时，生物膜吸附污水中的有机污染物，并吸收生物膜外水膜中的溶解氧对有机物进行分解，微生物在这一过程中得以自身繁殖。转盘转出反应槽时与空气接触，空气不断地溶解到水膜中去，增加其溶解氧。在这一过程中，转盘上附着的生物膜、污水及空气之间除进行有机物与 O_2 的传递外，还有其他物质如 CO_2、NH_3 等的传递，形成一个连续的吸附、氧化分解、吸氧的过程，使污水不断得到净化。生物转盘作为污水生物处理技术，一直被认为是一种效果好、效率高、便于维护、运行费用低的工艺，往往应用于废水量小的处理工程中。

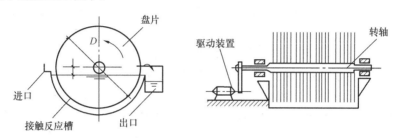

图 2-15　生物转盘构造图

（5）生物接触氧化

生物接触氧化法是一种介于活性污泥法与生物滤池之间的生物膜法工艺（图 2-16），其特点是在池内设置填料，池底曝气对污水进行充氧，并使池体内污水处于流动状态，以保证污水与填料的充分接触。生物接触氧化工艺是由浸没在污水中的填料和人工曝气系统构成的生物处理工艺。在有氧的条件下，污水与填料表面的生物膜反复接触，使污水得到净化。该方法中微生物所需氧由鼓风曝气供给。生物膜生长至一定厚度后，填料壁的微生物会因缺氧而进行厌氧代谢，产生的气体及曝气形成的冲刷作用会造成生物膜的脱落，并促进新生物膜的生长。脱落的生物膜将随出水流出池外。

2.4.2.2　生物流化床

生物流化床是指充氧的废水自下而上地通过细滤料床，利用布满生物膜的滤料进行高效生物处理的装置。生物流化床的工艺原理是先将对废水中主要污染物有降解作用的微生物通过一定的方式固定在一定粒度的载体（如砂、玻璃珠、活性炭等）上，空气和待处理的废水从反应器底部同向进入，通过控制气、液两相的流速，使流化床反应器内

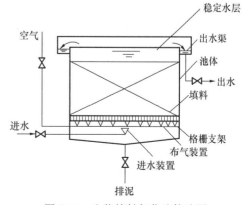

图 2-16　生物接触氧化池构造图

载有生物体的载体呈流化状态，废水中的污染物与生长在载体上的微生物接触反应，从而将其从废水中降解、去除。在反应器顶部，通过分离装置实现三相分离，澄清的废水从溢流槽排出。生物流化床技术污水处理效率高、占地面积小，在城市生活污水与工业废水处理领域均有良好的发展前景。同时，流化床工艺仍然存在流态化特性复杂、固液分离依靠重力等不足，故工程应用仍有诸多需解决的问题。此外，与其他处理技术结合可以大幅度提升生物流化床工艺处理的效果、降低处理成本、增强实用性，将是生物流化床技术未来发展的方向。

2.4.2.3　曝气生物滤池（BAF）

BAF 是一种采用颗粒滤料固定生物膜的好氧或缺氧生物反应器（图 2-17）。该工艺集生物接触氧化与悬浮物滤床截留功能于一体，节省了后续二次沉淀池，可广泛应用于城市污水、小区生活污水、生活杂排水和食品加工水、酿造等有机废水处理，具有去除 SS、COD、BOD，硝化与反硝化，脱氮除磷的作用。初沉池出水从池顶部进入 BAF，水流自上而下通过滤料层（下向流 BAF），滤料表面有由微生物栖息形成的生物膜。在污水滤过滤料层的同时，池下部工艺用风机向滤料层进行曝气，空气由滤料的间隙上升，与向下流的污水相接触，空气中的氧转移到污水中，向生物膜上的微生物提供充足的溶解氧和丰富的有机物。在微生物的新陈代谢作用下，有机污染物被降解，污水得到处理。原污水中的悬浮物及由于生物膜脱落形成的生物污泥，被填料所截留，因此滤层具有二次沉淀池的功能。BAF 采用人工强制曝气，代替自然通风；采用粒径小、比表面积大的滤料，显著提高了生物浓度；采用生物处理与过滤处理联合方式，省去了二次沉淀池；采用反冲洗的方式，免去了堵塞的可能，同时提高了生物膜的活性；采用生化反应和物理过滤联合处理的方式，同时发挥了生物膜法和活性污泥法的优点。由于具有生物氧化降解和过滤的作用，BAF 可获得很高的出水水质，适用于生活污水和工业有机废水的处理及资源化利用。

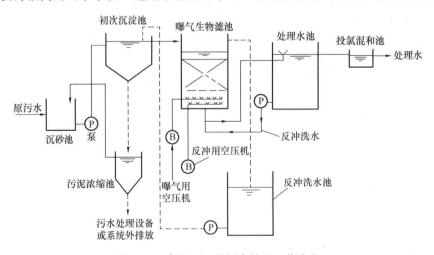

图 2-17　采用 BAF 的污水处理工艺流程

2.4.2.4　移动床生物膜反应器（MBBR）

（1）MBBR

MBBR 是近年来颇受关注的一种新型生物膜反应器（图 2-18），是为简化固定床反应器需定期反冲洗、流化床需使载体流化、生物接触氧化池堵塞需清洗滤料和更换曝气器的复杂操作而发展起来的。MBBR 的主要原理是利用污水连续流过反应器填料载体后，在载体上形成生物膜，微生物在生物膜上大量繁殖生长的同时降解污水中的有机污染物，从而起到净化污水的作用。在好氧反应器中，通过曝气推动载体移动；在缺氧/厌氧反应器中，通过机械搅拌使载体移动。MBBR 保留了传统生物膜法抗冲击负荷、污泥产量少、泥龄长的特点，且能够连续运行不发生堵塞，无需反冲洗，水头损失较小，具有较大的比表面积。与活性污泥法相比，由于泥龄较长，MBBR 可保持较多的硝化细菌，具有更好的脱氮效果。MBBR 污水处理工艺适用于中、小型生活污水和工业有机废水处理。然而，移动床生物膜反应器也仍有填料在反应器内的移动状态不均衡，池内不同程度地存在死区、运行能耗高等问题。

（2）固定生物膜-活性污泥（IFAS）工艺

早期的 MBBR 专指纯膜 MB-BR 工艺，是对传统流化床工艺的改良，通过采用密度与水接近的悬浮载体替代传统的重质填料，节约填料流化的能耗。纯膜 MBBR 系统不设置污泥回流，微生物主要以附着态形式存在于悬浮载体上。欧洲较早使用 MBBR 工艺的污水处

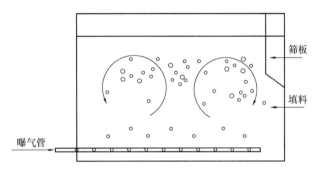

图 2-18 移动床生物膜反应器

理厂多为纯膜工艺。为克服传统固定式填料易堵塞、传质不良、处理效果差等问题，采用悬浮载体替代传统的填料，形成泥膜复合 MBBR 系统，即 IFAS。IFAS 工艺系统将 MBBR 工艺与活性污泥工艺相结合，通过在活性污泥工艺中投加悬浮载体，为长污泥龄自养菌提供了生长空间，解决了传统活性污泥法中长污泥龄的硝化细菌和短污泥龄的反硝化细菌和聚磷菌的污泥龄矛盾。与活性污泥系统一样，IFAS 通常也是通过设置独立的缺氧区、好氧区来实现污染物的去除，这一点也使其更加适合现有污水厂的提标改造。

思考题

1. 城市水污染控制工程的意义、目标、内容与任务是什么？
2. 我国污水排放标准的制定现状、问题及建议。
3. 水处理工艺的现状与发展趋势是什么？

本章参考文献

[1] 张自杰. 排水工程（下）[M]. 4 版. 北京：中国建筑工业出版社，2006.

[2] 李圭白，张杰. 水质工程学[M]. 中国建筑工业出版社，2005.

[3] 高廷耀，顾国维. 水污染控制工程. 上册[M]. 北京：高等教育出版社，1999.

[4] 阮久丽，于凤，陈洪斌，等. 生活污水分类收集处理的探讨[J]. 中国给水排水，2010，26(8)：25-29.

[5] 徐子斌. 基于源分离收集—分质净化—资源化利用的农村生活污水处理新模式[J]. 净水技术，

2023，42(4)：4-13+51.

[6]　张金良，樊新颖，蔡明，等. 我国城镇生活污水源分离技术实施途径探究[J]. 水资源保护，2022，
38(5)：1-7.

[7]　马伟辉，陈洪斌，屈计宁. 生活污水源分离、分质处理与资源化[J]. 中国沼气，2008，106(4)：
15-19，45.

[8]　王红武，张健，陈洪斌，等. 城镇生活用水新型节水"5R"技术体系[J]. 中国给水排水，2019，35
(2)：11-17.

[9]　郝晓地，衣兰凯，仇付国. 源分离技术的国内外研发进展及应用现状[J]. 中国给水排水，2010，
26(12)：1-7.

[10]　张统，李志颖，董春宏，等. 我国工业废水处理现状及污染防治对策[J]. 给水排水，2020，56
(10)：1-3，18.

[11]　唐凯. 国内畜禽养殖废水处理技术的研究进展[J]. 应用化工，2018，47(10)：2274-2278.

[12]　刘沛，黄慧敏，余涛，等. 我国新污染物污染现状、问题及治理对策[J]. 环境监控与预警，
2022，14(5)：27-30，70.

[13]　李金荣，郭瑞昕，刘艳华，等. 五种典型环境内分泌干扰物赋存及风险评估的研究进展[J]. 环
境化学，2020，39(10)：2637-2653.

[14]　杨清伟，梅晓杏，孙姣霞，等. 典型环境内分泌干扰物的来源、环境分布和主要环境过程[J].
生态毒理学报，2018，13(3)：42-55.

[15]　周羽化，武雪芳. 中国水污染物排放标准 40 余年发展与思考[J]. 环境污染与防治，2016，38
(9)：99-104，110.

[16]　汝小瑞，胡香，张静. 我国地方水污染物排放标准现状与思考[J]. 中国环保产业，2022，283
(1)：16-21.

[17]　国家环境保护总局. 城镇污水处理厂污染物排放标准：GB 18918—2002[S]. 2002.

[18]　国家环境保护总局. 污水综合排放标准：GB 8978—1996[S]. 北京：中国标准出版社，1998.

[19]　国家环境保护总局. 地表水环境质量标准：GB 3838—2002[S]. 北京：中国环境科学出版
社，2002.

[20]　中华人民共和国生态环境部. 污水监测技术规范：HJ 91.1—2019[S]. 北京：中国环境出版集
团，2019.

[21]　陕西省生态环境厅. 陕西省黄河流域污水综合排放标准：DB 61/224—2018[S]. 2018.

[22]　中华人民共和国国家质量监督检验检疫总局. 污水排入城镇下水道水质标准：GB/T 31962—2015
[S]. 北京：中国标准出版社，2015.

第3章 城市雨洪管理概论

气候变化和城镇化进程的加快，导致城市暴雨洪涝灾害频发，交通中断，造成重大经济损失，甚至危害群众生命安全。与此同时，城市面源污染加重、雨水资源流失等问题日益凸显，引起国家和社会的高度重视。本章全面介绍了城市洪涝灾害的分类、来源、成因及其危害，城市面源污染形成机理与控制措施，城市雨水资源化利用概况。在此基础上，构建城市洪涝防治措施与体系，分析了现代城市雨洪管理的特点与发展趋势。

3.1 城市防洪排涝

近数十年来，在全球气候变化和城市化快速发展的共同影响下，水循环过程及要素发生了剧烈变化，极端气候事件增多增强，城市"热岛效应"（一个地区的气温高于周围地区的现象）和"雨岛效应"（城市暴雨频率与强度高于周边地区的现象）凸现（图3-1），产汇流机制改变，城市洪涝灾害问题日益严重。世界气象组织（World Meteorological Organization，WMO）统计数据显示：1970—2009年，全球水文气象相关灾害7870起，共计造成186万人死亡和1.9万亿美元的经济损失，其中风暴和洪水灾害占灾害总数的79%，死亡人数和经济损失分别占56%和85%。洪涝灾害频率和严重程度的上升，对世界各国的可持续发展和经济建设造成了巨大挑战。

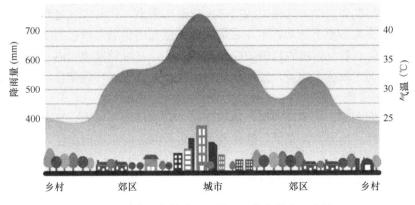

图3-1 城市雨岛效应（左轴）和热岛效应（右轴）

我国受季风气候影响，暴雨洪水集中。改革开放后城市化进程进入快速发展阶段，城市洪涝灾害更为严重，"城市看海"现象在各大城市屡次发生。《中国水旱灾害公报：2018》统计数据显示，2000—2018年我国因洪涝灾害死亡21720人，直接经济损失31639.52亿元。其中，2007年7月18日，济南市区遭遇超强特大暴雨，造成30多人死亡，170多人受伤，约33万群众受灾，全市直接经济损失约13.2亿元；2012年7月21

日，北京及其周边地区遭遇 61 年来最强暴雨及洪涝灾害，截至 8 月 6 日造成 79 人死亡，160.2 万人受灾，经济损失达 116.4 亿元。2019 年 4 月 11 日，受冷暖气流交汇影响，深圳市发生短时极端强降水，全市多个区域突发洪水，截至 4 月 13 日 13 时造成 11 人死亡；2020 年入汛以后，我国南方地区发生持续强降水造成严重的洪涝灾害，根据人民网报道，截至 7 月 10 日，洪涝灾害造成安徽、江西等 27 省（区、市）3385 万人次受灾，141 人死亡失踪，直接经济损失 695.9 亿元。城市洪涝灾害已成为影响城市公共安全的突出问题，也是制约我国经济社会发展的重要因素。科学、系统地认识城市洪涝致灾机理，迅速、精确地评估灾害风险，是完善城市防洪除涝减灾体系、提升城市防洪除涝能力、减轻城市洪涝灾害损失的基础和核心。城市洪涝灾害致灾机理与风险评估研究成为城市水文学研究的热点问题。在快速城市化的背景下，城市洪涝是各种因素的综合作用：气候变化、雨岛效应、城市扩张、地面硬化、标准偏低、立体交通、内外不畅和管理不善。

3.1.1　城市洪涝成因

城镇洪灾的成因是多方面的，既受到地理地形、气候条件等许多自然因素的影响，也受到人类活动等人为因素的影响。由气团、锋、气旋和反气旋等天气系统产生的强降雨（暴雨）或急剧的冰雪融化、水利工程设施失效等造成城市地面积水不能及时排出或引起江河水流量猛增、水位急剧上升而冲出天然河道或人工堤坝，使得城市各种建筑设施被淹、市民生产生活不能正常进行，甚至造成城市系统功能紊乱或丧失、经济损失、人员伤亡，社会影响显著。

（1）自然因素

1）太阳辐射变化

火山爆发、日食、太阳黑子活动等都会引起太阳辐射的变化，从而导致大气环流出现异常变化，最终导致洪水的发生。有研究认为，在太阳黑子活动峰年，一方面太阳给大气输入的能量增多，以致大气热机功能加强；另一方面，在此时期，地壳因磁致伸缩效应和磁卡效应易产生形变和松动，地壳内的携热水汽易于泄出，并与大气过程配合，在此情况下易发生洪水。在太阳黑子活动谷年，磁暴减弱，地壳内居里点附近的生热效应降低，此时居里点附近的岩石就会因磁致伸缩效应而产生形变，它可触发地壳内一些不稳定地段发生变动，从而有利于发生大地震，使地下热气溢出，并与大气环流配合，形成洪水。

2）自然地理位置

我国地处亚洲东部、太平洋西岸，地域辽阔，自然环境差异大，具有产生严重自然灾害的自然地理条件。地势西高东低，这使我国大多数河流向东或向南注入海洋。独特的地理位置和地形条件，使全国约 60% 的国土存在着不同类型和不同程度的洪水灾害。东部地区城镇洪灾主要由暴雨、台风和风暴潮形成，西部地区城镇洪灾主要由融水和局部暴雨形成。

3）气候水文因素

我国是典型的大陆性季风气候，受东南、西南季风的影响，降雨在时空分布上极不均匀，雨热同期，易旱易涝。洪涝灾害与各地雨季的早晚、降雨集中时段以及台风活动等密切相关。华南地区雨季来得早且长，夏、秋季又易受到台风侵袭，是我国受涝时间最长、次数最多的地区。从季节来看，夏涝最多，春涝和春夏涝其次，秋涝再次，夏秋涝最少。长江中下游自 4 月出现雨涝，5 月开始明显增强且主要集中于江南地区，6 月为梅雨季节。

黄淮海地区春季雨水稀少，一般无雨涝现象，7、8月雨涝范围较大，次数增加，占全年的70%～90%。东北地区雨涝几乎全部集中于夏季。西南地区由于地形复杂，洪涝出现的迟早和集中期不一样。西北地区终年雨雪稀少，很少出现大范围雨涝现象。

（2）人为因素

我国城镇洪灾的加重，除了自然因素外，还与人口的剧增、人类对自然界无止境的索取、掠夺使环境恶化、灾害丛生有关，也与城镇的规划、建设、管理等许多方面的失误有关。主要来自以下两个方面：一是城镇洪灾承载体（不动产、动产、资源）迅速增多、价值迅猛提高；二是城镇化速度的加快导致城镇内涝加剧。城镇洪灾的人为因素很多，如缺少防洪工程建筑，河道水系的填占、毁坏，都市化洪水效应等。人为因素的影响还有以下四个方面：

1）城镇不透水地面增多，绿地、植被减少

随着城镇化的快速发展，城镇地面硬化速度不断提高，不透水地面大幅度增多，城镇已经成了一个钢筋混凝土的"森林"。首先，不透水地面的增多，既减少下渗雨水量，又降低地面粗糙度，使大部分降雨形成地面径流，造成城区暴雨产流、汇流历时明显缩短，水量显著加大。其次，城镇化的发展使得绿地、植被不断减少，在暴雨来临时不能起到固水作用，而是直接形成地表径流，使城镇内涝加剧。

2）城镇排洪能力差

随着城镇化速度的加快，城区人口迅猛增多，工业、企业大量增加，生活用水和工业用水量大幅度上升，废水相应大幅度增多。而我国大多数城镇，尤其是中、小城镇，目前使用的是雨水和污水共用的排水系统，排放能力不足，一遇暴雨，污水和雨水同时涌入排水系统，常造成排水管道爆满，不能及时排水，导致污水四溢、泛滥成灾。

3）城镇水体面积减少

由于城镇社区、交通、工厂等大量侵占原来的蓄涝池塘和排涝水渠。不仅使城镇水体不断减少，还打乱了原来天然河道的排水走向，加剧了城镇排涝时的压力。尤其在汛期，江河水位或潮位高涨，雨水无法自排，城内水体又无法调蓄，从而加重了城镇洪涝灾害。

4）城区降水增多

随着城区面积的不断扩大及"热岛效应"不断增强，城区上升气流加强，加上城镇上空尘埃增多，增加了水汽凝结核，有利于雨滴的形成。二者共同作用，使我国南方城镇，尤其是大城镇，暴雨次数增多，强度加大，城区出现内涝的概率明显增大。

3.1.2 城市洪灾的分类

按照地貌特征，城市洪涝灾害可分为五种类型：

（1）傍山型：城市建于山口冲积扇或山麓，在降水量较大或有大量融雪时，易形成冲击力极大的山洪和泥石流、滑坡等地质灾害，导致重大人员伤亡和财产损失。

（2）江型：城市靠近大江大河，一旦决堤会被淹没。特别是上游的危险水库一旦垮坝，城市就非常危险。有些江河泥沙淤积使堤内河床高于两岸而成为悬河，如黄河下游与永定河中下游。沿江城市在外河水位高于内河时排水困难，遇雨容易内涝。北方由南向北的河流上游早春融冰在下游冰塞或形成冰坝容易形成凌汛。

（3）滨湖型：城市位于湖滨，汛期水位高涨时低洼地区遭受水灾，下风侧湖面水位壅高不利于城市排水，易加重内涝。

（4）滨海型：城市位于海滨，地势低平。如因城市建筑布局不当或超采地下水造成地面沉降，内涝更加严重。受到台风、温带气旋或强冷空气影响时，海面出现向岸强风，若再遇天文大潮顶托，容易引发严重的风暴潮与洪涝灾害。地震引起的海啸对沿岸的冲击更为强烈，但时间较短，范围较窄。

（5）洼地型：城市建于平原低洼或排水困难地区，雨后积水不能及时排泄形成沥涝。又可分为点状涝灾、片状涝灾和线状涝灾三种类型。

按照城市洪涝的灾害特点可分为四种类型：

（1）洪水袭击型：城市因暴雨、风暴潮、山洪、融雪、冰凌等不同类型洪水形成的灾害，共同特点是冲击力大。

（2）城区沥水型：降雨产生的积水排泄不畅和不及时，使城市受到浸泡造成的灾害。其中点状涝灾范围不大，积水不深但治理分散片状涝灾受淹面积较大，已由点连成片线状涝灾主要分布在河道沿岸。

（3）洪涝并发型：城市同时受到洪水冲击和地面积水浸泡。

（4）洪涝次生灾害型：即洪涝灾害对城市工程设施、建筑物、桥梁道路、通信设施以及人民生命财产的损害，特别是造成城市生命线事件、交通事故、斜坡地质灾害、公共卫生事件及环境污染。

3.1.3　城市洪灾灾害系统

城市暴雨是城市自然灾害的一种，而城市暴雨内涝灾害则是由暴雨引发的共生性或伴生性灾害。城市洪涝灾害可能导致以下问题：①建筑损坏：洪水可能损坏房屋、道路、桥梁和其他建筑物，并导致极大的经济损失；②电力和通信中断：洪水可能损坏电力线路、电子设备和通信系统，导致停电和通信中断；③交通困扰：洪水可能影响道路、铁路和航空交通，导致出行困难；④卫生危机：洪水可能造成卫生危机，如水源污染、疾病传播、家畜死亡等；⑤生命安全：洪水可能危及人们的生命安全，尤其是在洪水期间相关设施被破坏的情况下；⑥环境污染：洪水可能导致环境污染，如污染物的排放和有害物质的扩散。

由于受到天、地、人等多种条件的约束和众多繁杂因素的影响和干扰，城市洪涝灾害是一个典型的复杂系统。城市洪涝灾害并不是孤立的强降水事件或者城市承受能力有限这种单一的因素而引起的，而是由强降水、径流量等致灾因子，城市的承受能力不足、城市这种特定的孕灾环境和承灾体综合而成的一个系统，最后酿成的城市洪涝灾害是它们相互作用的结果（图 3-2）。环境变化下城市洪涝灾害加剧的主要原因包括致灾因子的变化、孕灾环境的变化以及城市承载体自身对洪涝灾害承载能力的脆弱性变化等方面。第一，气候变化和城市化是城市洪涝灾害最主要的驱动要素。第二，孕灾环境的变化是由于城市区域住宅、交通、商业以及工业的发展，导致城市透水面及水域面积大范围萎缩，造成城市区域蓄水能力严重降低、城市排水能力不足的局面，从而加剧了内涝的风险；在强降水条件下，下凹式立交桥等微地形极易形成积水，加剧了城市内涝的风险；同时，由于不合理的城市规划和建设，城市区域大量的水塘、鱼塘甚至湖泊被填平，一些河道、沟渠被填平或被改造，导致城市流域蓄水能力和过流能力的大大降低，从而增加了城市内涝风险。第三，城市区域承载体脆弱性的变化主要体现在城市化的发展，改变了江河湖库等众多地表

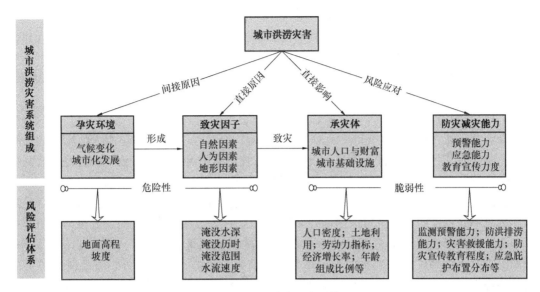

图 3-2 城市洪涝灾害系统

水体的原始连通关系，也改变了地表水和地下水的转化路径，大部分天然河湖泄水通道被城市排水管网所替代，绝大多数天然水循环变成了由众多水工建筑物组成的人工水循环，这就导致了城市区域水循环路径发生了巨大改变，而排水管网和天然河湖往往不能够合理地衔接，从而加剧了城市排水承载体的脆弱性；另外，管网系统的设计标准偏低不能满足城市的排水需求，城市河道治理标准与城市发展衔接不到位，也会加剧城市排水承载体的脆弱性。

3.2　城市面源污染

3.2.1　城市面源污染来源特征

城市面源污染也被称为城市暴雨径流污染，是指在降水条件下，雨水和径流冲刷城市地面，污染径流通过排水系统的传输，使受纳水体水质污染。和农业面源污染有所不同的是，城市的商业区、居民区、工业区和街道等地表含有大量的不透水地面，这些地表由于人类日常活动而累积有大量污染物，当遭受暴雨冲刷时极易随径流流动，通过排水系统进入水体。城市面源污染依据其独特的下垫面特征和高强度的人类干扰性，其产生与输出具有与农业面源污染明显不同的规律。城市的面源污染是城市生态系统失调的结果。城镇人口密集，各种人类活动和生产活动频繁，产生的污染物具有面广、量大的特点。从时间上看，污染源排放具有间断性，污染物晴天累积，雨天排放；从空间上看，受排水系统的影响，小尺度呈现出点源特征，而在较大尺度上显现为面源。从污染物种类上看，城市面源污染物有总悬浮物（TSS）、总氮（TN）、总磷（TP）、化学需氧量（COD）、大肠杆菌、石油烃类、重金属、农药等，污染物种类、排放强度与城市的发展程度、经济活动类型以及居民行为等因素密切相关，自然背景效应很低。

近年来随着城市环境基础设施建设投资和运行机制的改变，城市污水处理厂建设加快，处理量逐年增加，城市污水处理率不断提高。近二十年来，我国社会经济快速发展，新城区面积迅速扩展，旧城区仍存在脏差现象，造成城市面源污染加剧，大量污染物由地表暴雨径流排入水体，由城市面源污染引起的水环境问题已经严重地制约城市的经济和社会的可持续发展。科学认识和有效控制城市雨水径流所带来的面源污染，是目前城市水环境质量改善和水生态保护的重要任务之一。当前，面源污染主要成因为合流制溢流污染，面源污染中的新污染物是当下的研究热点。

3.2.2　合流制溢流污染

合流制溢流污染（Combined Sewer Overflow，CSO），主要排水体制为合流区的管网系统，晴天时其污水通过截留管进入市政管网系统，但雨天时溢流排放，同时将晴天沉积于管道系统的污染物一并带起，裹挟排入下游水体中，对水体造成污染的现象。

合流制排水系统作为城市生活污水和降雨径流排放的主要通道，其溢流污染将对受纳水体造成不同程度的污染。目前国内外多项研究关注合流制排水系统的溢流污染问题。在大田市，研究发现前 60%的污染物来自前 30%的溢流水量。而在意大利东北部某城市，观测结果显示总排放量中 90%以上的微生物负荷来自溢流水量。此外，有关研究还关注合流制排水管网溢流口的耐药菌年排放量以及对污水中的消毒剂及其降解产物进行的生态毒理学评价。相关数值模拟则研究了添加消毒措施后的合流制溢流污水中的游离含氯化合物。同时，建立污染物模型，分析了大肠杆菌在合流制溢流污水中的分布特征，并评估了其对受纳水体的潜在危害。

李立青等人对 2003—2006 年武汉市汉阳城区不同尺度降雨径流、市政污水持续监测，研究雨污合流制城区降雨径流污染的形成过程；李思远等人发现溢流污水的水质受到降雨历时、降雨强度、干旱期等降雨特征的影响；王俊松等人采用 M（V）曲线和初期冲刷系数方法对降雨特征和径流污染负荷之间进行相关性分析，结果表明降雨量、最大雨强和平均雨强与降雨污染负荷及初期冲刷强度呈显著正相关；李海燕等人研究了北京老城区降雨期间合流制排水系统中不同来源的污染物特性及污染贡献，得出了管道沉积物的冲刷释放在合流制排水管道系统溢流污染中是一重要污染源的结论。

3.2.3　面源污染中的新型污染物

随着社会经济快速发展，目前新出现的化工产品和药物为代表的新型污染物越来越受到关注。新型污染物是指目前确已存在，但尚无环保法律法规予以规定或规定不完善的、危害生活和生态环境的、所有在生产建设或者其他活动中产生的污染物，包括药物、个人护理产品、消毒副产物、表面活性剂、增塑剂和工业添加剂等化合物及其降解产物。新型污染物区别于传统污染物，或是新近出现的有毒化工产品，或是之前就有但认识有限的化合物，或是一些化合物的有毒降解转化产物等，它们往往不在监控范围内，有必要通过立法加以限制。由于污水处理系统不能有效地消除这些新型污染物和缺乏监管措施，进入水环境中的新型污染物正威胁城市供水安全乃至影响整个水生生态系统。一些新型有机污染物在极低的浓度下，就可能给水生生物带来危害。例如，在英国一些河流中发现野生鱼种群雌雄同体发生率高，被证实与污水处理厂排放含有雌激素的化学物质有关，这些内分泌干扰物通过影响鱼的生殖发育，可能导致野生种群灭绝。其中，内分泌干扰物已被列入英美及欧盟的环境质量标准，而我国在相关方面缺乏对新型污染物生态毒理学和环境健康学方面的系统研究，还没有制定相应的水环境质量基准与标准。尽管这些污染物在水环境中的含量极低，但它们能产生一些生态毒理效应，如抗性基因污染、有机锡导致腹足类性畸变等。与传统的持久性有机污染物（如 DDT）相比，新型有机污染物在自然水环境中的持久性和环境行为等方面的研究尚显薄弱，基本局限在废水、淡水及地下水环境，而在河口近岸海洋环境中研究甚少。

新型污染物主要分为持久性有机污染物（POPs），包含有机氯杀虫剂（OCPs）、多氯联苯（PCBs）、多溴二苯醚（PBDEs）和多环芳烃（PAHs）等；药物及个人护理品（PPCPs），包含抗生素、消炎止痛药、精神类药物、β 受体拮抗剂、合成麝香、调血脂药等各种药物以及化妆护肤品中添加的各种化学物质；内分泌干扰物（EDCs），包含烷基酚、双酚 A、邻苯二甲酸酯及农药等；纳米材料（Nanomaterial）；消毒副产物（DBPs），包括三卤甲烷（THMs）、亚硝胺（以亚硝基二甲胺为代表，简称 NDMA）、卤乙酸（HAAs）、卤代乙腈（HANs）和卤代硝基甲烷（HNMs）等；防污涂料及添加剂，主要包括三丁基锡（TBT）、三 苯 基 锡（TPhT）、一甲基氯化锡（CH_3SnCl_3）和二甲基二氯化锡（$(CH_3)_2SnCl_2$）。三丁基锡（Tributyltin，TBT）的降解产物二丁基锡（Divutyltin，DBT）和一丁基锡（Monobu-tyltin，MBT）。

3.2.4 我国城市面源污染控制进展

人是一切治理措施的实施者和受益者，治理措施实施的最大障碍是人们意识、成本和接受度，大多数人对城市面源污染缺乏了解。政府和专业人员在约束污染行为方面发挥着重要作用，但部分城市对面源污染治理缺乏严格的法律法规要求，比如美国华盛顿州和马里兰州。因此人们将低影响开发城市治理措施概括为非工程措施和工程措施两个部分。非工程措施，包括三个方面：（1）提高政府管理，制定法规；（2）提高群众的水环境保护意识，如开展环保宣传教育；（3）改善与修正已发生的污染问题，如定期清扫街道路。工程措施主要分为：源头控制、迁移控制和末端治理措施。源头控制措施指在各污染发生地拦截、净化地表径流污染物的一系列措施，如生物滞留系统等；迁移控制措施指在城市径流产生后到受纳水体间的过程中加以控制，如传输型草沟等；末端控制措施指在地表径流与受纳水体在水陆交错带相遇处进行控制和净化治理，如人工湿地措施等。这些措施通过投入适当的添加剂、选择合适的基质材料以及种植适应性强植物等方式，因其特点在部分大中城市得到适当的应用，但同时这些治理措施也存在相应问题，如堵塞、材料耐受性下降、植物腐烂以及温度影响大等，这些问题在不同程度上影响了治理措施净化效果，严重时可导致治理措施充当污染源，进一步可威胁当地水生态。

3.3 城 市 雨 水 利 用

雨水利用含义广泛，涉及农业、水利电力、给水排水、环境工程、园林到旅游等领域。狭义的城市雨水利用主要指对城市汇水面产生的径流进行收集、调蓄和净化后利用；广义的城市雨水利用是在城市范围内，有目的地采用各种措施对雨水资源的保护和利用，主要包括收集、调蓄和净化后的直接利用。雨水利用通过人工或自然雨水基础设施对雨水径流实施调蓄、净化和利用，使雨水渗入地下补充地下水资源，改善了城市水环境和生态环境。

3.3.1 我国城市雨水利用发展现状

近 20 年来，城市雨水利用技术迅速发展。美国、加拿大、德国、澳大利亚、新西兰、新加坡和日本等许多发达国家开展了不同规模、不同内容的雨水利用研究和实施计划。现代意义上的城市雨水利用不仅涉及水资源的保护与利用，还与排水系统等基础设施的建设、城市生态环境、城镇与园区规划、建筑与园林景观等有着密切的联系，由此出现雨水的直接收集利用与渗透间接利用、雨水的调蓄排放与洪涝的控制、雨水的污染控制与净化处理等技术领域。在美国等一些发达国家，形成了包括这些方面的一个学科领域——"城市暴雨管理"（Urban Stormwater Management），至今方兴未艾。我国在《国家"十二五"科学和技术发展规划》中特别强调：加强海水淡化、雨洪利用、人工增雨、再生水等非常规水资源利用关键技术开发。非常规水资源的雨水利用主要是指对原始状态下的雨水进行利用，或是对降雨在向传统水资源转化过程中，特别是最初转化阶段的雨水进行利用。

随着全国各地城市雨洪控制与利用研究及应用热潮的逐渐掀起和推进，国际上一些新的理念和技术，雨水利用技术逐渐与景观、环境和生态相协调，丰富了雨水利用的技术措施。由于城市污水处理率的不断提高，城市降雨径流污染问题逐渐凸显，雨水利用对面源污染减控效果越来越得到大家的认可和重视。上海等城市采取雨洪控制与利用措施控制初期径流污染，取得了很好的效果。北京市在"十二五"水务发展规划中将雨水利用纳入到城市排水规划中，突出了对面源污染的控制。由于近些年城市暴雨频繁引发积滞水和内涝灾害，城市内涝又成为了各级政府和社会各界关注的焦点。城市雨洪控制与利用作为资源利用与灾害防治的重要措施，被赋予了防治城市内涝的使命。

3.3.2　城镇雨水利用设施

根据使用方式不同，城镇雨水利用可以分为雨水直接利用（回用）、雨水间接利用（渗透回灌）、雨水调蓄排放、雨水综合利用。

（1）直接利用设施

城镇雨水直接利用就是雨水收集利用，指利用工程手段，尽量减少土壤入渗，增加地表径流，并且将这部分径流按照人们所设计的方式收集起来。来自屋面、道路等的降水径流经收集后，稍加处理或不经处理可用于冲洗厕所、浇洒绿地等。来自屋面上和较清洁路面上的降水径流除初期受到轻度污染外，后期径流一般水质良好收集后经简单处理即可利用。雨水集流系统主要由集流面、导流槽、沉砂池、蓄水池等几部分组成。雨水收集的核心问题是根据不同的下垫面确定集水效率，从而确定集流面积、集流量和成本。集水效率与集雨面材料、坡度、降雨雨量、降雨强度有关。集雨面一般分为自然集雨面和人工集雨面两种，在运用上应根据利用目的和条件选择。城镇雨水利用目前成熟的技术主要有两种：屋面集流和道路分流。屋面集流，就是利用建筑物屋面拦蓄雨水，流入储存设施中贮存；道路分流，即分设城市排污管道和雨水管道，雨水管道分散设置，蓄水池置于绿地下，雨天集存，晴天利用。对于屋面雨水，一种方式是雨水经过雨水竖管进入初期弃流装置，初期弃流水就近排入小区污水管道，并进入城镇污水处理厂处理排放，经初期弃流后的雨水通过贮水池收集，然后用泵提升至压力滤池，最后进入清水池。屋面雨水收集利用系统示意如图 3-3 所示。另一种方式是雨水从屋面收集后通过重力管道过滤或重力式土地过滤，然后流入贮水池（池中部含浮游式过滤器），处理后的雨水由泵送至各用水点。这种方式可简化为屋面雨水直接通过雨水管进入雨水过滤器（过滤砂桶），然后用于冲洗厕所、灌溉绿地或构建水景观等。

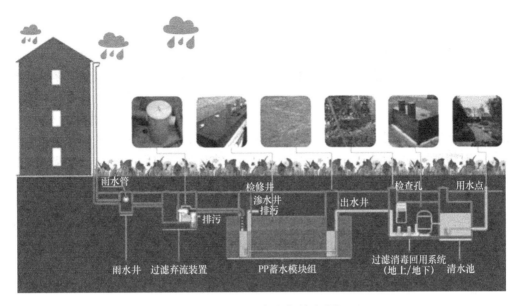

图 3-3　屋面雨水收集利用系统

（2）间接利用设施

城镇雨水间接利用是通过各种措施强化雨水就地入渗，以补充、涵养地下水，增加浅层土壤含水量、遏制城市热岛效应、减小径流洪峰流量及减轻洪涝灾害，调节气候并改善城市生态环境。雨水入渗能充分利用土壤的净化能力，这对城镇径流导致面源污染的控制有重要意义。虽然雨水间接利用不能直接回收雨水，但从社会、环境等广义角度看，其效应是不可忽视的。湿陷性黄土、高含盐量土壤地区不得采取此雨水利用方式。

常用的渗透设施有城镇绿地、渗透地面（多孔沥青地面、多孔混凝土地面、嵌草砖等）、渗透管沟和渠、渗透地、渗井等，通常将多种设施组合使用。如小区的雨水渗透系统，将经过计算的渗透管、沟、渠、池、井等替代部分传统的雨水管道，雨水径流进入系统后既能渗透又能流动，对于不大于设计重现期的降雨，全部径流均能渗入地下。

（3）调蓄排放设施

调蓄排放是指在雨水排放系统下游的适当位置设置调蓄设施，使区域内的雨水暂时滞留在调蓄设施内，待洪峰径流量下降后，再从调蓄设施中将水慢慢排入河道。通过调蓄可以减小下游排水管道的管径，提高系统排水的可靠性。

雨水调蓄分为管道调蓄和调蓄池调蓄两种方式。管道调蓄是利用管道本身的空隙容积调蓄流量，简单实用但调蓄空间有限，且在管道底部可能产生淤泥。调蓄池调蓄可利用天然洼地、池塘、景观水体等进行调蓄，也可采用人工修建的调蓄池进行调蓄。常用的人工调蓄池有溢流堰式和底部流槽式。溢流堰式调蓄池通常设置在干管一侧，有进水管和出水管。进水位置较高，其管顶一般与池内最高水位持平，出水管较低，其管底一般与池内最低水位持平。底部流槽式调蓄池雨水从池上游干管进入调蓄池，当进水量小于出水量时，雨水经设在池最底部的渐缩断面流槽全部流入下游干管而排走。当进水量大于出水量时，池内逐渐被高峰时的多余水量所充满，池内水位逐渐上升，直到进水量减至小于下游干管的通过能力时，池内水位才逐渐下降，至排空为止。

（4）雨水综合利用设施

雨水综合利用系统是指通过人工净化和自然净化的结合，雨水集蓄利用、渗透与园艺水景观等相结合的综合性设计，实现雨水资源的多种目标和功能。这种系统更为复杂，可能涉及包括雨水的调蓄利用、渗透、排洪减涝、水景、屋面绿化甚至太阳能等多种子系统的组合。

这种系统具有良好的可持续性，可实现建筑、园林、景观和水系的协调统一，经济效益和环境效益最大化的统一，人与自然的和谐共存。但雨水综合利用系统的设计和实施难度较大，对管理的要求也较高。具体做法和规模依据园区特点而不同，一般包括屋面绿化、水景、渗透、雨水回用、收集与排放系统等。城区雨水利用应采取因地制宜的利用方式，根据当地的条件，选择直接利用、间接利用或调蓄排放，或三种利用方式的结合，以做到经济可行，并最大限度地维持当地的水文现状，而非一味地进行雨水收集利用而造成河流的干涸、植物的缺水或者地下水补充路径中断。

3.3.3　城镇雨水利用工程评价与管理

近年来，城市雨水利用在我国发展迅速，已进入推广实施阶段。城市雨水利用涉及排水、防洪、建筑园林景观、水资源、城市环境等多方面，是关系到城市可持续发展的基础工作。我国地域广阔、降水特征差异极大，在旧城区和新城区实施雨水利用工程时也会有截然不同的方案，而我国目前还没有城市雨水利用相关标准和规范。因此，雨水利用工程在决策时应进行细致的技术经济评价、环境影响评价等，慎重确定其形式、规模等。城市雨水利用工程的评价和强化管理对缓解城市水资源紧缺状况，促进城市雨水资源化，保障城市建设和经济建设的可持续发展具有重要意义。

（1）一般要求

1）雨水利用工程设计应以城市总体规划为主要依据，从全局出发，处理好雨水直接利用与雨水渗透补充地下水、雨水安全排放的关系，处理好雨水资源的利用与雨水径流污染控制的关系，处理好雨水利用与污水再生水回用、地下自备井水与市政管道自来水之间的关系，以及集中与分散、新建与扩建、近期与远期的关系。

2）雨水利用工程应做好充分的调查和论证工作，明确雨水的水质、用水对象及其水质和水量要求。应确保雨水利用水质、水量安全可靠，防止产生新的污染或危害。

3）我国城市雨水利用工程是一项新的技术，目前正处在示范和发展阶段，相应的标准规范还未健全，应注意引进新技术，鼓励技术创新，不断总结和推广先进经验，使这项技术不断完善和发展。

4）雨水利用工程的建设和管理除符合上述提出的要求外，还应符合国家和当地现行的有关标准和规范。

（2）基本原则

城市雨水利用工程规划设计方案，通常应遵循以下基本原则：

1）雨水利用应与雨水径流污染控制、城市防洪减涝、生态景观改善相结合。由于雨水利用作为生态用水和其他杂用水的补充水源，所以进行雨水利用工程规划设计时，往往与雨水径流污染控制一起考虑，并兼顾城市排涝防洪、生态环境改善与保护等。

2）方案比选应遵循综合性原则，因地制宜，择优选用。在选择利用或治理方案时，要特别注意地域及现场各种条件的差异，突出系统观点，协调好各专业的关系，切勿生搬硬套。城市雨水利用技术措施应尽可能采用生态化和自然化的措施，符合可持续发展的原则。应兼顾近期目标和长远目标，资金等条件有困难时可以分阶段实施。

3）方案比选和决策时应兼顾经济效益、环境效益和社会效益。城市雨水利用不应仅限于经济效益，还应考虑到环境效益、社会效益等方面，要避免不讲效益、走形式、"贪大求洋"等不科学的做法。

（3）评价内容

城市雨水利用工程的评价内容包括技术、经济和环境影响等几方面，主要包括基础资料的准备、雨水利用系统的定性分析、水量指标与规模的评价、水质指标评价等。经济评价包括财务评价和国民经济评价。雨水利用项目应以国民经济评价为主作为决策的依据，但对小型雨水利用项目可以简化。对大型雨水利用项目，还应进行环境影响评价。对通过竣工验收并经过一段时期的生产运营后的雨水利用工程项目进行后评价，通过对项目规划设计、项目实施、项目运营等情况的综合研究和总结，衡量和分析项目的实施运营与经济效益情况及其预测情况的差距，为今后改进项目规划设计、立项、决策、施工管理等工作积累经验。

3.4 城镇洪灾防治措施及防洪体系

3.4.1 城镇防洪措施

城镇防洪措施主要分为工程措施和非工程措施两种。

（1）工程措施

工程措施即通过河道整治，修建堤防等防洪工程，减小或避免城镇遭受洪水灾害造成的生命财产损失。工程措施是国内外防洪的主要措施之一，一般从蓄洪和排洪避洪两方面着手。蓄洪是指在河流流域的上游，修建一定的蓄洪水库或蓄洪区，将洪水蓄积在一定蓄洪区或水库中，减小下游洪水的流量和洪峰流量；排洪避洪是指通过修建沿河、湖、海岸堤防，整治河道，开辟分洪道，增大河流排洪能力，使洪水、潮水沿安全路线宣泄至下游或拦截在城镇外。工程措施主要有：

1）堤防工程。通过增加河流两岸大堤的高度和稳定性，提高河道安全泄洪量，避免洪水对城区造成危害。

2）整治河道和护岸。对弯曲河道进行截弯取直，对淤积河道进行疏浚、加深河床以加大河道过水能力、降低水位，缩短河流里程。在河岸因水流冲刷容易造成河岸坍塌、影响河岸稳定和建筑物安全的地段采用护岸措施。

3）防洪闸。河口城镇和临江河城镇，汛期外水水位高，往往形成江（河、湖、海）水倒灌，影响河流泄洪而造成洪涝灾害。在下游河流出口处设防洪（潮）闸，是防止洪水、海水倒灌的一个重要措施。

4）分（蓄）洪区和水库。在流经城镇的河流上游修建水库拦蓄洪水，或将洪水引入低洼地，或用分洪道分洪，均可减小下游城镇的洪水压力。

5）生物工程措施。结合小流域治理，在流域上植树种草，增加流域下渗蓄水能力，从而减少进入河道中的径流和泥沙，起到蓄水防洪作用。

6）山洪和泥石流的拦蓄、排导工程。在山坡上修建谷坊、塘堰、梯田，可以拦截泥沙，减缓山洪危害，同时避免泥石流发生。修建排洪沟、泥石流排导沟，将山洪和泥石流引导至保护区范围以外。

7）排涝措施。城镇内涝一般通过修建管渠排涝。一般采用自流排泄，高水高排，不能解决时修建泵站抽排。

（2）非工程措施

防洪非工程措施主要包括洪水预报、洪水警报、蓄滞洪区管理、洪水保险、河道清障、河道管理、超标准洪水防御措施、灾后救济等。通过这些非工程措施，可以避免、预防洪水侵袭，适应各种类型洪水的变化，更好地发挥防洪工程的效益。建设城镇防洪的生命线，对于减免洪灾损失具有重要作用，特别是对于抵御城镇特大洪水尤其重要。

城镇防洪工程体系同样也分为了工程体系与非工程体系。

1）工程体系

我国是洪水频发的国家之一，而且洪水灾害损失严重。为了保护人民群众的生命财产安全、保障国民经济的平稳发展，中华人民共和国成立后，国家在防洪工程建设方面投入了大量的人力财力。我国的各大江河流域均已初步建成了以水库、堤防、河道整治与蓄滞洪区为主体的防洪工程体系。

我国的防洪工程体系包括长江流域、黄河流域、珠江流域、淮河流域、辽河流域、松花江流域、海河流域、中小河流域及城镇防洪。值得指出的是，随着城镇化进程加快，大批中小城镇蓬勃兴起，其中大多数城镇在进行规划建设时没有充分考虑防洪要求，存在很大的洪灾风险。

2）非工程体系

随着科学技术的不断发展与管理水平的逐步增强，防洪非工程体系对于防洪减灾的作用越来越重要，成为现代防洪减灾体系中不可或缺的组成部分。防洪非工程体系是现代防洪体系的两个基本构成部分之一。防洪非工程体系的功能与工程防洪体系不同，非工程防洪体系是通过对社会的防灾管理，来实现灾害减免。根据这一特点，非工程防洪体系主要可由灾害风险区管理（国外称洪泛区管理）、救灾保障体系、公民防灾教育三个部分组成。

① 灾害风险区管理

灾害风险区系指受到洪水威胁区（即江、河、湖泊和海沿岸低于洪涝水位以下的地区）、山地灾害易发区以及受台风直接影响的地区等。灾害风险区管理就是对易发生灾害地区的社会和经济活动实行控制性管理，通过法律法规来规范社会行为，使灾害高风险区的社会经济活动向低风险区转移，以达到减免灾害损失的目的。

② 救灾保障体系

救灾保障体系的目的是帮助和促进受灾的群众和企业及时有效地恢复生活和生产，减轻灾害对家庭和社会造成的影响，是一项必不可少的措施，属于社会保障体系的范畴。救灾保障体系主要包括：政府救济和补偿、灾害保险、社会捐助等方面。

③ 公民防灾教育

加强公民防灾教育，提高公民对自然规律的认识。只有全体公民自觉地积极地参与防灾减灾，防灾减灾事业才能步入良性循环的机制，社会和经济发展才能得到可靠的环境安全保障。

当前在大力实施防洪工程体系建设的同时，应该尽快加强对防洪非工程体系的建设，两者有机结合，才能形成完整的防洪体系。

3.4.2 我国城镇防洪建设现状

（1）防洪设施建设现状

城镇洪灾作为城镇灾害的一大组成部分，一直备受关注。城镇防洪设施是城镇基础设施的重要组成部分，主要包括堤防、内行洪排水设施、水库及其他设施。同时，完善配套的城镇防洪排涝设施是城镇经济持续快速发展的重要保障。我国城镇防洪排涝的基础差，尽管各地都有一定的防洪设施，但真正有洪水时并不能保障该市的生命线不受损害。城镇防洪现状及存在问题如下：

1）城镇防洪标准较低

我国城镇防洪标准普遍较低，除上海按 1000 年一遇防洪标准设计外，许多大城市如武汉、合肥等防洪标准均不到 100 年一遇。由于洪水的随机性、城镇发展的动态性、人类对洪水认识能力的局限性，工程防洪措施在合理的技术经济条件下，只能达到一定的防洪标准。无论防洪标准定得多高，都有可能出现超标准的洪水。防洪标准定得过高，限于经济实力，也不可能完全实施。并不是防洪标准越高越合理，但也不是标准越低越经济。若设计标准过低，城镇被淹的可能性就越大，造成生命财产巨大损失的概率越高。

2）防洪设施监管不善

城镇防洪工程是城镇可持续发展的重要保障，高标准的防洪体系是保障人们生命财产安全的重要基础设施，也是加快城镇化进程的必需条件。许多城镇的防洪设施都遭到过不同程度的破坏，如天然岩石屏障开挖、防洪堤上建房造屋、开渠引水、堤身中取土取石，从而使洪水到来时，防洪设施无法开启使用。

3）某些建筑未达要求

在历次洪水灾害中，均不免出现房屋倒塌现象。这是因为这些房屋的材料不能适应洪水的影响或者浸泡，虽然现在绝大部分建筑都由钢筋混凝土建成，但仍有不少是砖木结构。因此在易受洪水威胁的城镇，要注意建筑的适应洪水能力。

4）城镇规划上存在失误

对现代城镇水灾研究的不足，对现代城镇水灾规律的不了解，往往造成城镇规划上的许多失误，从而引起或加重城镇洪涝灾害。有些地方在进行城镇规划时，由于在城镇设防与否的问题上举棋不定，致使遭受重大灾害。

（2）我国防洪发展趋势

在未来的 20 年，我国洪灾发生的情势仍处于难以根本逆转之势。洪水灾害的发生由灾害源（即恶劣气象条件）、致灾载体（即洪水及相关的水系条件）和受灾体（即洪水影响的空间范围及其社会经济因素）三方面的因素具体决定。洪水灾害的防治则是通过人为手段对这 3 个因素及其组合状态的改变和调整，以达到减小灾害损失的过程。我国的未来洪灾形势由自然背景、人口因素、社会背景因素以及防洪工程现状 4 方面所决定。

1）自然背景因素

我国各主要河流均自西向东汇流入西太平洋。我国社会人口、经济主要密集分布于各大河流的中下游冲洪积平原地区。气候受环太平洋季风控制，太平洋地区交替发生的厄尔尼诺及拉尼娜现象均对我国气候有着明显的影响。另外，温室效应对全球气候变化的影响，也进一步加剧我国恶劣气象因素发生的复杂化。在地质与地貌上，我国西部大多为高原地区，处于抬升、剥蚀、夷平历史状态，东部则处于堆积和平原延伸扩大的历史时期，这种背景决定了我国主要河流发育和演化的特点，也从根本上确定了这些河流的泥沙和淤积，以及河道变化的情况。

2）人口因素

人与水争地是我国洪水灾害形势恶化的最根本原因，作为受灾体，也即作为保护对象的社会存在，在最近的几十年来，由于城镇化进程的加快，城镇人口以极快的速度增长，并以其自身法则分离出有悖于防洪情势的空间格局。

3）社会背景因素

洪涝灾害在同一水系内具有空间上的关联性，灾害损失上也具有空间上的不对称性。这种特性容易导致地区之间、部门之间的争利避害行为，而治水防洪大局则要求地区之间、部门之间的协调合作，并且是长期性的、制度性的协调合作。从我国治水的现状来看，由于地区、部门间的损益补偿标准以及财政转移支付制度的不规范性和不连续性，目前仍很难尽快达成合作协力、高效治水、防灾减损的目标。

4）防洪工程现状

我国目前防洪工程现状不容乐观，我国主要江河只能防御常遇洪水，并且平原河道淤积严重，洪涝灾害加剧，难以防御大洪水。在经济相对发达的珠江流域，除北江大堤及三角洲五大堤围外，沿江各市县的设防标准很低，一般为5～10年一遇标准，不少城镇未设防。在长江等大江大河的主要支流地区，防洪标准普遍要低于干流5～10年以上。

综上所述，在21世纪的开始20～30年，我国防洪形势不容乐观。如何在稳步加强工程体系的基础上，运用合理的防洪策略，是未来我国防洪事务的关键问题。我国防洪工程是个点、线、面兼顾的体系，即严守重点地区，保护干流沿线堤防，维护河流两厢腹地。鉴于上述分析，在工程体系标准不足或不齐时，必须借助于非工程与工程措施的整合，形成综合性的多维防洪体系，必须运用"防""减""复"的多重防洪策略，最终形成具有中国特色的富于韧性的防洪体系。

3.4.3　城镇防洪标准

城市防洪标准是对城市防洪的管理、规划、设计和评估等方面的要求，旨在确保城市防洪工作的高效实施，降低城市洪涝灾害的发生风险。目前国家的城镇防洪标准有：《城市防洪规划规范》GB 51079—2016，《室外排水设计标准》GB 50014—2021，《城市防洪工程设计规范》GB/T 50805—2012，《防洪标准》GB 50201—2014 等。

其中，确定城市防洪标准应考虑的因素：城市总体规划确定的中心城区集中防洪保护区或独立防洪保护区内的常住人口规模；城市的社会经济地位；洪水类型及其对城市安全的影响；城市历时洪灾成因、自然及技术经济条件；流域防洪规划对城市防洪的安排。当城市受山地或河流等自然地形分隔时，可分区采用不同的防洪标准。当城市受技术经济条件限制时，可分期逐步达到防洪标准。

城镇防洪标准的作用是规范城镇防洪工作，保证防洪工程的安全、高效、环保和质量，降低城镇洪涝灾害的风险。城镇防洪标准还可以规范城镇防洪工作的流程，保证防洪工程的实施按照统一的标准进行，使防洪工作具有高效性。此外，这些标准还考虑了环境保护的因素，保证防洪工程的施工不对环境造成污染。最后，通过对防洪工程质量的严格要求，降低了城镇洪涝灾害的风险。

3.5 现代城市雨洪管理的特点与发展趋势

3.5.1 现代城市雨洪管理

气候变化和城市化所带来的水文、环境效应成为威胁城市经济社会可持续发展的重要因素，使城市水管理工作面临前所未有的挑战，世界各国进行了积极的理论探索与实践。在这个过程中，一些新的理念和方法应运而生，如最佳管理措施（Best Management Practices，BMP）、新加坡的活力、美观、洁净计划（Active，Beautiful，Clean Waters，ABC Waters）、水敏感城市设计（Water Sensitive Urban Design，WSUD）、韧性城市（Resilient City）和海绵城市（Sponge City）等（表3-1）。

典型现代城市雨洪管理 　　　　　　　　　　　　　　　　　　　　　　　表3-1

理念	特点
最佳管理措施 （Best Management Practices，BMP）	实践经验的总结，具有适应性强，注重预防的特点
新加坡活力-美观-洁净计划 （Active，Beautiful，Clean Waters，ABC Waters）	将城市的水道转变为具有社区价值和美学价值的公共空间，强调公众参与和社区建设
水敏感城市设计 （Water Sensitive Urban Design，WSUD）	将城市的水资源管理和城市规划设计紧密结合，鼓励使用创新的技术和方法来管理城市的雨水
韧性城市 （Resilient City）	对城市面临的各种挑战进行全面考虑和应对，强调城市的适应性和弹性
海绵城市 （Sponge City）	模仿自然的水循环过程来管理城市的雨水，鼓励使用绿色基础设施来吸收、储存和释放雨水

最佳管理措施（BMP）是一种重要的水管理策略，它强调在特定情况下采用最有效的管理方法或技术，以实现最优的水管理效果。这可能包括采用最新的科技手段，如人工智能和大数据技术，以提高水资源的使用效率和管理效果。同时，BMP也强调根据具体的地理、气候和社会经济条件，制定和实施最适合的水管理策略和措施。新加坡的活力、美观、洁净计划（ABC Waters）是一个典型的城市水管理项目。这个项目通过实际案例，将水域管理措施逐步展开，分析并优化城市的水管理实践。这不仅有助于提高城市的水管理效果，也有助于提高城市的生态环境质量和居民的生活质量。水敏感城市设计（WSUD）是一种新的城市设计理念，它强调在城市设计中充分考虑水的敏感性，以实现更好的水管理效果。这可能包括在城市设计中充分考虑雨水的收集和利用，以减少对新鲜水资源的依赖；在城市设计中充分考虑水的生态功能，以提高城市的生态环境质量；以及在城市设计中充分考虑水的社会功能，以提高公众的满意度和参与度。韧性城市是指能够适应和应对各种自然和人为压力的城市，包括气候变化、自然灾害和社会经济压力。这需要城市具有强大的适应能力和恢复能力，能够在面对各种压力和冲击时，保持其基本功能和结构，快速恢复和适应新的环境条件。海绵城市则是从城市层级的整体建设和管理理念出发，配合技术措施，改变城市中由于地表大部分被硬化等因素所造成的问题。这可能包括在城市设计中充分考虑雨水的收集和利用，以减少城市的洪水风险；在城市设计中充分

考虑地表的绿化和透水，以提高城市的生态环境质量。

3.5.2 雨洪管理发展趋势

面对日益复杂的城市水问题，未来的发展趋势将更加强调综合和系统的水管理方法。这可能包括更多地采用绿色基础设施，如雨水花园和生态湿地，以提高城市的雨水管理能力；更加重视水的循环利用，以减少对新鲜水资源的依赖；以及更加重视公众参与和社区参与，以提高水管理的效果和公众的满意度。同时，随着科技的进步，数字化和智能化技术也将在城市水管理中发挥越来越重要的作用，如使用大数据和人工智能技术进行水资源管理和决策支持，以及使用物联网技术进行水资源的实时监测和管理。

未来，应完善从区域到街区的雨洪梯级管理框架，积极促进工程规划与城市法定规划、绿地水系等空间规划的融合，建立城市空间规划分区管理等软途径与减灾工程的联系，以便灵活调整工程阻力阈值。以多学科交叉、多元数据融合、多技术集成为支撑，构建全面、复合的自适应韧性雨洪管理系统。这种全面的、自适应的韧性雨洪管理系统将有助于更好地应对气候变化和城市化带来的挑战，实现城市经济社会的可持续发展。

思考题

1. 我国城市防洪排涝防治体系应该如何建立？
2. 面源污染的概念、特点及其与人类活动的关系？
3. 当代背景下，城市雨洪管理的发展方向是什么？

本章参考文献

[1] 郝晓丽，穆杰，喻海军，等. 城市洪涝试验研究进展[J]. 水利水电科技进展，2021，41(1)：80-86，94.

[2] 张智. 城镇防洪与雨洪利用[M]. 北京：中国建筑工业出版社，2009.

[3] 徐宗学，陈浩，任梅芳，等. 中国城市洪涝致灾机理与风险评估研究进展[J]. 水科学进展，2020，31(5)：713-724.

[4] 尹澄清. 城市面源污染的控制原理和技术[M]. 北京：中国建筑工业出版社，2009.

[5] 金海峰，佟晨博，朱永健，等. UASB＋A/O＋Fenton组合工艺处理生猪养殖废水工程实例[J]. 资源节约与环保，2015，(12)：54-55.

[6] 李立青，朱仁肖，尹澄清. 合流制排水系统溢流污染水量、水质分级控制方案[J]. 中国给水排水，2010，26(18)：9-12，30.

[7] 李思远，管运涛，陈俊，等. 苏南地区合流制管网溢流污水水质特征分析[J]. 给水排水，2015，51(S1)：344-348.

[8] 王俊松，赵磊，张晓旭. 降雨特征对合流制排水系统径流污染负荷的影响[J]. 环境监测管理与技术，2016，28(5)：19-23，28.

[9] 李海燕，徐尚玲，马玲. 合流制排水管道沉积物的研究进展[J]. 安全与环境学报，2013，13(6)：90-95.

[10] 李铭洋，李宁，王睿. 合流制溢流污染控制标准探讨[J]. 给水排水，2022，58(S2)：631-635.

[11] 黄俊，衣俊，程金平. 长江口及近海水环境中新型污染物研究进展[J]. 环境化学，2014，33(9)：1484-1494.

[12] 李定强，刘嘉华，袁再健，等. 城市低影响开发面源污染治理措施研究进展与展望[J]. 生态环境学报，2019，28(10)：2110-2118.

[13] 张伟，车伍，王建龙，等. 利用绿色基础设施控制城市雨水径流[J]. 中国给水排水，2011，27(4)：22-27.

[14] 倪欣业，郝天，王真臻，等. 我国非常规水资源利用标准规范体系研究[J]. 中国给水排水，2022，38(14)：52-59.

[15] 陈娜，向辉，马伯，等. 基于韧性理念的中国城市雨洪管理研究热点与趋势[J]. 应用生态学报，2022，33(11)：3137-3145.

第4章　固体废物与土壤污染控制概论

固体废物对环境的污染以及造成的资源浪费，是当今世界环境保护和资源保护的主要问题之一。联合国环境规划署曾将固体废物控制列为全球重大环境问题。固体废物的产生与排放，涉及领域很广，来源于各行各业，且量大、种类繁多、成分十分复杂，对其实行管理、减量化、无害化和资源化是一项复杂的系统工程。

2005年4月1日起实施的修订后的《中华人民共和国固体废物污染环境防治法》中明确提出："固体废物是指在生产、生活和其他活动中产生的丧失原有利用价值或者虽未丧失利用价值但被抛弃或者放弃的固态、半固态和置于容器中的气态的物品、物质以及法律、行政法规规定纳入固体废物管理的物品、物质。"这里所指的生产包括基本建设、工农业以及矿山、交通运输、邮政电信等各种工矿企业的生产建设活动；生活包括居民的日常生活活动，以及为保障居民生活所提供的各种社会服务及设施，如商业、医疗、园林等；其他活动指国家各级事业及管理机关、各级学校、各种研究机构等非生产性单位的日常活动。

由此可见，固体废物包括：丧失原有利用价值的废弃物；虽未丧失利用价值但被抛弃或丢弃的废物；置于容器中的有毒有害气态、液态物质；法律、行政法规规定纳入固体废物管理的物品、物质。

从广义上讲，废物按其形态有气、液、固三态，如果废物是以液态或者气态存在，而且污染成分主要是一定量（通常浓度很低）的水或气体（大气或气态物质）时，分别看作废水或废气，一般应纳入水环境或大气环境管理体系，并分别有专项法规作为执法依据。而固体废物包括所有经过使用而被弃置的固态或半固态物质，甚至还包括具有一定毒害性的液态或气态物质，如从废气中分离出来的固体颗粒、垃圾、炉渣、废制品、破损器皿、残次品、动物尸体、变质食品、污泥、人畜粪便等。

应当强调的是，固体废物的"废"具有时间和空间的相对性。在此生产过程中或此方面可能暂时无使用价值的废物，并非在其他生产过程或其他方面无使用价值。在经济技术落后的国家或地区被抛弃的废物，在经济技术发达的国家或地区可能是宝贵的资源。在当前经济条件下暂时无使用价值的废物，在发展了循环利用技术后可能就是资源。因此，固体废弃物常被看作是"放错地点的原料"。

此外，固体废物还具有一些特性，如产生量大、种类繁多、性质复杂、来源广泛，并且一旦发生了由固体废物所导致的环境污染，其危害具有潜在性、长期性和不易恢复性。

土壤是人类生存、兴国安邦的资源。随着工业化、城市化、农业集约化的快速发展，大量未经处理的废弃物向土壤系统转移，并在自然因素的作用下汇集、残留于土壤环境中。我国受农药、重金属等污染的土壤面积达上千万公顷，其中矿区污染土壤达200万 hm^2、石油污染土壤约500万 hm^2、固废堆放污染土壤约5万 hm^2，已对我国生态环境质量、食品安全和社会经济持续发展构成严重威胁。土壤污染带来了极其严重的后果。第一，土壤污染使本来就紧张的耕地资源更加短缺。第二，土壤污染给人民的身体健康带来极大的威胁。第三，土壤污染给农业发展带来很大的不利影响。第四，土壤污染也是造成其他环境污染的重要原因。第五，土壤污染中的污染物具有迁移性和滞留性，有可能继续造成新的土地污染。第六、土壤污染严重危及后代子孙的利益，不利于农村经济的可持续发展。我国土壤污染问题的防治措施包括两个方面：一是"防"，就是采取对策防止土壤污染；一是"治"，就是对已经污染的土壤进行改良、治理。

固体废物与土壤污染控制主要介绍固体废物和土壤污染的来源、分类、危害、处理处置及控制修复技术。分析固体废物和土壤污染控制技术的发展趋势，进而为土壤和水环境保护等方面提供重要的科学依据。本章系统介绍了固体废物和土壤污染的环境问题，基本概念、基本理论和基本方法。总结了固体废物的来源、组成、分类和性质，概括了固体废物和土壤污染的产生方式、污染途径和控制方法及资源利用技术等，以及土壤污染的控制和修复措施。

4.1 固体废物污染与控制

4.1.1 污染来源

固体废物来源于人类的生产和消费过程，在开发资源、制造产品的过程中必然会产生废物。另外，任何产品经过使用和消耗后，最终也都将变成废物。从原始人类活动开始，就有固体废物的产生，当时主要是粪便、动植物残渣。随着人类的进步和生产的发展，17-18世纪的工业生产主要是对自然物的机械加工，其原理多为改变物体的物理性质，主要产生一些简单的屑末。19世纪末到20世纪初，随着化学工业的发展，产生了许多有毒有害元素和人工合成物质的废渣，特别是含有汞、铅、砷、氰化物等的有毒有害废渣。20世纪以来，随着原子能工业的发展，有了放射性废渣，并随着能源利用范围的扩大，又增加了许多新的废渣。人类发展到今天，随着对自然界的认识及改造向纵深发展，工业产品呈多样化，形成了一个"废渣家族"。固体废物的来源大体上可分为两类：一是生产过程中所产生的废物（不包括废气和废水），称为生产废物；二是产品进入市场后在流动过程中或使用、消费后产生的固体废物，称为生活废物。

固体废物一般具有以下特征：

（1）空间性。废物仅仅在某一个过程和某一个方面没有使用价值，并非在所有过程和一切方面都没有使用价值，某个过程产生的废物往往会是另一过程的原料。

（2）时间性。严格意义上讲，"资源"和"废物"是相对的，不仅生产、加工过程会产生大量被丢弃的物质，任何产品或商品经过长期使用后都将变成废物。因此，固体废物处理处置和资源化将是以后面对的问题和任务。

（3）持久危害性。由于固体废物成分的多样性和复杂性，有机物和无机物、金属和非金属、有毒物和无毒物、有味和无味、单一物和聚合物等，固体废物的环境自然净化过程是长期、复杂和难以控制的，它比废水和废气对人们生活环境的危害更深远、更持久。

（4）再生低成本性。一般来说，利用固体废物再生的过程要比利用自然资源生产产品的过程更节能、省事、省费用。

4.1.2　固体废物污染的环境问题

（1）侵占土地

固体废物堆放时会占用大量土地。据估计，每堆积 1 万 t 废渣大约需要 1 亩土地。据报道，美国有 200 万 hm^2 的土地被固体废物侵占，英国为 60 万 hm^2。2008 年，我国工业固体废物产生量已达 19 亿 t，仅矿业开发占用和损坏的土地面积就有 154.5 万 hm^2，其中仅尾矿堆放占用土地就约有 91.5 万 hm^2。

（2）污染土壤

固体废物及其淋洗和渗滤液中所含的有害物质会改变土壤的性质和结构，并会对土壤中微生物的活动产生影响。这些有害成分的存在，不仅有碍植物根系的发育和生长，而且会在植物有机体内积蓄，通过食物链危及人体健康。我国包头市某处堆积的尾矿有 1500 万 t，造成其下游某乡的土地大面积污染，居民被迫搬迁。

在固体废物污染土壤的危害中，最为严重的是危险废物的污染。剧毒性废物最易引起即时性的严重破坏，并会造成土壤的持续性危害影响。我国西南某地因农田长期使用垃圾导致土壤中有害物质的积累，土壤中汞的浓度超过本底值的 8 倍，给作物的生长带来了严重危害。

据统计，目前我国重金属污染土壤面积至少有 2000 万 hm^2，其中很大一部分是由各类固体废物随意堆放引起的。

（3）污染水体

世界范围内，有不少国家直接将固体废物倾倒于河流、湖泊或海洋，甚至把海洋当成处置固体废物的场所之一。固体废物弃置于水体，将使水质直接受到污染，严重危害水生生物的生存条件，并影响水资源的充分利用。此外，堆积的固体废物经过雨水的浸渍和废物本身的分解，其渗滤液和有害化学物质的转化和迁移将对附近地区的河流及地下水系和资源造成污染。

向水体倾倒固体废物还将缩减江河湖面的有效面积，使其排洪和灌溉能力有所降低。据我国有关单位的资料估计，由于在江湖中倾倒固体废物，20 世纪 80 年代的水面比 50 年代减少了 2000 多万亩。目前我国每年在不同地区仍有成千上万吨的固体废物直接倾入江湖之中，其所产生的后果不堪设想，这种局面不应再继续发展下去。

（4）污染大气

堆放的固体废物中的细微颗粒、粉尘等可随风飞扬，从而对大气环境造成污染。研究表明：当发生 4 级以上的风力时，在粉煤灰或尾矿堆表层的粒径 1.5cm 以上的粉末将出现剥离，其飘扬的高度可达 20~50m，在风季期间可使平均视程降低 30%~70%。

更有甚者，堆积的废物中某些物质的分解和化学反应可以不同程度地产生毒气或恶臭，造成地区性空气污染。

（5）影响人类健康

在固体废物特别是有毒有害固体废物存放、处理、处置和利用过程中，一些有害成分会通过水、大气、食物等多种途径被人类吸收，从而危害人体健康。工矿业废物所含化学成分可污染饮用水，生活垃圾携带的病原菌、垃圾焚烧过程中产生的飞灰、二噁英等都会对人体健康造成严重的影响。

（6）影响环境卫生

未进行处理的工业废渣、露天堆放的垃圾等，除了直接导致环境污染外，还严重影响了厂区卫生、市容和景观。其中"白色垃圾"对环境和市容的影响就是最典型的例子。

4.1.3 固体废物处理现状

4.1.3.1 发达国家城市固体废物处理现状及发展

目前发达国家城市固体废物的收集、运输、处理和管理等方面的技术成熟，经验丰富。

广泛采用的城市生活垃圾处理方式主要有卫生填埋、焚烧、堆肥和综合利用。由于焚烧和堆肥处理方法对固体废物有特殊的要求，如焚烧处理法要求固体废物中的可燃物具有一定的比例；堆肥处理法要求有机质的含量比较高等。因此，卫生填埋是目前发达国家城市固体废物处置的主要方法。卫生填埋的主要优点是处理量大、技术比较成熟、建设和运行管理费用也相对较低。而且，目前对填埋场的防渗和渗滤液收集处理技术、填埋气体回收、综合利用技术以及供填埋操作使用的配套机械设备等方面的研究和应用都已取得较大的进展。

由美国国家环境保护局（EPA）固体废物管理部门报告可知，美国城市固体废物的处理以卫生填埋方法为主（约占 60%）；其次是重复利用和焚烧方法；混合堆肥方法处理的固体废物所占的比例相对较小。具体的发展变化过程可分为以下两个阶段。

（1）第一阶段（1960—1985 年）。这一阶段卫生填埋方法处理的固体废物占比由 1960 年的 63% 增加到 1985 年的 84%。同时焚烧处理所占的比例逐渐下降，从 31% 下降到 6%，这主要是因为人逐渐认识到焚烧方法对空气的污染，所以减少了焚烧处理的量，而增加了卫生填埋的处理量。固体废物的重复利用比例在逐渐增加，到 1985 年约占 10%。

（2）第二阶段（1985 年以后，其中 1995—2010 年为规划方案）。在这一阶段，美国城市固体废物处置的策略发生了一些变化，首先强调了城市固体废物的重复利用，1985 年重复利用率为 10%，到 2010 年达到 25% 左右。同时发展堆肥方法，但处理量较小，约占固体废物总量的 5% 左右。焚烧处理量保持稳定，约占固体废物总量的 15%。相比而言，卫生填埋处理仍是城市固体废物处理的主要方法，其处理量占固体废物总量的 50% 以上。

从美国城市固体废物处置策略来看，虽然固体废物的重复利用、混合处理技术发展较快，但卫生填埋方法仍然是城市固体废物的主要处置手段。实际上，国际上许多学者也都认为卫生填埋处理仍然是将来最经济、最方便和最适用的固体废物处置方法。

在其他发达国家，如日本、德国、法国、瑞士等，焚烧处理法也是被广泛采用的方法之一。据统计，欧洲国家约 25% 的城市固体废物是用焚烧法处理的。日本和德国用此法处理的城市固体废物速度增长较明显。日本 1975 年焚烧处理的固体废物占处理总量的 52%，1984 年占 65.3%。焚烧处理的主要优点是固体废物中的病原菌被彻底杀灭，固体废物焚烧后体积大大减小，只为原体积的 5%～10%。目前，为了缓和能源危机，城市固体废物已被当作第二能源资源加以利用，如用来供暖或发电。但焚烧处理的工程投资和运行管理费用比较高，而且对空气的污染比较严重，特别是近 20 年来因废物焚烧而产生的二噁英污染问题已经引起国际社会的广泛关注。在欧美国家和日本，高温堆肥法处理生活垃圾占比较小，一般均低于 20%，甚至只占总处理量的 1%～2%，而且多为机械化堆肥；印度针对当地气候炎热的特点，人工制造堆肥比较普遍。20 世纪中期，国外建造的第一批机械化工业生产堆肥装置，大多数是把垃圾堆成垛，然后定期进行翻动，完成发酵过程，不进行预处理，也不进行非堆肥物的局部筛选。近几十年来，堆肥的工艺和机械化程度有了新的创新。目前发达国家都采用成套的机械化作业。但整体来看，堆肥法的发展比较缓慢，其主要原因有：①在城市郊区或居民区建立垃圾堆肥厂通常会对环境造成不良影响，如气味、灰尘、噪声等；②生产的堆肥销售困难，特别是在发达国家，其化肥产量高，价格便宜，而且使用方便，因此，农业生产者不愿使用堆肥；③人们害怕土壤受到污染，担心堆肥中的重金属元素或其他有害物质随同作物果实进入人体；④还有学者研究认为最多只有 15%～20% 的垃圾可以通过堆肥加以利用，剩下的 80%～85% 仍需用焚烧和填埋方法来处理。

20 世纪 90 年代，许多发达国家处置固体废物的目标是：通过选择较高层次的管理模式达到固体废物处理可持续发展的目的。首先，要尽量避免产生垃圾，如果必须产生，产生量要最小；其次，按实际情况最大可能进行回用或回收；最后，预处理的目的是回收和再利用部分垃圾，减少最终处置量。欧盟各国自 20 世纪 90 年代就开始推行"零污染"计划，他们通过整套法律、法规的约束，使垃圾的产量逐渐减少。德国从 1996 年开始实施循环经济和垃圾法，并相继制定了一系列法规，旨在把德国从一个"丢弃社会"变成一个"无垃圾社会"；奥地利也制定了法规，2000 年废物回收率达到 80%；法国 75% 的包装物要回收，并规定只有那些不能再处理的废物才允许填埋；瑞典新法规要求生产者对其产品和包装材料负有回收的责任；美国的一些州政府从 1987 年开始制定关于垃圾回收的地方性法规，其作用不仅在于约束垃圾制造者，而且还在于帮助回收处理垃圾的产业。

4.1.3.2　我国生活垃圾处理技术现状

目前，卫生填埋在我国城市固体废物的处理中所占比重最大。近年来，我国的固体废物卫生填埋通过技术引进、科技攻关和示范工程建设等已积累了丰富的实践经验，已具备固体废物填埋场的设计、建设和管理能力。如深圳、鞍山、北京、广州、中山、包头、杭州、上海、成都等城市都已建成了规范的卫生填埋场。但是目前我国相当数量的生活垃圾填埋场仍属于简易填埋场，特别是在中小城市，城市垃圾的处置缺少完善的环境保护措施，多数为随意堆放或简单掩埋，不能完全达到卫生填埋场的技术标准。实际上，我国真正意义上的卫生填埋场目前还比较少。《城市生活垃圾卫生填埋技术标准》CJJ 17—88，这标志着我国城市生活垃圾卫生填埋场的建设已开始走上科学化、规范化、正规化的轨道。

我国对城市固体废物填埋处理的研究比较落后，对城市固体废物填埋场导致的土壤、地表水和地下水的污染尚未给予足够的重视；对已存在的数量庞大的垃圾堆放场地对环境、水资源造成的污染还未进行系统的调查和监测；对垃圾填埋污染场地的模拟预报、控制和恢复治理等方面的研究也急需开展。没有任何防护措施的城市垃圾堆放场地无疑是未来经济、社会可持续发展的潜在威胁，因此，探讨安全有效的垃圾处理策略和方法，减缓或避免对环境和水资源造成污染是环境工作者目前刻不容缓的任务。此外，对城市垃圾填埋场的污染进行模拟预测、研究垃圾污染场地的控制和恢复治理技术等都具有重要的现实意义和应用价值。发达国家非常重视固体废物卫生填埋技术的研究，先后形成了不同的填埋方式和填埋理论。

我国从 20 世纪 80 年代初期到 90 年代中期分别在北京、上海、天津、武汉、杭州、无锡、常州、安阳等城市建成了十多个高温堆肥场，对我国的垃圾处理起了一定的积极作用。但堆肥肥料粗糙，用量大（一般每亩需施 3～4t），而且施用时间不宜超过 3 年，否则会引起土壤渣化，因而这种堆肥没有长久的生命力。近几年来，随着堆肥技术的不断发展，堆肥工艺由原来的静态间歇式二次发酵堆肥工艺发展为现在的间歇式动态好氧堆肥工艺，大大缩短了发酵周期，基本达到了国外好氧堆肥的技术水平。我国的一部分城市，如广州、常州、南宁、厦门、重庆等已经有一批技术先进、投资少、操作简便、运行管理费用低的工艺得到了广泛的应用；大连、桂林等地引进的动态堆肥技术已与国际上常用的技术接轨；宜宾垃圾处理场的静态堆肥技术在原有技术的基础上已有较大的突破和创新，所生产的肥料具有有机质含量高、无机物少等特点，细度在 40 目以下，与化肥联合使用可提高化肥利用率 20%～30%，每亩只需施用 50～70kg 就可收到增产增收效果。但是，从整体上来看，我国的城市生活垃圾堆肥厂仍然存在设备运转率低、运行和维修费用高、机械设备配套性和实用性差、使用寿命短等缺点，堆肥肥料质量差，销路不畅。

我国对垃圾焚烧技术的研究起步于 20 世纪 80 年代中期，"八五"期间被列为国家科技攻关项目，目前我国只有少数城市采用了焚烧技术，从整体上看，城市垃圾焚烧技术的研究和实际应用还处于起步阶段。焚烧技术具有减容大和热能利用方便等优点，但因我国城市垃圾中可燃物的含量较低，经济和技术条件落后，这项技术在我国的发展较慢。随着我国东南沿海地区和部分中心城市经济的发展和居民生活水平的提高，生活垃圾的热值将不断提高。近年来已有不少城市将生活垃圾焚烧厂的建设提到了议事日程，正在组织实施。相关科研单位和企业不但对国内外城市垃圾焚烧技术的发展现状和趋势进行了广泛的研究和实地考察，还对垃圾焚烧关键技术进行了深入的分析、探讨和研究，目前已进行焚烧设备的国产化研究。深圳、珠海、广州、上海、北京、厦门等城市，采用和拟采用国外技术设备与国产技术设备有机结合的垃圾焚烧系统。

4.1.3.3 底泥污染现状

底泥，是经过长时间物理、化学及生物等作用及水体传输而沉积于水体底部所形成的黏土、泥沙、有机质及各种矿物的混合物（一些情况下也被称为沉积物）。在河水—底泥体系中，底泥是水生植物生长的基质和底栖动物繁衍的场所，同时底泥也为各种污染物累积富集提供比较稳定的场所，底泥中污染物的浓度可以初步反映河流的污染程度。

目前水体底泥污染是世界范围内的环境问题。污染物通过大气沉降、废水排放、雨水淋溶与冲刷进入水体，最后沉积到底泥中并逐渐富集，使底泥受到严重污染，从而降低了河流的使用价值，使河流失去了原有的意义。底泥中有机物质的分解以及各种早期化学成岩反应往往使得底泥孔隙水中生物营养元素（如 N、P、Si 等）的浓度高于上覆水体，这些高浓度的营养盐通过底栖生物活动、浓度差扩散，以及河道水流流态发生改变等过程，又不断地迁移到上覆水体中，使得底泥中大量的污染物被重新释放出来，从而造成了河流湖泊水体的二次污染，对城市河道的有效治理产生了重大影响。

发达国家在水质改善方面已相当成功，但对河流湖泊底泥的控制不容乐观，如美国国家环境保护局（EPA）在 1998 年 9 月的《污染沉积物战略总报告》中指出，在全美国许多水域，污染沉积物都对生态和人体健康造成了危害，沉积物已成为污染物的储存库。1998 年 4 月，美国国家环境保护局向国会递交了"美国 EPA 污染底泥管理战略"，其目的是更好地了解底泥污染的严重性，包括分布的不确定性。这充分体现了美国对底泥污染问题的高度重视。因为底泥中重金属的富集性和持久性，使得美国已发生 2100 起由城市内河底泥引起的鱼类污染问题。除此之外，20 世纪的莱茵河流域、荷兰的阿姆斯特丹港口、德国的汉堡港，底泥污染的情况都十分严重。

在我国，也已发现并证实了水体底泥具有生物毒性。乡村小河的水质污染尤为严重。许多农村小河的水体呈棕褐色，臭气熏天，垃圾占据半边河道，偶尔还有死牲畜漂浮在水面，而且藻类繁茂覆盖水体，不少河水中几乎无活物存在。安徽巢湖内源污染负荷是外来负荷的 21%，2002 年杭州西湖内源污染负荷已经达到外来污染负荷的 41%，而云南滇池中 80% 的氮和 90% 的磷都分布在底泥中。外污染源控制达到一定程度后，河流湖泊中的底泥由于历年排放的污染物大量聚集，底泥对上覆水体水质的影响就显现出来，产生广泛而严重的社会影响。2007 年 6 月 11 日，安徽巢湖蓝藻暴发；2007 年 6 月 24 日，云南滇池蓝藻暴发；2007 年 7 月 11 日，武汉东湖子湖之一的官桥湖面出现大面积"翻塘"，近 3 万 kg 鱼因缺氧死亡，就连一向很少有蓝藻出没的北方地区也难以幸免，北戴河饮用水库也出现了蓝藻蔓延现象。可见，国内外河流湖泊中底泥污染现象都比较普遍。

4.1.4　固体废物污染控制技术

4.1.4.1　生活垃圾处理处置技术

在实行固体废物减量化、资源化、无害化原则的基础上，综合分析各项处理技术（卫生填埋、焚烧、堆肥）的可靠性、可行性、经济性和实用性，根据各地区的发展规模、发展速度、经济实力、现有条件以及垃圾的组成特点，因地制宜地选择各地区的垃圾处理方法。表 4-1 将固体废物（生活垃圾）的三种常用处理技术从各个方面分别进行了比较。

三种常用的生活垃圾处理技术比较　　　　表 4-1

比较项目	卫生填埋	焚烧	堆肥
技术可靠性	可靠，属常用处理方法	较可靠，国外属成熟技术	较可靠，我国有实践经验
工程规模	工程规模取决于作业场地、填埋库容、设备配置和使用年限，一般均较大	单台焚烧炉规格常用 100～500t/d，垃圾焚烧厂一般安装 2～4 台焚烧炉	静态或动态间歇式堆肥厂常用 100～200t/d，动态连续式堆肥厂可达 200～400t/d
选址难度	较困难	有一定难度	有一定难度
占地面积	大，500～900m²/t	较小，60～100m²/t	中等，110～150m²/t
建设工期	9～12 个月	30～36 个月	12～18 个月
适用条件	进场垃圾的含水率小于 30%，无机成分大于 60%	进炉垃圾的低位热值高于 4180kJ/kg，含水率小于 50%，灰分低于 30%	垃圾中可生物降解有机物含量大于 40%
操作安全性	较好，沼气导排要畅通	较好，严格按照规范操作	较好
管理水平	一般	很高	较高
产品市场	有沼气回收的卫生填埋场，沼气可用作发电等	热能或电能可为社会使用，需要政策支持	落实堆肥产品市场有一定困难，需采取多种措施
能源化	沼气收集后可用以发电	垃圾焚烧余热可发电或综合利用	采用厌氧消化工艺，沼气收集后可发电或综合利用

比较项目	卫生填埋	焚烧	堆肥
资源利用	垃圾稳定后，可恢复土地利用或再生土地资源，稳定后的垃圾可开采利用	垃圾分选可回收部分物质，焚烧炉渣可综合利用	垃圾堆肥产品可用于农业种植和园林绿化等，并可回收部分物资
稳定化时间	10～15 年	2h 左右	20～30d
最终处置	填埋本身是一种最终处置方式	焚烧炉渣需作处置，约占进炉垃圾量的 10%～15%	不可堆肥物需作处置，约占进厂垃圾量的 30%～40%
地表水污染	应有完善的渗滤液处理设施，但不易达标排放	炉渣填埋时与垃圾填埋方法相仿，但含水量较小	可能性较小，污水应经处理后排入城市管网
地下水污染	底部需要防渗，但仍可能渗漏。人工衬底投资较大	可能性较小	可能性较小
大气污染	有轻微污染，可用导气、覆盖、隔离带等措施控制	应加强对酸性气体、重金属和二噁英的控制和治理	有轻微气味，应设除臭装置和隔离带
土壤污染	限于填埋场区域	灰渣不能随意堆放	需控制堆肥中重金属含量和 pH
主要环保措施	防渗、每天覆盖、沼气导排、渗滤液处理等	烟气治理、噪声控制、灰渣处理、恶臭防治等	恶臭防治、飞尘控制、污水处理、残渣处置等
投资（不计征地费）	18 万～27 万元/t（单层合成衬底，压实机引进）	50 万～70 万元/t（余热发电上网，国产化率 50%）	25 万～36 万元/t（制有机复合肥，国产化率 60%）
成本（不计折旧及运费）	26～35 元/t	50～80 元/t	35～50 元/t
成本（计折旧不计运费）	35～55 元/t	90～200 元/t	50～80 元/t
技术特点	操作简单，适应性好，工程投资和运行成本较低	占地面积小，运行稳定可靠，减量化效果好	技术成熟，减量化和资源化效果好
主要风险	沼气聚集引起爆炸，渗滤液渗漏或处理不达标	垃圾燃烧不稳定，烟气治理不达标	生产成本过高或堆肥质量不佳，影响堆肥产品销售
发展动态	准好氧或生态填埋工艺	热解或气化焚烧工艺	厌氧消化堆肥工艺
技术政策	是城市垃圾处理必不可少的最终处理手段，也是现阶段我国城市垃圾处理的主要方式	是处理城市垃圾的有效方式。城市垃圾中可燃物较多、填埋场地缺乏和经济发达地区可采用焚烧技术	是对城市垃圾中可生物降解的有机物进行处理和利用的有效方式，在堆肥产品有市场的地区应积极推广使用

　　垃圾问题已经引起了各国的高度重视，都在制定符合本国国情的垃圾处理政策和战略目标，总的来说可归纳为以下几点：

（1）由单纯的处理转向综合管理；

（2）最大限度地避免垃圾产生，使垃圾产生量减到最低程度；

（3）最大可能地进行回收利用，减少最终处理量；

（4）研究开发处理效率高，二次污染小，资源回收利用好的技术设备。

4.1.4.2　底泥污染控制与修复技术

底泥的污染归根结底是对水体的污染和底栖生物的危害。如果能消除其对水体和底栖生物的作用，就能有效降低污染底泥的环境影响。因此，底泥污染的控制既可采用固定的方法阻止污染物在生态系统中的迁移，也可采用各种处理方法降低或消除污染物的毒性，以减小其危害。有些河道底泥淤积严重，开展底泥修复工作是提高河道排洪能力和促进河水水质改善的必要措施。目前国内外修复底泥污染的方法主要有以下几个方面。

（1）控制外源污染物

外源污染物大量输入是造成河流底泥污染的重要原因，要解决污染问题首先就要断掉污染源。①实现流域内工业废水的达标排放，生活污水集中处理。从根本上截断外部输入源，使水体失去污染物质的来源。②为城市河流建设污染缓冲带。缓冲带是指河道与陆地的交接区域，在这一区域种植植被可起到阻挡污染物进入河流的最后一道屏障的作用，使溶解的和颗粒状的营养物生物群落消耗或转化。

（2）物理修复

物理修复是借助工程技术措施，消除底泥污染的一种方法。常见的物理修复方法有底泥疏浚、引水冲污、水体曝气、底泥覆盖、水力调度技术等。

物理修复最大的优点是见效快。当底泥中污染物的浓度高出本底值 2～3 倍时，即认为对人类及水生生态系统有潜在危害，则要考虑进行疏浚。从国内外的相关研究和技术应用来看，物理疏浚技术在一定程度上取得了较为明显的效果，但总体来说成本高，疏浚过深还将会破坏原有的生态系统。因此采取疏浚方法时，必须加强实验研究和科学决策，慎重考虑投入效益比。如果疏浚不当，会造成更严重的污染。

（3）化学修复

化学修复是一个人工的化学自然过程，被用来改变自然界物质的化学组成。主要靠向底泥施入化学修复剂与污染物发生化学反应，从而使被污染物易降解或毒性降低，不需底泥再处理。常见的化学修复方法有投加除藻剂、絮凝沉淀、重金属的化学固定等。

（4）生物方法

底泥的生物修复技术是指利用培育的植物或培养、接种的微生物的生命活动，对底泥中的污染物进行转移、转化及降解，从而达到修复底泥的目的。

常见的生物修复技术有微生物修复技术、植物净化技术、人工湿地技术、生物调控技术、生物膜技术、土地处理技术等。

（5）底泥的综合利用。底泥最理想的处理方案必然是实现底泥的资源化利用，将疏浚底泥作为其他产品的原材料，实现资源循环利用。常见的底泥综合利用方式有底泥堆肥、建材利用、制陶粒、制造砖瓦、制渗水砖等。

此外，还可通过底泥低温热解、修复严重扰动的土地及填方等方法，实现污染底泥处理的最大化和修复后底泥资源利用的最优化。

4.1.5　固体废物处理处置的发展趋势

对固体废物进行管理开始于 20 世纪 70 年代。随着人们对固体废物造成的环境污染问题的日益重视，开始系统地研究处理与处置的策略。

随着社会的发展和科技的进步，人们对固体废物管理的认识也在不断提高。目前，人们在研究固体废物无害化的同时，对固体废物的减量化、资源化也非常重视，认为解决固体废物问题首先要考虑减量化问题，从源头上避免或减少产生量；对于无法避免的固体废物，应考虑循环、回收再利用。因此，单纯强调固体废物的工程处理手段对于解决固体废物问题并不全面，应从固体废物的产生到最终处置的整个过程予以综合考虑，不但要重视末端的处理技术，更要重视初始阶段的减量化和资源化技术，也就是把固体废物处理和管理的"界面"前移。结合我国的实际情况，我国的城市固体废物管理策略更应该强调减量、重复利用和卫生填埋处理。

实际上，城市固体废物的处置与管理涉及管理学、社会学和环境工程学等多个学科，是一个复杂的系统工程，它主要包括三个层次：避免、利用和处置。为了有效地对城市固体废物进行处置，防止对环境和水资源造成污染，上述三方面的研究缺一不可。

避免是城市固体废物处置系统工程的第一目标，就是从污染源着手，采取一定的管理措施，应用新型技术，尽量避免或减少废物的产生。它涉及管理科学、社会科学、新技术、新方法和新材料等多个方面。一次性投资有时较大，但从长远来看，在避免或减少废物的同时也节省了原材料，而且减少了废物的处理费用，从而降低了生产成本。但这方面的工作应该是渐进的，要与经济实力和科技水平相适应。

利用是城市固体废物处置系统工程的第二目标，所有不可避免的城市固体废物，首先要考虑能否综合利用，包括物质利用和能量利用两种主要形式，前者指废物的直接重复利用，后者指将废物或废物处理的某一产物用作燃料。

处置是城市固体废物处置系统工程的第三目标，是对不可避免的废物进行科学的处理和处置，使之不对环境、水资源构成潜在的污染威胁，达到预防的目的，如卫生填埋处理、焚烧和堆肥等。

4.2 土壤污染与控制

"无土无以立国"，土壤与人们的生活息息相关，甚至关联着人类的生存需要，人类的衣食住行都是基于土壤的存在。保护土壤的安全，实际上就是维护人类的生存平台。但是，随着经济的快速发展、科技的高速进步，一些企业、个人为了自身的利益破坏土壤，过度排污、农药残留等导致土壤污染严重，超出自净负荷。

随着社会经济高速发展，高强度的工农业生产活动导致重金属等各种污染物通过大气沉降、污水灌溉等途径进入土壤，并在土壤中不断富集造成污染。我国现阶段土壤污染形势较为严峻，人们也在积极探讨土壤污染防治的有效举措，并不断推出新的土壤污染修复技术，以推动社会的可持续发展。基于国家对土壤污染防治问题的高度关注，在土壤污染防治应对中应自觉基于生态保护视域进行土壤污染情况的监测，及时查明土壤污染问题，并提出有效的修复举措。提高土壤污染防治工作的实际质量与效率不仅能够推动我国相关土地保护政策的落实，还能促进我国生态环境的改善及可持续发展。

4.2.1 土壤污染的成因及特点

4.2.1.1 土壤污染问题的成因

（1）人为原因

在土地污染问题的各种成因中，人为原因是最为主要的因素，其不仅加速土壤污染问题的形成，还直接影响开展土壤污染防治工作的效率。我国进行的农业用地以及城市建设用地的土壤资源调查工作显示，很多地方不愿认清辖区内存在的土壤污染问题，并且在利益的推动下，对土壤污染问题的处理措施也不够恰当。在工业生产中，某些生产活动会使生产所在地的土壤中放射性元素以及各种微生物的含量超过具体规定的标准，从而造成土壤污染。造成土壤污染问题形成的人为原因包括但不限于不良的居民生活习惯，例如在农业生产中对农药、化肥等的不合理使用使农业用地受到污染。目前，在绝大部分农村地区，土壤污染的治理工作效率较低，甚至会由于当地居民的不配合而导致相应的污染防治工作很难有效落实。部分城市以及乡村地区的工作人员对于土壤污染防治工作的认知也不够准确，在多种人为因素的影响下，我国土壤污染防治工作的落实效率较差。可以说，部分地区土壤污染问题较为严重，也与当地环境管理部门的监管工作效率较低有关。

（2）政策法规原因

部分地区的立法、执法部门对土壤污染问题不够重视，土壤污染防治工作的相关法律法规也并不完善。从立法的角度来看，不健全的土壤污染防治法律法规不仅很难对土壤污染行为进行限制，甚至还会影响到相关土壤管理部门工作的正常开展。一些地区对于企业生产行为所造成的污染未出台明确的政策进行规范，也导致部分企业在日常生产活动中进行污染物的处理没有明确的规定可以参照，从而导致污染物的随意排放与处理，最终造成较为严重的土壤污染问题。

（3）认知原因

由于我国国土面积较大，土壤污染防治工作的工程量往往较大，同时还需要运用较多具体的专业知识与技术，但在实际的土壤污染防治工作开展过程中，很多工作人员对此认知不够准确，导致实际的土壤污染防治工作很难有效落实。并且由于部分工作人员的认知偏差导致实际的工作开展情况与预期存在较大差距，从而使实际的土壤污染防治工作效果不佳。某些地区的土壤污染防治宣传力度较弱，影响相关部门与企业间的有效沟通。

4.2.1.2　土壤污染的特点

（1）隐蔽性与滞后性

在各种环境污染问题中，如水污染以及空气污染，绝大部分都能通过视觉等较为直观的方式进行初步判断，而土地污染往往具有较强的隐蔽性，很多时候仅从土壤的表面不能准确判断污染状况，需要借助一些先进的土壤检测技术与设备才能够得到准确的土壤污染信息。并且在土壤问题后续的治理过程中，相关人员也需要根据具体的检测结果才能选择最为科学的治理方法，这也是土壤污染问题具有较强滞后性的具体原因之一。因此土壤污染问题一般都不太容易受到重视。

（2）累积性

污染物质在大气和水体中，一般都比在土壤中更容易迁移。由于土壤自身的特点，绝大部分污染物在土壤中较难进行扩散，因此在同一片土壤中，不同的污染就容易发生累积问题，从而使该区域的土壤污染问题愈发严重。

（3）难降解性

我国由于国土面积较广，因此不同区域的土壤在面对各种污染问题时的净化能力存在较大差异。受到土壤自身特点的影响，土壤中的污染物很难实现有效的扩散与转移，这样就会使得越来越多的污染问题逐渐积累。并且绝大部分污染物较难降解，尤其是一些重金属及化学污染物，它们对土壤造成的污染往往是不可逆的，因此土壤一旦被污染，修复工作极为困难。例如：被某些重金属污染的土壤可能要 100～200 年时间才能够恢复。

（4）难治理性

如果大气和水体受到污染，切断污染源之后，通过稀释和自净化作用，也有可能使污染问题不断逆转，但是积累在污染土壤中的难降解污染物，则很难靠稀释作用和自净化作用来消除。土壤污染一旦发生，仅仅依靠切断污染源的方法则往往很难恢复，有时要靠换土、淋洗土壤等方法才能解决问题，其他治理技术可能见效较慢。因此，治理污染土壤通常成本较高，治理周期较长。

4.2.2　土壤污染现状及污染源

我国幅员辽阔，土地面积广，土壤环境也具有明显的地域差异，但在长期的粗放管理之后，全国各地普遍面临土壤污染问题，在土壤污染防治修复中也必须做到区域差异的关注，真正为生态安全提供土壤保障。关注污染防治的新技术，了解土壤污染的特性，根据区域实际，选择有效的防治修复策略才能真正解决土壤污染问题。土壤与工农业生产密切相关，是工农业发展的基础。同时，土壤对人类生存又有直接影响。很长一段时间以来，受传统粗放管理模式的影响，引发了严重的土壤污染问题。2014 年《全国土壤污染调查公报》显示，全国土壤总的点位超标率为 16.1%，以重金属污染为主，其中 Cd 和 Pb 的超标率分别达 7.0% 和 1.5%，污染较严重。

土壤污染成因较复杂，主要污染因素为重金属、有机物、放射性物质等。重金属污染在土壤污染中占比最高，属于典型的土壤无机污染，当污染物进入土壤，与土壤中的养分融合，形成不利于植物吸收的物质，进一步压缩植物生长空间，威胁植物生长。一般重金属含量多的土地所生产的作物也会含有超标的重金属，被人体摄取后会威胁人体健康。具体分析土壤污染物的特性可以发现，土壤污染物有无机污染、有机污染之分，重金属污染是无机污染形式之一。放射性元素、酸碱化学品也属于典型的无机污染，而有机污染主要是因石油、化肥、有机磷农药等引发的土壤污染，无机污染物来源较广，特别是在农村地区，农业种植施加过量化肥农药，加剧土壤无机污染危害程度，且难防控、难治理。

4.2.3　土壤污染的危害

（1）影响耕地和农业生产

我国是典型的农业大国，耕地面积广，以耕地为载体推动农业种植，才能满足群众生活需要。但土壤污染导致耕地受污染，可利用的优质土壤减少，无法满足农业种植需求，人们的生活受到影响。令人心痛的是大量耕地因污染物超标被迫闲置。

（2）影响人类身体健康

土壤环境也是自然环境的构成部分。环境是人们赖以生存的环境要素，若土壤受到严重的污染与破坏会引发生态失衡，生态循环中污染物富集，最终借助食物链进入人体，威胁人类生存。且土壤污染引发的人类威胁是长期性、隐藏性的，如果污染问题长期得不到关注和解决，人类将自食恶果。

（3）影响生态环境的稳定性

土壤污染治理非常棘手，特别是重度污染区域治理效果不佳。如果土地污染问题长期得不到解决会引发自然生态的破坏加剧，土壤中的污染物在水流的作用下污染水质，导致生态系统的破坏，生物多样性的消失，引发一系列的自然灾害，后果不堪设想。

4.2.4　土壤污染修复技术

4.2.4.1　物理修复技术

物理修复技术主要分为电动修复技术与客土、换土技术。其中电动修复技术是发挥电场作用，让金属离子从土壤传输到电极中。电动修复技术应用范围广，操作灵活，使用方便，对土壤自然结构破坏影响较小，但受 pH 影响较大，且对应的能源消耗较高。客土、换土法是将利用污染较轻的土壤进行置换，达到修复的目的。客土修复主要是在土壤内增加清洁土壤，以调节土壤污染程度；换土修复则是使用无污染的土壤取代已经污染的土壤。上述两种方法使用频率较低，主要原因在于操作复杂、成本较高。

4.2.4.2　化学修复技术

化学修复技术主要有土壤淋洗技术、有机黏土修复技术、固化稳定联合修复技术。其中土壤淋洗技术是使用化学洗涤剂进行土壤淋洗，流程见图 4-1，达到降低污染程度的目的。因其会引发土壤肥力下降、造成二次污染，使用范围较小。有机黏土修复技术则是抽取、回注地下水，实现有机物的降解，更适用于储油库土壤的修复。固化稳定联合修复技术则是使用大量药剂进行土壤污染修复。虽然操作简单，使用方便，但容易引发严重的二次污染，且修复效果往往不够彻底，需要反复修复，因此也较少使用。

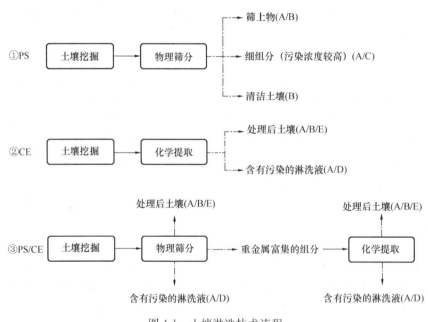

图 4-1　土壤淋洗技术流程

4.2.4.3　生物修复技术

生物修复技术在土壤污染治理中发挥重要作用，其借助生物作用进行土壤有机物的催化、降解处理，从而实现土壤的净化。生物主要对应植物、微生物、动物等，发挥植物、微生物、动物的机理优势，完成土壤中重金属、有机物、化学品的科学降解，以改善土壤性能，减轻土壤污染程度。当前主推的生物修复技术有微生物修复技术、植物修复技术、动物修复技术和新型综合性的修复技术。

　　微生物修复技术考虑到土壤中微生物具有体积小、繁殖快、代谢能力强等特点，可以发挥微生物的污染降解作用，重点进行重金属、有机污染物的处理，微生物通过吸附、富集、溶解，实现土壤的有效修复，其中降解处理是微生物通过降解原理进行土壤中有机物、重金属的剔除，而溶解沉淀则是基于土壤生物代谢产生的有机酸进行重金属的溶解或去除。目前微生物修复技术又有原位修复与异位修复之分，前者对应投菌法、生物搅拌法，后者对应预备床法、泥浆生物法。选择哪种修复方法应根据土壤污染情况灵活选择。

　　植物修复技术是利用土壤中生长的植物，发挥其忍耐与富集的化学属性优势，实现土壤中污染物的生物转移、转化处理。该修复技术操作简单，成本较低，对环境影响基本为零，应用前景光明。目前植物修复技术的运用还存在争议，争议的点在于植物处理不妥善，残留物可能造成环境二次污染。使用植物修复技术进行土壤修复主要对应植物提取、植物挥发、植物稳定、植物过滤四种方法。提取是选择富集能力突出的植物，让其有效吸附土壤中的污染物。挥发则是基于植物根系吸收优势，完成土壤中污染物的吸收，通过植物体内转化实现污染物到可挥发物质的转化。稳定处理则是让植物吸附有害物质，最终将有害物质转为无害物质。过滤则是让植物根系吸收土壤中重金属元素，减轻土壤危害等级。现阶段乔木、灌木、草类是植物修复的优选植物，其生长速度快，根系生长力强，土壤污染治理效果更好。此外，不同植物对应的富集元素种类不同，相关植物的元素富集情况见表4-2。

不同植物对应的富集元素种类　　　　　　　　表4-2

元素	植物种类
AS	蜈蚣草（凤尾蕨科）、芥菜（十字花科）、大叶井边草（凤尾蕨科）、苎麻（荨麻科）
Zn	东南景天（景天科）
Cd	紫茎泽兰（菊科）、亮叶桦（桦木科）、芥菜（十字花科）、龙葵（茄科）、商陆（商陆科）、宝山堇菜（堇菜科）、苎麻（荨麻科）、桃叶蓼（廖科）、苍耳（菊科）、猪毛蒿（菊科）、菊芋（菊科）、鬼针草（菊科）、壶瓶碎米荠（十字花科）
Cr	紫茎泽兰（菊科）、蜈蚣草（凤尾蕨科）、李氏禾（禾本科）、狗尾草（禾本科）
Cu	白杨（杨柳科）、鸭拓草（鸭拓草科）、苍耳（菊科）
Mn	商陆（商陆科）、莎草（莎草科）、木荷（山茶科）
Pb	接骨草（忍冬科）、芥菜（十字花科）、马蔺（鸢尾科）、密毛白莲蒿（菊科）、白莲蒿（菊科）
Co	白杨（杨柳科）

　　动物修复技术借助土壤中丰富的动物物种，让动物本身与土壤污染物质进行生理反应，完成污染物的治理。蚯蚓是最常用的修复主体，其对于重金属污染物质具有忍耐和富集能力，可通过被动扩散方式达到重金属富集效果。此外，蚯蚓的取食及代谢也能有效改善植物生长环境，促使植物吸收重金属。除此以外，也有其他的一些生物修复技术，目前还处于初步研究与推广阶段，如植物-微生物联合修复技术，让植物根系释放碳水化合物、氨基酸，促使根系微生物快速生长，从而达到土壤修复的目的，更适用于土壤中高浓度游离重金属离子的修复。再如多菌株修复技术，于污水处理厂活性污泥中提取降解能力强的菌株，进行土壤污染的快速降解，达到土壤污染治理的目的。

4.2.5　生态保护视域下土壤污染防治及修复的保障举措

4.2.5.1　重视土壤污染，加大关注力度

国家十分关注土壤污染防治工作，以政策引导、资金投入、人员培训等方式，关注土壤污染防治短板，聚焦疑难问题。最终明确了土壤污染治理的关键在于确定、控制和消除土壤污染源，并加强对土壤污染行为的打击，这是土壤污染防治的基础工作，也是关键性工作。在土壤污染预防过程中要关注污染物数量和速度的增长，加以控制，以达到良好的防治效果，不断实现土壤中污染物的降解。单纯依靠政府显然不够，也应激发民众的土壤污染防治意识，使其端正态度，构建多元主体参与的土壤修复、土壤污染防治体系。政府与相关机构应做好土壤污染与保护的宣传工作，借助网络媒体、传统媒介进行宣传，特别是对于农村个体农业工作者加以引导，使其树立环保观念，避免过量使用农药，减少土壤中农药残留，积极尝试绿色种植，并掌握生物防治与物理防治方法，既满足种植需要，又实现生态环境的保护，降低土壤中的有机农药污染，实现农业可持续发展。政府应健全法律法规，制定工业污染物排放标准，对于无视污染而肆意排放污水的企业严厉处理，以各主体的共同努力实现污染物零排放。

4.2.5.2　建立反馈机制，做好数据采集

因土壤污染具有难修复、隐蔽性等特点，在土壤污染及修复中应关注数据反馈，建立完善的数据反馈机制，认真监测土壤污染情况。可开辟试验田获取土壤污染样本，并汇总数据进行土壤污染变化情况的动态分析，明确污染扩散速度、区位分布特点，实现区域土壤污染差异性的把握，真正制定适合区域土壤污染实际的污染防治修复方案，以针对性、全面性、科学性的土壤治理及修复带来土壤污染防治的有效成果。

4.2.5.3　关注技术创新，加强土壤修复

随着技术的创新发展，土壤污染防治应对中也出现了一些新型有效的土壤修复技术，如微生物修复技术、植物转基因培育技术、动物修复技术。土壤中有着丰富的微生物群落，多样的细菌种能实现土壤中有机废物的分解，减少有机磷等物质对土壤的污染，提高土壤自我修复能力。应深入现场勘察，分析研究出适合当地土壤的微生物群，以微生物培养的方式实现土壤的修复。再如动物修复技术，是近几年认可度比较高的土壤修复技术，利用某些土壤动物的自身特质降解土壤中的有机废料，提升土壤自我修复能力，且提升土壤养分含量，疏松土壤，为植物微生物生长创造有利环境，在土壤内形成和谐共生的关系。如利用蚯蚓发挥其降解能力，通过吸食分解土壤中过剩的有机物增强土壤肥力，提升土壤通透性，方便农作物生长繁殖，也使得土壤生态修复能力明显提升。蚯蚓易饲养，成熟周期短，对多变的生长环境具有良好适应性，在培养中成本低，因此使用蚯蚓进行土壤修复综合效益明显。

4.2.5.4　关注生态循环，加强综合治理

在我国，农田土壤污染、土壤酸化问题较为突出，农产品污染超标问题也引发社会的关注。在部分地区，这些问题已经到了迫切需要解决的程度，应针对这些地区进行区域土壤分类，综合整治。通过区域全方位的勘察了解土壤实际，制定有效的土壤污染防治方案。在进行土壤治理时应基于实验区土壤污染防治的理念，建立科学合理的土壤修复体系，并准备好配套修复材料，选择高效的技术、先进的设备进行污染防治应对。土壤污染防治应关注土壤质量检测，严格检查土壤污染物进入生态系统的具体渠道，实现无害化处

理。政府应建立土壤污染无害化处理体系，让土壤污染恢复与保养更有序。要建立农业废弃物再处理机制、生态循环利用机制，实现变废为宝，带动农业废弃物的高效利用，以循环经济打造高效绿色农业发展模。

思考题

1. 简述固体废物污染的环境问题。
2. 固体废物污染控制技术有哪些？发展趋势如何？
3. 请阐述土壤污染防治的意义。
4. 影响土壤健康的主要因素有哪些？
5. 简述土壤污染的危害及特点。
6. 试比较土壤污染修复技术的优缺点，以及各种修复技术的适应对象。

本章参考文献

[1] 宁平. 固体废物处理与处置[M]. 北京：高等教育出版社，2007.
[2] 赵勇胜. 固体废物处理及污染的控制与治理[M]. 北京：化学工业出版社，2009.
[3] 蒋建国. 固体废物处置与资源化[M]. 2版. 2013. 北京：化学工业出版社，2013.
[4] 李登新. 固体废物处理与处置[M]. 北京：中国环境出版社，2014.
[5] 幸红，林鹏程. 浅析土壤污染修复治理中的地方政府责任之立法完善[J]. 政法学刊，2020，37(1)：32-38.
[6] 孙万刚. 重金属污染土壤修复技术及其修复实践[J]. 世界有色金属，2019(19)：226-227.
[7] 陈思奇，杨雨薇，杨其亮，李超，李瑾，吴迪，黄进. 国内土壤重金属镉污染修复技术应用现状与展望[J]. 安徽化工，2020，46(1)：8-12.
[8] 蒲生彦，上官李想，刘世宾，等. 生物炭及其复合材料在土壤污染修复中的应用研究进展[J]. 生态环境学报，2019，28(3)：629-635.
[9] 胡鹏杰，李柱，吴龙华. 我国农田土壤重金属污染修复技术、问题及对策刍议[J]. 农业现代化研究，2018，39(4)：535-542.
[10] 齐敏. 土壤污染防治的难点与策略探索[J]. 皮革制作与环保科技，2022，3(21)：137-139.
[11] 范丽逢. 土壤污染防治的重点与难点研究[J]. 皮革制作与环保科技，2022，3(2)：144-145，148.
[12] 毛玉屏. 土壤污染防治的难点与对策[J]. 湖北农机化，2021(16)：53-54.
[13] 王小芹. 土壤污染防治的难点与对策[J]. 皮革制作与环保科技，2022，3(4)：131-133.
[14] 赵崴崴. 土壤污染防治的难点与对策分析[J]. 中国战略新兴产业，2020(12)：228.
[15] 任燕，霍泽辉. 浅析土壤污染防治的难点与对策[J]. 魅力中国，2019(26)：338.
[16] 郭青. 生态保护视域下土壤污染与土壤修复问题探讨[J]. 资源节约与环保，2022(10)：25-28.
[17] 王菲菲. 土壤污染修复技术及土壤生态保护措施研究[J]. 清洗世界，2022，38(9)：146-148.
[18] 黄希望，王秋英. 探析土壤污染修复技术及土壤生态保护措施[J]. 皮革制作与环保科技，2021，2(24)：90-91，94.
[19] 丁香. 土壤污染修复技术及土壤生态保护措施研究[J]. 内蒙古煤炭经济，2021(13)：180-181.
[20] 何车轮，郭兰. 土壤污染修复技术及土壤生态保护策略[J]. 资源节约与环保，2021(5)：25-26.
[21] 张艳丽. 土壤污染修复技术及土壤生态保护措施研究[J]. 中国资源综合利用，2021，39(4)：125-127.
[22] 李东蔓，肖时珍. 探析土壤污染修复技术及土壤生态保护措施[J]. 新疆有色金属，2020，43(6)：

95-97.

[23] 宋志晓，魏楠，崔轩，等. 中国土壤污染源头管控现状及对策研究[J]. 环境科学与管理，2022，47
　　 (12)：5-9.

[24] 张倩. 示范先行，各区积极"治土"寻良方[N]. 中国环境报，2021-1-20.

[25] 李志涛，刘伟江，陈盛，等. 关于"十四五"土壤，地下水与农业农村生态环境保护的思考[J]. 中国
　　 环境管理，2020，12(4)：45-50.

[26] 孙宁，张岩坤，刘锋平，等. 深入打好"十四五"土壤污染综合防治攻坚战的思考[J]. 中国环境管
　　 理，2021，13(3)：74-78.

[27] 钟斌. 扎实推进净土保卫战[J]. 中国生态文明，2020(3)：69-71.

[28] 李吉锋. 超累积植物修复矿区土壤重金属污染研究进展[J]. 矿产保护与利用，2020(5)：138-144.

[29] 甘凤伟，王菁菁. 有色金属矿区土壤重金属污染调查与修复研究进展[J]. 矿产勘查，2018 9(5)：
　　 1023-1030.

[30] 刘敬勇，赵永久. 矿山资源开发引起的环境污染效应及其控制对策[J]. 矿产保护与利用，2007
　　 (5)：47-50.

[31] 李若愚，侯明明，卿华，等. 矿山废弃地生态恢复研究进展[J]. 矿产保护与利用，2007(1)：
　　 50-54.

[32] BAKER A J M，BROOKS R R，PEASE A J，et al. Studies on copper and cobalt tolerance in three
　　 closely related taxa with in the genus Silence L.（Caryophyllaceae）from Zaire[J]. Plant and Soil，
　　 1983，73：377-385.

[33] 刘影，伍钧，杨刚，等. 3种能源草在铅锌矿区土壤中的生长及其对重金属的富集特性[J]. 水土保
　　 持学报，2014，28(5)：291-296.

[34] 刘月莉，伍钧，唐亚，等. 四川甘洛铅锌矿区优势植物的重金属含量[J]. 生态学报，2009，29(4)：
　　 2020-2026.

[35] 陈红琳，张世熔，李婷，等. 汉源铅锌矿区植物对 Pb 和 Zn 的积累及耐性研究[J]. 农业环境科学
　　 学报，2007，26(2)：505-509.

[36] 路畅，王英辉，杨进文，等. 广西铅锌矿区土壤重金属污染及优势植物筛选[J]. 土壤通报，2010，
　　 41(6)：1471-1475.

[37] 杨肖娥，龙新宪，倪吾钟，等. 东南景天（Sedumalfredii H）一种新的锌超积累植物[J]. 科学通报，
　　 2002，47(13)：1003-1006.

[38] 原海燕，黄苏珍，郭智. 4种鸢尾属植物对铅锌矿区土壤中重金属的富集特征和修复潜力[J]. 生态
　　 环境学报，2010，19(7)：1918-1922.

[39] 邓小鹏，彭克俭，陈亚华，等. 4种茄科植物对矿区污染土壤重金属的吸收和富集[J]. 环境污染与
　　 防治，2011，33(1)：46-51.

[40] 聂发辉. 镉超富集植物商陆及其富集效应[J]. 生态环境，2006，15(2)：303-306.

[41] 刘威，束文圣，蓝崇钰. 宝山堇菜（Viola baoshanensis）—— 一种新的镉超富集植物[J]. 科学通
　　 报，2003，48(19)：2046-2049.

[42] 刘灿，邹冬生，朱佳文. 湘西铅锌矿区土壤和植物重金属污染现状[J]. 安徽农业科学，2011，39
　　 (35)：21743-21746.

[43] 赵磊. 白音诺尔铅锌矿区超富集植物筛选及其耐性研究[D]. 内蒙古：内蒙古农业大学，2009.

[44] 魏树和，周启星，王新. 超积累植物龙葵及其对镉的富集特征[J]. 环境科学，2005，26(3)：
　　 167-171.

[45] 徐华伟，张仁陟，谢永. 铅锌矿区先锋植物野艾蒿对重金属的吸收与富集特征[J]. 农业环境科学
　　 学报，2009，28(6)：1136-1141.

［46］ ZHU GX，X IAO HY，GUO QJ，et al. Heavy metal contents and enrichment characteristics of dominant plants in wasteland of the down-stream of a lead-zinc mining area in Guangxi，Southwest China ［J］. Ecotoxicology and Environmental Safety，2018，15130(4)：266-271.

［47］ WAN XM，LEI M，YANG JX，et al. Two potential multi-metal hyperaccumulators found in four mining sites in Hunan Province，China ［J］. Catena，2017，148(1)：67-73.

［48］ 僮祥英，邓锋，文竹，等. 毕节煤矸石污染地优势木本植物土壤修复能力研究［J］. 环境科学与技术，2016，39(12)：173-177.

［49］ 张前进，陈永春，安士凯. 淮南矿区土壤重金属污染的植物修复技术及植物优选［J］. 贵州农业科学，2013，41(4)：164-167.

［50］ 陈昌东，张安宁，腊明，等. 平顶山矿区矸石山周边土壤重金属污染及优势植物富集特征 ［J］. 生态环境学报，2019，28(6)：1216-1223.

［51］ 米艳华，雷梅，黎其万，等. 滇南矿区重金属污染耕地的植物修复及其健康风险 ［J］. 生态环境学报，2016，25(5)：864-871.

第5章　水环境监测概论

5.1　水环境监测概述

5.1.1　水质监测的对象和目的

水质监测分为环境水体监测和水污染源监测。环境水体包括地表水（江、河、湖、库、海水）和地下水；水污染源包括工业废水、生活污水、医院污水等。对其进行监测的目的可概括为以下几个方面：

（1）对江、河、水库、湖泊、海洋等地表水和地下水中的污染因子进行经常性的监测，以掌握水质现状及其变化趋势。

（2）对生产、生活等污（废）水排放源排放的污（废）水进行监视性监测，掌握污（废）水排放量及其污染物浓度和排放总量，评价是否符合排放标准，为污染源管理提供依据。

（3）对水环境污染事故进行应急监测，为分析判断事故原因、危害及制定对策提供依据。

（4）为政府部门制定水环境保护法规、标准规划提供有关数据和资料。

（5）为开展水环境质量评价和预测预报及进行环境科学研究提供基础数据和技术手段。

5.1.2　水环境标准体系与水质监测项目

水质监测项目要根据水体被污染情况、水体功能和污（废）水中所含污染物及经济条件等因素确定。随着科学技术和社会经济的发展，生产使用的化学物质品种不断增加，导致进入水体的污染物质种类繁多，特别是那些持久性有毒有机污染物，如艾氏剂、狄氏剂、DDT、毒杀芬等农药，多氯联苯类、酞酸酯类等雌性激素，以及苯并（a）芘等多环芳烃类，它们的含量虽然低，但具有致畸、致突变、致癌、引起遗传变异等危害作用，受到世界各国的高度重视，被列为优先监测污染物。下文将结合我国水环境管理的标准体系，介绍我国水质标准中列出的监测项目，这些项目影响范围广、危害大，已建立可靠的分析测定方法。

5.1.2.1　地表水监测项目

（1）江河、湖泊、渠道和水库监测

《地表水环境质量标准》GB 3838—2002 中规定，为满足地表水各类使用功能和生态环境质量要求，将监测项目分为基本项目、集中式生活饮用水地表水源地补充项目、集中式生活饮用水地表水源地特定项目三类。

基本项目包括：水温、pH、溶解氧、高锰酸盐指数、化学需氧量、五日生化需氧量、氨氮、总氮（湖、库）、总磷、铜、锌、硒、砷、汞、镉、铅、铬、氟化物、氰化物、硫化物、挥发酚、石油类、阴离子表面活性剂、粪大肠菌群。

集中式生活饮用水水源地补充项目包括：硫酸盐、氯化物、硝酸盐、铁、锰。

集中式生活饮用水水源地特定项目包括：三氯甲烷、四氯化碳、三溴甲烷、二氯甲烷、1,2-二氯乙烷、环氧氯丙烷、氯乙烯、1,1-二氯乙烯、1,2-二氯乙烯、三氯乙烯、四氯乙烯、氯丁二烯、六氯丁二烯、苯乙烯、甲醛、乙醛、丙烯醛、三氯乙醛、苯、甲苯、乙苯、二甲苯、异丙苯、氯苯、1,2-二氯苯、1,4-二氯苯、三氯苯、四氯苯、六氯苯、硝基苯、二硝基苯、2,4-二硝基甲苯、2,4,6-三硝基甲苯、硝基氯苯、2,4-二硝基氯苯、2,4-二氯苯酚、2,4,6-三氯苯酚、五氯酚、苯胺、联苯胺丙烯酰胺、丙烯腈、邻苯二酯、水合肼、四乙基铅、吡啶、松节油、苦味酸、丁基黄原酸、活性氯、滴滴涕、林丹、环氧七氯、对硫磷、甲基对硫磷、马拉硫磷、乐果、敌敌畏、敌百虫、内吸磷、百菌清、甲萘威、溴氰菊酯、阿特拉津、苯并（a）芘、甲基汞、多氯联苯、微囊藻毒素-LR、黄磷、钼、钴、铍、硼、锑、镍、钡、钒、钛和铊。

（2）海水监测项目

《海水水质标准》GB 3097—1997 按照海域的不同使用功能和保护目标，将水质分为四类，其监测项目为：水温、漂浮物质、悬浮物质、鱼、嗅和味、溶解氧、化学需氧量、生化需氧量、汞、镉、铅、铬（六价）、总铬、铜、锌、硒、砷、镍、氰化物、硫化物、活性磷酸盐、无机氮、非离子氨、挥发性酚、石油类、六六六、滴滴涕、马拉硫磷、甲基对硫磷、苯并（a）芘、阴离子表面活性剂、大肠菌群、粪大肠菌群、病原体、放射性核素。

5.1.2.2 生活饮用水监测项目

我国《生活饮用水卫生标准》GB 5749 现已更新到 2022 年版本，GB 5749—2022 于2023 年 4 月 1 日正式实施，其规定了生活饮用水水质要求、生活饮用水水源水质要求、集中式供水单位卫生要求、二次供水卫生要求、涉及饮用水卫生安全的产品卫生要求、水质检验方法。该标准适用于各类生活饮用水，水质指标由 GB 5749—2006 的 106 项调整为 97 项，包括常规指标 43 项和扩展指标 54 项。

（1）常规指标监测项目

常规指标是指反映生活饮用水水质基本状况的指标，包括 3 项微生物指标（总大肠菌群、大肠埃希氏菌、菌落总数），18 项毒理指标（砷、镉、六价铬、铅、汞等），16 项感官性状和一般化学指标（色度、浑浊度、臭和味、pH、铝、铁等），2 项放射性指标（总α放射性、总β放射性），4 项与消毒剂相关的指标（游离氯、总氯、臭氧、二氧化氯）。

（2）拓展指标监测项目

扩展指标是指反映地区生活饮用水水质特征及在一定时间内或特殊情况下水质状况的指标。其中，微生物指标 2 项（贾第鞭毛虫、隐孢子虫），毒理指标 90 项（锑、钡、铍、硼、苯、甲苯、氯乙烯、微囊藻毒素 LR 等），感官性状和一般化学指标 5 项（钠、挥发酚类、阴离子合成洗涤剂、2-甲基异莰醇、土臭素）。

5.1.2.3 污（废）水监测项目

不同行业排放的污（废）水监测项目有相同的，也有不同的。《污水综合排放标准》GB 8978—1996 适用于矿山开采、有色金属冶炼及加工、焦化、石油化工（包括炼制）、合成洗涤剂、制革、发酵及酿造、纤维、制药、农药等工业及电影洗片、医院等行业，其

将监测项目分为两类:

第一类污染物:不分行业和污水排放方式,也不分受纳水体的功能类别,一律在车间或车间处理设施排放口采样测定的污染物,包括总汞、烷基汞、总镉、总铬、六价铬、总砷、总铅、总镍、苯并(a)芘、总铍、总银、总 α 放射性、总 β 放射性。

第二类污染物:在排污单位排放口采样测定的污染物,包括 pH、色度、悬浮物、生化需氧量、化学需氧量、石油类、动植物油、挥发性酚、总氰化物、硫化物、氨氮、氟化物、磷酸盐、甲醛、苯胺类、硝基苯类、阴离子表面活性剂、总铜、总锌、总锰、彩色显影剂、显影剂及氧化物总量、磷、有机磷农药、乐果、对硫磷、甲基对硫磷、马拉硫磷、五氯酚及五氯酚钠、可吸附有机卤化物、三氯甲烷、四氯化碳、三氯乙烯、四氯乙烯、苯、甲苯、乙苯、邻-二甲苯、对-二甲苯、间-二甲苯、氯苯、邻-二氯苯、对-二氯苯、对-硝基氯苯、2,4-二硝基氯苯、苯酚、间-甲酚、2,4-二氯酚、2,4,6-三氯酚、邻苯二甲酸二丁酯、邻苯二甲酸二辛酯、丙烯腈、总硒、粪大肠菌群数、总余氯、总有机碳。

另外,还需测量污(废)水排放量;对于排放含有放射性物质的污(废)水,还需测定辐射防护标准要求测定的项目。

5.2　水质监测方案的制定

监测方案是完成一项监测任务的程序和技术方法的总体设计。制定时须首先明确监测目的,然后在调查研究的基础上确定监测项目,布设监测网(点),合理安排采样频率和采样时间,选定采样方法和分析测定技术,提出监测报告要求,制定质量控制和保证措施及实施计划等。下文将结合不同水体类型,介绍水质监测方案的制定过程。

5.2.1　地面水水质监测方案的制定

5.2.1.1　基础资料的收集

在制定监测方案之前,应尽可能完备地收集拟监测水体及所在区域的有关资料,主要有:

(1)水体的水文、气候、地质和地貌资料。如水位、水量、流速及流向的变化;降雨量、蒸发量及历史上的水情;河流的宽度、深度、河床结构及地质状况;湖泊沉积物的特性、间温层分布、等深线等。

(2)水体沿岸城市分布、工业布局、污染源及其排污情况、城市给排水情况等。

(3)水体沿岸的资源现状和水资源的用途;饮用水源分布和重点水源保护区;水体流域土地功能及近期使用计划等。

(4)历年水质监测资料。

5.2.1.2　监测断面和采样点的设置

(1)设置原则

1)在对调查研究结果和有关资料进行综合分析的基础上,根据水体尺度范围,考虑代表性、可控性及经济性等因素,确定断面类型和采样点数量,并不断优化。

2)有大量污(废)水排入江河的主要居民区、工业区的上游和下游,支流与干流汇合处,入海河流河口及受潮汐影响河段,国际河流出入国境线出入口,湖泊、水库出入口,应设置监测断面。

3）饮用水源地和流经主要风景游览区、自然保护区，以及与水质有关的地方病发病区、严重水土流失区及地球化学异常区的水域或河段，应设置监测断面。

4）监测断面的位置要避开死水区、回水区、排污口处，尽量选择水流平稳、水面宽阔、无浅滩的顺直河段。

5）监测断面应尽可能与水文测量断面一致，要求有明显岸边标志。

（2）河流监测断面的布设

为评价完整江河水系的水质，需要设置背景断面、对照断面、控制断面和削减断面。对于某一河段，只需设置对照、控制和削减（或过境）三种断面，如图5-1所示。

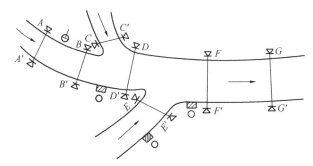

→ 水流方向；⊕ 自来水厂取水口；○ 污染源；▨ 排污口；A–A'对照断面；
B–B'、C–C'、D–D'、E–E'、F–F'控制断面；G–G'削减断面

图 5-1 河流监测断面设置示意图

1）背景断面：设在基本上未受人类活动影响的河段，用于评价完整水系污染程度。

2）对照断面：为了解流入监测河段前的水体水质状况而设置。这种断面应设在河流进入城市或工业区以前的地方，避开各种废水、污水流入或回流处。一个河段一般只设一个对照断面。有主要支流时可酌情增加。

3）控制断面：为评价监测河段两岸污染源对水体水质影响而设置。控制断面的数量应根据城市的工业布局和排污口分布情况而定，设在排污区（口）下游污水与河水基本混匀处。在流经特殊要求地区（如饮用水源地、风景游览区等）的河段上也应设置控制断面。

4）削减断面：是指河流受纳废水和污水后，经稀释扩散和自净作用，使污染物浓度显著降低的断面，通常设在城市或工业区最后一个排污口下游1500m以外的河段上。

另外，有时为特定的环境管理需要，如定量化考核、监视饮用水源和流域污染源限期达标排放等，还要设管理断面。

（3）湖泊、水库监测垂线（或断面）的布设

湖泊、水库通常只设监测垂线，当水体复杂时，可参照河流的有关规定设置监测断面。

1）在湖（库）的不同水域，如进水区、出水区、深水区、湖心区、岸边区，按照水体类别和功能设置监测垂线。

2）湖（库）若无明显功能区别，可用网格法均匀设置监测垂线，其垂线数根据湖（库）面积、湖内形成环流的水团数及入湖（库）河流数等因素酌情确定。

（4）海洋

根据污染物在较大面积海域分布不均匀性和局部海域的相对均匀性的时空特征，在调查研究的基础上，运用统计方法将监测海域划分为污染区、过渡区和对照区，在三类区域分别设置适量监测断面和采样垂线。

（5）采样点位的确定

设置监测断面后，应根据水面的宽度确定断面上的采样垂线，再根据采样垂线处水深确定采样点的数目和位置。

对于江、河水系，当水面宽≤50m 时，只设一条中泓垂线；水面宽 50～100m 时，在左右近岸有明显水流处各设一条垂线；水面宽>100m 时，设左、中、右三条垂线（中泓及左、右近岸有明显水流处），如证明断面水质均匀时，可仅设中泓垂线。

在一条垂线上，当水深<5m 时，只在水面下 0.5m 处设一个采样点，水深不足 1m 时，在 1/2 水深处设采样点；水深 5～10m 时，在水面下 0.5m 处和河底以上 0.5m 处各设一个采样点；水深>10m 时，设 3 个采样点，即水面下 0.5m 处、河底以上 0.5m 处及 1/2 水深处各设一个采样点。

湖泊、水库监测垂线上采样点的布设与河流相同，但如果存在温度分层现象，应先测定不同水深处的水温、溶解氧等参数，确定分层情况后，再决定垂线上采样点位和数目，一般除在水面下 0.5m 处和水底以上 0.5m 处设点外，还要在每一斜温分层 1/2 处设点。

海域的采样点也根据水深分层设置，如水深 50～100m，在表层、10m 层、50m 层和底层设采样点。

监测断面和采样点位确定后，其所在位置应有固定的天然标志物；如果没有天然标志物，则应设置人工标志物，或采样时用定位仪（GPS）定位，使每次采集的样品都取自同一位置，保证其代表性和可比性。

5.2.1.3　采样时间和采样频率的确定

为使采集的水样能够反映水质在时间和空间上的变化规律，必须合理地安排采样时间和采样频率，我国水质监测规范要求如下：

（1）饮用水源地全年采样监测 12 次，采样时间根据具体情况选定。

（2）对于较大水系干流和中、小河流，全年采样监测次数不少于 6 次。采样时间为丰水期、枯水期和平水期，每期采样两次。流经城市或工业区、污染较重的河流、游览水域，全年采样监测不少于 12 次。采样时间为每月一次或视具体情况选定。

（3）潮汐河流全年在丰、枯、平水期采样监测，每期采样两天，分别在大潮期和小潮期进行，每次应采集当天涨、退潮水样分别测定。

（4）设有专门监测站的湖泊、水库，每月采样监测一次，全年不少于 12 次。其他湖、库全年采样监测两次，枯、丰水期各 1 次。有污（废）水排入，污染较重的湖、库应酌情增加采样次数。

（5）背景断面每年采样监测一次，在污染可能较重的季节进行。

（6）排污渠每年采样监测不少于 3 次。

（7）海水水质常规监测，每年按丰、平、枯水期或季度采样监测 2～4 次。

5.2.2　地下水水质监测方案的制定

储存在土壤和岩石空隙（孔隙、裂隙、溶隙）中的水统称地下水。地下水埋藏在地层的不同深度，相对地面水而言，其流动性和水质参数的变化比较缓慢。地下水水质监测方案的制定过程与地面水基本相同。

5.2.2.1 调查研究和收集资料

（1）收集、汇总监测区域的水文、地质、气象等方面的有关资料和以往的监测资料。例如，地质图、剖面图、测绘图、水井的成套参数、含水层、地下水补给、径流和流向，以及温度、湿度、降水量等。

（2）调查监测区域内城市发展、工业分布、资源开发和土地利用情况，尤其是地下工程规模、应用等；了解化肥和农药的施用面积和施用量；查清污水灌溉、排污、纳污和地面水污染现状。

（3）测量或查知水位、水深，以确定采水器和泵的类型、所需费用和采样程序。

（4）在完成以上调查的基础上，确定主要污染源和污染物，并根据地区特点与地下水的主要类型把地下水分成若干个水文地质单元。

5.2.2.2 采样点的布设

由于地质结构复杂，使地下水采样点的布设也变得复杂。地下水一般呈分层流动，侵入地下水的污染物、渗滤液等可沿垂直方向运动，也可沿水平方向运动。同时，各深层地下水（也称承压水）之间也会发生串流现象。因此，布点时不但要掌握污染源分布、类型和污染物扩散条件，还要弄清地下水的分层和流向等情况。通常布设两类采样点，即对照监测井和控制监测井群。监测井可以是新打的，也可利用已有的水井。

对照监测井：设在地下水流向的上游不受监测地区污染源影响的地方。

控制监测井：设在污染源周围不同位置，特别是地下水流向的下游方向。渗坑、渗井和堆渣区的污染物，在含水层渗透性较大的地方易造成带状污染，此时可沿地下水流向及其垂直方向分别设采样点；在含水层渗透小的地方易造成点状污染，监测井宜设在近污染源处。污灌区等面状污染源易造成块状污染，可采用网格法均匀布点。排污沟等线状污染源，可在其流向两岸适当地段布点。

5.2.2.3 采样时间和采样频率的确定

对于常规性监测，要求在丰水期和枯水期分别采样测定；有条件的地区根据地方特点，可按四季采样测定；已建立长期观测点的地方可按月采样测定。一般每一采样期至少采样监测一次；对饮用水源监测点，每一采样期应监测两次，其间隔至少10d；对于有异常情况的监测井，应酌情增加采样监测次数。

5.2.3 水污染源监测方案的制定

水污染源包括工业废水、城市污水等。在制定监测方案时，首先也要进行调查研究，收集有关资料，查清用水情况、废水或污水的类型、主要污染物及排污去向和排放量，车间、工厂或地区的排污口数量及位置，废水处理是否排入江、河、湖、海，流经区域是否有渗坑等。然后进行综合分析，确定监测项目、监测点位。选定采样时间和频率、采样和监测方法及技术，制定质量保证程序、措施和实施计划等。

5.2.3.1 采样点的设置

水污染源一般经管道或渠、沟排放，截面积比较小，不需要设置监测断面，可直接确定采样点位。

（1）工业废水

1）监测一类污染物：在车间或车间处理设施的废水排放口设置采样点。

2）监测二类污染物：在工厂废水总排放口布设采样点。

已有废水处理设施的工厂，在处理设施的总排放口布设采样点。如需了解废水处理效果，还要在处理设施进口设采样点。

（2）城市污水

1）城市污水管网：采样点应设在非居民生活排水支管接入城市污水干管的检查井、城市污水干管的不同位置、污水进入水体的排放口等。

2）城市污水处理厂：在污水进口和处理后的总排口布设采样点。如需监测各污水处理单元效率，应在各处理设施单元的进、出口分别设采样点。另外，还需设污泥采样点。

5.2.3.2　采样时间和采样频率

工业废水和城市污水的排放量和污染物浓度随工厂生产及居民生活情况常发生变化，采样时间和频率应根据实际情况确定。

（1）工业废水

企业自控监测频率根据生产周期和生产特点确定，一般每个生产周期不得少于 3 次。确切频率由监测部门进行加密监测，获得污染物排放曲线（浓度-时间、流量-时间、总量-时间）后确定。监测部门监督性监测每年不少于 1 次。如被国家或地方环境保护行政主管部门列为年度监测的重点排污单位，每年应增加到 2～4 次。

（2）城市污水

对城市管网污水，可在一年的丰、平、枯水季，从总排放口分别采集一次流量比例混合样测定，每次进行 1 昼夜，每 4h 采一次样。在城市污水处理厂，为指导调节处理工艺参数和监督外排水水质，每天都要从部分处理单元和总排放口采集污水样，对一些项目进行例行监测。

5.3　水样的采集与保存

5.3.1　水样的类型

（1）瞬时水样

瞬时水样是指在某一时间和地点从水体中随机采集的分散水样。当水体水质稳定，或其组分在相当长的时间或相当大的空间范围内变化不大时，瞬时水样具有很好的代表性；当水体组分及含量随时间和空间变化时，就应隔时、多点采集瞬时样，分别进行分析，摸清水质的变化规律。

（2）混合水样

混合水样是指在同一采样点于不同时间所采集的瞬时水样混合后的水样，有时称"时间混合水样"，以与其他混合水样相区别。这种水样在观察平均浓度时非常有用，但不适用于被测组分在贮存过程中发生明显变化的水样。

如果水的流量随时间变化，必须采集流量比例混合样，即在不同时间依照流量大小按比例采集的混合样。可使用专用流量比例采样器采集这种水样。

（3）综合水样

把在不同采样点同时采集的各个瞬时水样混合后，所得到的样品称为综合水样。这种水样在某些情况下更具有实际意义。例如，当为几条排污河、渠建立综合治理方案时，以综合水样取得的水质参数作为设计的依据更为合理。

5.3.2 地表水样的采集

（1）采样前的准备

采样前，要根据拟监测项目的性质和采样方法的要求，选择适宜材质的盛水容器和采样器，并清洗干净。此外，还需准备好船只等交通工具。对于采样器具的材质要求为：化学性能稳定、大小和形状适宜、不吸附拟测组分、容易清洗并可反复使用。

（2）采样方法和采样器（或采水器）

1）在河流、湖泊、水库、海洋中采样。常乘监测船或采样船、手划船等交通工具到采样点采集，也可涉水和在桥上采集。

2）采集表层水水样。可用适当的容器，如塑料桶等直接采集。

3）采集深层水水样。可用简易采水器、深层采水器、采水泵、自动采水器等。图 5-2 所示为一种简易采水器，将其沉降至所需深度（可从提绳上的标度看出），上提提绳打开瓶塞，待水充满采样瓶后提出。图 5-3 所示是一种用于急流水的采水器，它是将一根长钢管固定在铁框上，管内装一根橡胶管，胶管上部用夹子夹紧，下部与瓶塞上的短玻璃管相连，瓶塞上另有一长玻璃管通至采样瓶近底处。采样前塞紧橡胶塞，然后沿船身垂直伸入要求水深处，打开上部橡胶管夹，水样即沿长玻璃管流入样品瓶中，瓶内空气由短玻璃管沿橡胶管排出。这样采集的水样也可用于测定水中溶解性气体，因为它是与空气隔绝的。

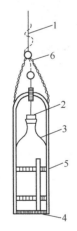

图 5-2 简易采水器

1—绳子；2—带有软绳的橡胶塞；
3—采样瓶；4—铅锤；5—铁框；
6—挂钩

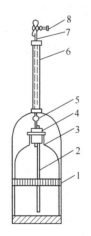

图 5-3 急流采水器

1—铁框；2—长玻璃管；3—采样瓶；4—橡胶塞；
5—短玻璃管；6—钢管；7—橡胶管；8—夹子

5.3.3 地下水样的采集

（1）井水

当从监测井中采集水样时，常利用抽水机设备。启动后，先放水数分钟，将积留在管道内的陈旧水排出，然后用采样容器（已预先洗净）接取水样。对于无抽水设备的水井，可选择适合的采水器采集水样，如深层采水器、自动采水器等。

（2）泉水、自来水

对于自喷泉水，在涌水口处直接采样。对于不自喷泉水，用采集井水水样的方法采样。对于自来水，先将水龙头完全打开，将积存在管道中的陈旧水排出后再采样。地下水的水质比较稳定，一般采集瞬时水样即能有较好的代表性。

5.3.4　采集水样注意事项

（1）测定悬浮物、pH、溶解氧、生化需氧量、油类、硫化物、余氯、放射性、微生物等项目需要单独采样。其中，测定溶解氧、生化需氧量和有机污染物等项目的水样必须充满容器。pH、电导率、溶解氧等项目宜在现场测定。另外，采样时还需同步测量水文和气象参数。

（2）采样时必须认真填写采样登记表。每个水样瓶都应贴上标签（填写采样点编号、采样日期和时间，测定项目等），要塞紧瓶塞，必要时严格密封。

5.3.5　水样的运输与保存

（1）水样的运输

水样采集后，必须尽快送回实验室。根据采样点的地理位置和测定项目最长可保存时间，选用适当的运输方式，并做到以下两点：

1）为避免水样在运输过程中振动、碰撞导致损失或玷污，应将其装箱，并用泡沫塑料或纸条挤紧，在箱顶贴上标记。

2）需冷藏的样品，应采取制冷保存措施。冬季应采取保温措施，以免冻裂样品瓶。

（2）水样的保存方法

各种水质的水样，从采集到分析测定这段时间内，由于环境条件的改变，以及微生物新陈代谢活动和化学作用的影响，会引起水样某些物理参数及化学组分的变化，不能及时运输或尽快分析时，则应根据不同监测项目的要求，放在由性能稳定的材料制作的容器中，采取适宜的保存措施。

1）冷藏或冷冻法

冷藏或冷冻的作用是抑制微生物活动，减缓物理挥发和化学反应速度。

2）加入化学试剂保存法

① 加入生物抑制剂：如在测定氨氮、硝酸盐氮、化学需氧量的水样中加入 $HgCl_2$，可抑制生物的氧化还原作用；对测定酚的水样，用 H_3PO_4 调至 pH 为 4 时，加入适量 $CuSO_4$，即可抑制苯酚菌的分解活动。

② 调节 pH：测定金属离子的水样常用 HNO_3 酸化至 pH 为 1～2，既可防止重金属离子水解沉淀，又可避免金属被器壁吸附；测定氰化物或挥发性酚的水样加入 NaOH 调至 pH 为 12 时，使之生成稳定的酚盐等。

③ 加入氧化剂或还原剂：如测定汞的水样需加入 HNO_3（至 pH<1）和 $K_2Cr_2O_7$（0.05%），使汞保持高价态；测定硫化物的水样，加入抗坏血酸，可以防止被氧化；测定溶解氧的水样，则需加入少量硫酸锰和碘化钾固定溶解氧（还原）等。

应当注意，加入的保存剂不能干扰以后的测定。保存剂的纯度最好是优级纯的，还应作相应的空白试验，对测定结果进行校正。

水样的保存期限与多种因素有关，如组分的稳定性、浓度、水样的污染程度等。表 5-1 列出了我国现行保存方法和保存期。

水样保存方法和保存期 表 5-1

测定项目	容器材质	保存方法	保存期	备注
浊度	P 或 G	4℃，暗处	24h	尽量现场测定
色度	P 或 G	4℃	48h	尽量现场测定
pH	P 或 G	4℃	12h	尽量现场测定
电导	P 或 G	4℃	24h	尽量现场测定
悬浮物	P 或 G	4℃，暗处	7d	
碱度	P 或 G	4℃	24h	
酸度	P 或 G	4℃	24h	
高锰酸盐指数	G	加 H_2SO_4，使 pH<2，4℃	48h	
COD	G	加 H_2SO_4，使 pH<2，4℃	48h	
BOD5	溶解氧瓶（G）	4℃，避光	6h	最长不超过 24h
DO	溶解氧瓶（G）	加 $MnSO_4$、碱性 $KI-NaN_3$ 溶液固定，4℃，暗处	24h	尽量现场测定
TOC	G	加 H_2SO_4，使 pH<2，4℃	7d	常温下保存 24h
氟化物	P	4℃，避光	14d	
氯化物	P 或 G	4℃，避光	30d	
氰化物	P	加 NaOH，使 pH>12，4℃，暗处	24h	
硫化物	P 或 G	加 NaOH 和 $Zn(AC)_2$ 溶液固定，避光	24h	
硫酸盐	P 或 G	4℃，避光	7d	
正磷酸盐	P 或 G	4℃	24h	
总磷	P 或 G	加 H_2SO_4，使 pH≤2	24h	
氨氮	P 或 G	加 H_2SO_4，使 pH<2，4℃	24h	
亚硝酸盐	P 或 G	4℃，避光	24h	尽快测定
硝酸盐	P 或 G	4℃，避光	24h	
总氮	P 或 G	加 H_2SO_4，使 pH<2，4℃	24h	
铍	P 或 G	加 HNO_3，使 pH<2；污水加至 1%	14d	
铜、锌、铅、镉	P 或 G	加 HNO_3，使 pH<2；污水加至 1%	14d	
铬（六价）	P 或 G	加 NaOH 溶液，使 pH=8~9	24h	尽快测定
砷	P 或 G	加 H_2SO_4，使 pH<2；污水加至 1%	14d	
汞	P 或 G	加 HNO_3，使 pH≤1；污水加至 1%	14d	
硒	P 或 G	4℃	24h	尽快测定
油类	G	加 HCl，使 pH<2，4℃	7d	不加酸，24h 内测定
挥发性有机物	G	加 HCl，使 pH<2，4℃，避光	24h	
酚类	G	加 H_3PO_4，使 pH<2，加抗坏血酸，4℃，避光	24h	
硝基苯类	G	加 H_2SO_4，使 pH=1~2，4℃	24h	尽快测定
农药类	G	加抗坏血酸除余氯，4℃，避光	24h	
除草剂类	G	加抗坏血酸除余氯，4℃，避光	24h	
阴离子表面活性剂	P 或 G	4℃，避光	24h	
微生物	G	加 $Na_2S_2O_3$ 溶液除余氯，4℃	12h	
生物	G	用甲醛固定，4℃	12h	

注：G 为硬质玻璃瓶；P 为聚乙烯瓶（桶）。

（3）水样的过滤或离心分离

如拟测定水样中某组分的全量，采样后立即加入保存剂，分析测定时充分摇匀后再取样。如果测定溶解态组分含量，所采水样应用 0.45μm 微孔滤膜过滤，除去藻类和细菌，提高水样的稳定性，有利于保存。如果测定不可过滤的金属时，应保留过滤水样时的滤膜备用。对于泥沙型水样，可用离心方法处理。对含有机质多的水样，可用滤纸或砂芯漏斗过滤。用自然沉降后取上清液测定溶解态组分的方法是不恰当的。

5.4　水环境指标的测定方法

5.4.1　常规物理指标测定

5.4.1.1　水温

水的许多物理化学性质与水温有密切关系，如密度、黏度、盐度、pH、气体的溶解度、化学和生物化学反应速率以及生物活动等都受水温变化的影响。水温的测量对水体自净、热污染判断及水处理过程的运行控制等都具有重要的意义。

水的温度因水源不同而有很大差异。地下水的温度比较稳定，当距地表 10~25m 时，水温通常为 2~8℃；地面水温度随季节和气候变化较大，变化范围为 0~30℃；工业废水的温度因工业类型、生产工艺不同有很大差别。

水温测量应在现场进行。常用的测量仪器有水温计、颠倒温度计和热敏电阻温度计。各种温度计应定期校核。

（1）水温计法

水温计是安装于金属半圆槽壳内的水银温度表，下端连接一金属贮水杯，温度表水银球部悬于杯中，其顶端的槽壳带一圆环，拴以一定长度的绳子。测温范围通常为 −6~41℃，最小分度为 0.2℃。测量时将其插入预定深度的水中，放置 5min 后，保持在测量水位处读数。

（2）颠倒温度计法

颠倒温度计（闭式）用于测量深层水温度，一般装在采水器上使用。它由主温表和辅温表组装在厚壁玻璃套管内构成。主温表是双端式水银温度计，用于测量水温；辅温表为普通水银温度计，用于校正因环境温度改变而引起的主温表读数变化。测量时，将装有这种温度计的颠倒采水器沉入预定深度处，感温 10min 后，由"使锤"打开采水器的"撞击开关"，使采水器完成颠倒动作，提出水面，立即读取主、辅温度表的读数，经校正后获得实际水温。

5.4.1.2　臭和味

清洁的地表水、地下水和生活饮用水都要求不得有异臭、异味，而被污染的水往往会有异臭、异味。水中异臭和异味主要来源于工业废水和生活污水中的污染物、天然物质的分解或与之有关的微生物活动等。

无臭无味的水虽然不能保证不含污染物，但有利于使用者对水质的信任，也是人类对水的美学评价的感官指标。其主要测定方法有定性描述法和阈值法。

（1）定性描述法

臭检验方法：取 100mL 水样于 250mL 锥形瓶中，检验人员依靠自己的嗅觉，分别在

20℃和煮沸稍冷后闻其气味，用适当的词语描述嗅味特征。如芳香、氯气、硫化氢、泥土、霉烂等气味或没有任何气味，并按表 5-2 划分的等级报告臭强度。

臭强度等级   表 5-2

等级	强度	说明
0	无	无任何气味
1	微弱	一般人难以察觉，嗅觉灵敏者可以察觉
2	弱	一般人刚能察觉
3	明显	已能明显察觉
4	强	有显著的臭味
5	很强	有强烈的恶臭或异味

只有清洁的水或确认经口接触对人体健康无害的水样才能进行味的检验。其检验方法是分别取少量 20℃和煮沸冷却后的水样放入口中，尝其味道，用适当词语（酸、甜、咸、苦、涩等）描述，并参照表 5-2 记录味的强度。

（2）臭阈值法

用无臭水稀释水样，当稀释到刚能闻出臭味时的稀释倍数称为"臭阈值"。

检验操作要点：用水样和无臭水在具塞锥形瓶中配制系列稀释水样，在水浴上加热至 60 ± 1℃。取下锥形瓶，振荡 2~3 次，去塞，闻其气味，与无臭水比较，确定刚好闻出臭味的稀释水样，计算臭阈值。如水样含余氯，应在脱氯前后各检验一次。

由于不同检验人员嗅的敏感程度有差异，检验结果会不一致。因此，一般选择 5 名以上嗅觉灵敏的检验人员同时检验，取其检验结果的几何平均值作为代表值。此外，要求检臭人员在检臭前避免外来气味的刺激。

一般用自来水通过颗粒状活性炭吸附制取无臭水。自来水中含余氯时，用硫代硫酸钠溶液滴定脱除，也可将蒸馏水煮沸除臭后做无臭水。

5.4.1.3 色度

色度和浊度都是水质的外观指标。纯水无色透明，天然水中含有泥土、有机质、无机矿物质、浮游生物等，往往呈现一定的颜色。工业废水含有染料、生物色素、有色悬浮物等，是环境水体着色的主要来源。有颜色的水减弱水的透光性，影响水生生物生长和观赏的价值。

水的颜色分为表色和真色。真色指去除悬浮物后水的颜色，没有去除悬浮物的水具有的颜色称为表色。对于清洁或浊度很低的水，真色和表色相近；对于着色深的工业废水或污水，真色和表色差别较大。水的色度一般是指真色。水的颜色常用以下方法测定。

（1）铂钴标准比色法

该方法用氯铂酸钾与氯化钴配成标准色列，与水样进行目视比色确定水样的色度。规定每升水中含 1mg 铂和 0.5mg 钴所具有的颜色为 1 个色度单位，称为 1 度。因氯铂酸钾昂贵，故可用重铬酸钾代替氯铂酸钾，用硫酸钴代替氯化钴，配制标准色列。如果水样浑浊，应放置澄清，也可用离心法或用孔径 0.45μm 的滤膜过滤除去悬浮物，但不能用滤纸过滤。

该方法适用于清洁的、带有黄色色调的天然水和饮用水的色度测定。如果水样中有泥土或其他分散很细的悬浮物，用澄清、离心等方法处理仍不透明时，则测定表色。

（2）稀释倍数法

该方法适用于受工业废水污染的地面水和工业废水颜色的测定。测定时，首先用文字描述水样的颜色种类和深浅程度，如深蓝色、棕黄色、暗黑色等。然后取一定量的水样，用蒸馏水稀释到刚好看不到颜色，以稀释倍数表示该水样的色度，单位为倍。所取水样应无树叶、枯枝等杂物。取样后应尽快测定，否则应冷藏保存。

还可以用国际照明委员会（CIE）制定的分光光度法测定水样的色度，其结果可定量描述颜色的特征。

5.4.1.4　浊度

浊度是反映水中的不溶解物质对光线透过时阻碍程度的指标，通常仅用于天然水和饮用水，而污水和废水中不溶物质含量高，一般要求测定悬浮物。测定浊度的方法有目视比浊法、分光光度法、浊度计法等。

（1）目视比浊法

1）方法原理

将水样与用精制的硅藻（或白陶土）配制的系列浊度标准溶液进行比较来确定水样的浊度。规定 1000mL 水中含 1mg 一定粒度的硅藻所产生的浊度为一个浊度单位，简称"度"

2）测定要点

① 用通过 0.1mm 筛孔（150 目），并经烘干的硅藻土和蒸馏水配制浊度标准贮备液。

② 视水样浊度高低，用浊度标准贮备液和具塞比色管或具塞无色玻璃瓶配制系列浊度标准溶液。

③ 取与系列浊度标准溶液等体积的摇匀水样或稀释水样，置于与之同规格的比浊器皿中，与系列浊度标准溶液比较，选出与水样产生视觉效果相近的标准液，即为水样的浊度。如用稀释水样，测得浊度应再乘以稀释倍数。

浊度高低不仅与水中的溶解物质数量、浓度有关，而且与不溶物质颗粒大小、形状、对光散射特性及水样放置时间、水温、pH 等有关。

（2）分光光度法

1）方法原理

以甲臜聚合物（由硫酸肼 $[(NH_2)_2 \cdot H_2SO_4]$ 和六次甲基四胺反应而成）配制标准浊度溶液，用分光光度计于 680nm 波长处测其吸光度，与在同样条件下测定水样的吸光度比较，得知其浊度。

2）测定要点

① 取浓度为 10mg/mL 的硫酸肼溶液和浓度为 100mg/mL 的六次甲基四胺溶液各 5.00mL 于 100mL 容量瓶中，混匀，于 25±3℃下反应 24h，冷却后用无浊度水稀释至刻度，制得浊度为 400 甲臜浊度单位（NTU）的储备液。

② 用甲臜标准贮备液配制系列浊度标准溶液（浊度范围视水样浊度大小决定）。

③ 用分光光度计于 680nm 波长处，以无浊度水作参比，测定系列浊度标准溶液的吸光度，绘制标准曲线。

④ 将水样摇匀，按照测定系列浊度标准溶液方法测其吸光度，并由标准曲线上查得

相应浊度。

（3）浊度仪法

浊度仪是通过测量水样对一定波长光的透射或散射强度而实现浊度测定的专用仪器，有透射光式浊度仪、散射光式浊度仪和透射光—散射光式浊度仪。透射光式浊度仪测定原理同分光光度法，其连续自动测量式采用双光束（测量光束与参比光束），以消除光源强度等条件变化带来的影响。

散射光式浊度仪测定原理：当光射入水样时，构成浊度的颗粒物对光发生散射，散射光强度与水样的浊度成正比。按照测量散射光位置的不同，这类仪器有两种形式：一种是在与入射光垂直的方向上测量，如根据国际标准 ISO 7027 设计的便携式浊度计，以发射高强度 890nm 波长的红外发光二极管为光源，将光电传感器放在与发射光垂直的位置上，用电脑进行数据处理，可进行自检和直接读出水样的浊度值；另一种是测量水样表面上的散射光，称为表面散射式浊度仪。

透射光-散射光式浊度仪基于同时测量透射光和散射光强度，可根据其比值测定浊度。用这种仪器测定浊度，受水样色度影响小。

5.4.1.5 酸度和碱度

（1）酸度

酸度是指水中所含能与强碱发生中和作用的物质的总量。这类物质包括无机酸、有机酸、强酸弱碱盐等。

地面水中，由于溶入二氧化碳或被机械、选矿、电镀、农药、印染、化工等行业排放的含酸废水污染，使水体 pH 降低，破坏了水生生物和农作物的正常生活及生长条件，造成鱼类死亡，作物受害。所以，酸度是衡量水体水质的一项重要指标。

测定酸度的方法有酸碱指示剂滴定法和电位滴定法。

1）酸碱指示剂滴定法

用标准氢氧化钠溶液滴定水样至一定 pH，根据其所消耗的量计算酸度随所用指示剂不同，通常分为两种酸度：一是用酚酞作指示剂（其变色 pH 为 8.3），测得的酸度称为总酸度（酚酞酸度），包括强酸和弱酸；二是用甲基橙作指示剂（变色 pH 约为 3.7），测得的酸度称强酸酸度或甲基橙酸度。酸度单位用 mg/L 表示（以 $CaCO_3$ 计）。

2）电位滴定法

以 pH 玻璃电极为指示电极，甘汞电极为参比电极，与被测水样组成原电池并接入 pH 计，用氢氧化钠标准溶液滴至 pH 计指示 3.7 和 8.3，据其相应消耗的氢氧化钠溶液体积，分别计算两种酸度。

该方法适用于各种水体酸度的测定，不受水样有色、浑浊的限制。测定时应注意温度、搅拌状态、响应时间等因素的影响。取 50mL 水样，可测定 10~1000mg/L（以 $CaCO_3$ 计）范围内的酸度。

（2）碱度

水的碱度是指水中所含能与强酸发生中和作用的物质总量，包括强碱、弱碱、强碱弱酸盐等。天然水中的碱度主要是由重碳酸盐、碳酸盐和氢氧化物引起的，其中重碳酸盐是水中碱度的主要形式。引起碱度的污染源主要是造纸、印染、化工、电镀等行业排放的废水及洗涤剂、化肥和农药在使用过程中的流失。碱度和酸度是判断水质和废水处理控制的重要指标。碱度也常用于评价水体的缓冲能力及金属在其中的溶解性和毒性等。

测定水中碱度的方法和测定酸度一样，有酸碱指示剂滴定法和电位滴定法。前者是用酸碱指示剂指示滴定终点，后者是用 pH 计指示滴定终点。

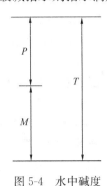

图 5-4　水中碱度
组成示意图

水样用标准酸溶液滴定至酚酞指示剂由红色变为无色（pH＝8.3）时，所测得的碱度称为酚酞碱度，此时 OH^- 已被中和，CO_3^{2-} 被中和为 HCO_3^-；当继续滴定至甲基橙指示剂由橘黄色变为橘红色时（pH 约为 4.4），所测得的碱度称为甲基橙碱度，此时水中的 HCO_3^- 也已被中和完，即全部致碱物质都已被强酸中和完，故又称其为总碱度。

设水样以酚酞为指示剂滴定消耗强酸量为 P，继续以甲基橙为指示剂滴定消耗强酸量为 M，二者之和为 T（图 5-4），则测定水的总碱度时，可能出现下列 5 种情况：

1）$M=0$（或 $P=T$）

水样对酚酞显红色，呈碱性反应。加入强酸使酚酞变为无色后，再加入甲基橙即呈红色，故可以推断水样中只含氢氧化物。

2）$P>M$（或 $P>1/2T$）

水样对酚酞显红色，呈碱性。加入强酸至酚酞变为无色后，加入甲基橙显橘黄色，继续加酸至变为红色，但消耗量较用酚酞时少，说明水样中有氢氧化物和碳酸盐共存。

3）$P=M$

水样对酚酞显红色，加酸至无色后，加入甲基橙显橘黄色，继续加酸至变为红色，两次消耗酸量相等。因 OH^- 和 HCO_3^- 不能共存，故说明水样中只含碳酸盐。

4）$P<M$（或 $P<1/2T$）

水样对酚酞显红色，加酸至无色后，加入甲基橙显橘黄色，继续加酸至变为红色，但消耗酸量较用酚酞时多，说明水样中是碳酸盐和重碳酸盐共存。

5）$P=0$（或 $M=T$）

此时水样对酚酞无色（pH≤8.3），对甲基橙显橘黄色，说明只含重碳酸盐。

根据使用两种指示剂滴定所消耗的酸量，可分别计算出水中的各种碱度和总碱度，其单位用 mg/L（以 $CaCO_3$ 或 CaO 计）表示。

5.4.1.6　pH

pH 是最常用的水质标准之一。天然水的 pH 多在 6～9；饮用水的 pH 要求在 6.5～8.5 之间；工业用水的 pH 必须保持在 7.0～8.5 之间，以防止金属设备和管道被腐蚀。此外，pH 在废水生化处理、评价有毒物质的毒性等方面也具有指导意义。

pH 和酸度、碱度既有联系又有区别。pH 表示水的酸碱性的强弱，而酸度或碱度是水中所含酸或碱物质的含量。同样酸度的溶液，如 0.1mol 盐酸和 0.1mol 乙酸，二者的酸度都是 100mmol/L，但其 pH 却大不相同。盐酸是强酸，在水中几乎 100% 电离，pH 为 1。而乙酸是弱酸，在水中的电离度只有 1.3%，其 pH 为 2.9。

测定水的 pH 的方法有玻璃电极法和比色法。

比色法基于各种酸碱指示剂在不同 pH 的水溶液中显示不同的颜色，而每种指示剂都有一定的变色范围。将系列已知 pH 的缓冲溶液加入适当的指示剂制成标准色液并封装在试剂瓶内，测定时取与缓冲溶液同量的水样，加入与标准系列相同的指示剂，然后进行比较，以确定水样的pH。

比色法不适用于有色、浑浊或含较高游离氯、氧化剂、还原剂的水样。如果粗略地测定水样pH，可使用pH试纸。

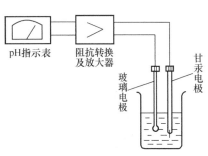

图5-5 pH测量示意图

玻璃电极法（电位法）测定pH是以pH玻璃电极为指示电极，饱和甘汞电极为参比电极，将二者与被测溶液组成原电池（图5-5），其电动势为：

$$E_{电池} = \varphi_{甘汞} - \varphi_{玻璃}$$

式中　$\varphi_{甘汞}$——饱和甘汞电极的电极电位，不随被测溶液中氢离子活度（α_{H^+}）变化，可视为定值；

$\varphi_{玻璃}$——pH玻璃电极的电极电位，随被测溶液中氢离子活度变化；

$E_{电池}$——测试体系中原电池的电动势。

$\varphi_{玻璃}$可用能斯特方程表达，故上式表示为（25℃时）：

$$E_{电池} = \varphi_{甘汞} - (\varphi_0 + 0.059 \lg \alpha_{H^+}) = K + 0.059 pH$$

可见，只要测知$E_{电池}$，就能求出被测溶液的pH。在实际测定中，准确求得K值比较困难，故不采用计算方法，而以已知pH的溶液作标准进行校准，用pH计直接测出被测溶液pH。设pH标准溶液和被测溶液的pH分别为pH_S和pH_X，其相应原电池的电动势分别为E_S和E_X、则25℃时：

$$E_S = K + 0.059 pH_S$$

$$E_X = K + 0.059 pH_X$$

两式相减并移项得：

$$pH_X = pH_S + \frac{E_X - E_S}{0.059}$$

可见，pH_X是以标准溶液的pH_S为基准，并通过比较E_X与E_S的差值确定的。25℃条件下，二者之差每变化59mV，则相应变化1pH。pH计的种类虽多，操作方法也不尽相同，但都是依据上述原理测定溶液的pH的。

pH玻璃电极的内阻一般高达几十到几百兆欧，所以与之匹配的pH计都是高阻抗输入的晶体管毫伏计或电子电位差计。为校正温度对pH测定的影响，pH计上都设有温度补偿装置。为简化操作，使用方便和适于现场使用，已广泛使用复合pH电极，制成多种袖珍式和笔式pH计。

玻璃电极测定法准确、快速，受水体色度、浊度、胶体物质、氧化剂、还原剂及盐度等因素的干扰程度小。

5.4.1.7 溶解氧

溶解于水中的分子态氧称为溶解氧。水中溶解氧的含量与大气压力、水温及含盐量等因素有关。大气压力下降、水温升高、含盐量增加，都会导致溶解氧含量降低。

清洁地表水溶解氧接近饱和。当有大量藻类繁殖时，溶解氧可能过饱和。当水体受到有机物质、无机还原物质污染时，会使溶解氧含量降低，甚至趋于零，此时厌氧细菌繁殖活跃，水质恶化。水中溶解氧低于 3～4mg/L 时，许多鱼类呼吸困难，继续减少，则会窒息死亡。一般规定水体中的溶解氧至少在 4mg/L 以上。在废水生化处理过程中，溶解氧也是一项重要控制指标。

测定水中溶解氧的方法有碘量法及其修正法和氧电极法。清洁水可用碘量法，受污染的地面水和工业废水必须用修正的碘量法或氧电极法。

（1）碘量法

在水样中加入硫酸锰和碱性碘化钾，水中的溶解氧将二价锰氧化成四价锰，并生成氢氧化物沉淀。加酸后沉淀溶解，四价锰又可氧化碘离子而释放出与溶解氧量相当的游离碘。以淀粉为指示剂，用硫代硫酸钠标准溶液滴定释放出的碘，可计算出溶解氧含量。反应式如下：

$$MnSO_4 + 2NaOH = Na_2SO_4 + Mn(OH)_2 \downarrow$$
$$2Mn(OH)_2 + O_2 = 2MnO(OH)_2 \downarrow$$
$$MnO(OH)_2 + 2H_2SO_4 = Mn(SO_4)_2 + 3H_2O$$
$$Mn(SO_4)_2 + 2KI = MnSO_4 + K_2SO_4 + I_2$$
$$2Na_2S_2O_3 + I_2 = Na_2S_4O_6 + 2NaI$$

当水中含有氧化性物质、还原性物质及有机物时，会干扰测定，应预先消除并根据不同的干扰物质采用修正的碘量法。

（2）修正的碘量法

1）叠氮化钠修正法

水样中含有亚硝酸盐会干扰碘量法测定溶解氧，可用叠氮化钠将亚硝酸盐分解后再用碘量法测定。分解亚硝酸盐的反应如下：

$$NaN_3 + H_2SO_4 = 2HN_3 + Na_2SO_4$$
$$HNO_2 + HN_3 = N_2O + N_2 + H_2O$$

亚硝酸盐主要存在于经生化处理的废水和河水中，它能与碘化钾作用释放出游离碘而产生正干扰，即：

$$2HNO_2 + 2KI + H_2SO_4 = K_2SO_4 + N_2O_2 + 2H_2O + I_2$$

如果反应到此为止，引入误差尚不大。但当水样和空气接触时，新溶入的氧将和 N_2O_2 作用，再形成亚硝酸盐：

$$2N_2O_2 + 2H_2O + O_2 = 4HNO_2$$

如此循环，不断地释放出碘，将会引入相当大的误差。

当水样中三价铁离子含量较高时，干扰测定，可加入氟化钾或用磷酸代替硫酸酸化来消除。

测定结果按照下式计算：

$$DO（O_2，mg/L） = \frac{M \times V \times 8 \times 1000}{V_{H_2O}}$$

式中　M——硫代硫酸钠标准溶液浓度，mol/mL；

　　　V——滴定消耗硫代硫酸钠标准溶液体积，mL；

　　　V_{H_2O}——水样体积，mL；

8——氧换算值，g。

应当注意，叠氮化钠是剧毒、易爆试剂，不能将碱性碘化钾-叠氮化钠溶液直接酸化，以免产生有毒的叠氮酸雾。

2）高锰酸钾修正法

该方法适用于含大量亚铁离子、不含其他还原剂及有机物的水样。用高锰酸钾氧化亚铁离子，消除干扰，过量的高锰酸钾用草酸钠溶液除去，生成的高价铁离子用氟化钾掩蔽。其他同碘量法。

（3）氧电极法

广泛应用的溶解氧电极是聚四氟乙烯薄膜电极。根据其工作原理，分为极谱型和原电池型两种。极谱型氧电极的结构如图 5-6 所示，由黄金阴极、银-氯化银阳极、聚四氟乙烯薄膜、壳体等部分组成。电极腔内充入氯化钾溶液，聚四氟乙烯薄膜将内电解液和被测水样隔开，溶解氧通过薄膜渗透扩散。当两极间加上 $0.5\sim0.8\mathrm{V}$ 固定极化电压时，则水样中的溶解氧扩散通过薄膜，并在阴极上还原，产生与氧浓度成正比的扩散电流。

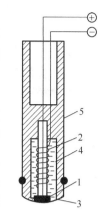

图 5-6 溶解氧
电极结构
1—黄金阴极；2—银-氯化
银阳极；3—聚四氟乙烯
薄膜；4—KCl溶液；
5—壳体

电极反应如下：

阴极：$O_2+2H_2O+4e^-=4OH^-$

阳极：$4Ag+4Cl^-=4AgCl+4e^-$

产生的还原电流 I 可表示为：

$$I=K\cdot n\cdot F\cdot A\cdot\frac{P_m}{L}\cdot C_0$$

式中　K——比例常数；

N——电极反应得失电子数；

F——法拉第常数；

A——阴极面积；

P_m——薄膜的渗透系数；

L——薄膜的厚度；

C_0——溶解氧的分压或浓度。

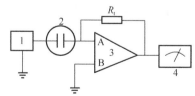

图 5-7 溶解氧测定仪原理
1—极化电压源；2—溶解氧电极及测量池；
3—运算放大器；4—指示表

可见，当实验条件固定后，上式除 C_0 外的其他项均为定值，故只要测得还原电流就可以求出水样中溶解氧的浓度。各种溶解氧测定仪就是依据这一原理工作的（图 5-7）。测定时，首先用无氧水样校正零点，再用化学法校准仪器刻度值，最后测定水样，便可直接显示其溶解氧浓度。仪器设有自动或手动温度补偿装置，补偿由于温度变化造成的测量误差。

溶解氧电极法测定溶解氧不受水样色度、浊度及化学滴定法中干扰物质的影响，快速简便，适用于现场测定，易于实现自动连续测量。但是当水样中含藻类、硫化物、碳酸盐、油等物质时，会使薄膜堵塞或损坏，应及时更换薄膜。

5.4.2　常规有机污染物指标测定

水体中除含有无机污染物外，更大量的是有机污染物，它们以具有毒性和使水中溶解氧减少的形式对生态系统产生影响，危害人体健康。已经查明，绝大多数致癌物质是有毒有机物。所以，有机污染物指标是一类评价水体污染状况的极为重要的指标。

目前，多以化学需氧量（COD$_{Cr}$）、生化需氧量（BOD$_5$）、总有机碳（TOC）等综合指标，或挥发酚类、石油类、硝基苯类等类别有机物指标，用来表征有机物质含量。但是，许多痕量有毒有机物质对上述指标贡献极小，其危害或潜在威胁却很大。因此，随着分析测试技术和仪器的不断发展和完善，正在加大对危害大、影响面宽的有机污染物的监测力度。

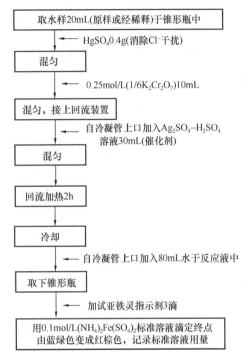

图 5-8　COD$_{Cr}$ 测定流程图

5.4.2.1　化学需氧量

化学需氧量（COD$_{Cr}$）是指在一定条件下，氧化 1L 水样中还原性物质所消耗的氧化剂的量以单位为 mg/L。水中还原性物质包括有机物和亚硝酸盐、硫化物、亚铁盐等无机物。化学需氧量反映了水中受还原性物质污染的程度。基于水体被有机物污染是很普遍的现象，该指标也作为有机物相对含量的综合指标之一，但只能反映能被氧化剂氧化的有机物。

测定污（废）水的化学需氧量，主要方法有重铬酸钾法、库仑滴定法、快速密闭催化消解法和氯气校正法等。我国规定用重铬酸钾法，接下来对该方法进行详细介绍。

重铬酸钾法：在强酸溶液中，用一定量的重铬酸钾氧化水样中的还原性物质，过量的重铬酸钾以试亚铁灵作指示剂，用硫酸亚铁铵标准溶液回滴，根据其用量计算水样中还原性物质的需氧量。其测定流程如图 5-8 所示。

再以蒸馏水代替水样，按照图 5-8 所示步骤测定试剂空白溶液，记录硫酸亚铁铵标准溶液消耗量，按下式计算 COD$_{Cr}$ 值。

$$COD_{Cr} = \frac{(V_0 - V_1) \times c \times 8 \times 1000}{V}$$

式中　V_0——滴定空白时消耗硫酸亚铁铵标准溶液体积，mL；

　　　V_1——滴定水样时消耗硫酸亚铁铵标准溶液体积，mL；

　　　V——水样体积，mL；

　　　c——硫酸亚铁铵标准溶液浓度，mol/L；

　　　8——氧（1/2 O）的摩尔质量，g/mol。

重铬酸钾氧化性很强，可将大部分有机物氧化，但吡啶不被氧化，芳香族有机化合物不易被氧化。挥发性直链脂肪族化合物、苯等存在于气相中，不能与氧化剂液体接触，氧化不明显。氯离子能被重铬酸钾氧化，并与硫酸银作用生成沉淀，可加入适量硫酸汞络合。

用 0.25mol/L 的重铬酸钾溶液可测定大于 50mg/L 的 COD_{Cr} 值。用 0.025mol/L 的重铬酸钾溶液可测定 5~50mg/L 的 COD_{Cr} 值，但准确度较差。

5.4.2.2 高锰酸盐指数

以高锰酸钾溶液为氧化剂测得的化学需氧量，称高锰酸盐指数（COD_{Mn}）单位为 mg/L。水中的亚硝酸盐、亚铁盐、硫化物等还原性无机物和在此条件下可被氧化的有机物，均可消耗高锰酸钾。因此，该指数常被作为地表水受有机物和还原性无机物污染程度的综合指标。为避免 Cr^{6+} 的二次污染，日本、德国等也用高锰酸盐作为氧化剂测定废水的化学需氧量，但相应的排放标准也偏严。

按测定溶液的介质不同，分为酸性高锰酸钾法和碱性高锰酸钾法。因为在碱性条件下高锰酸钾的氧化能力比酸性条件下稍弱，此时不能氧化水中的氯离子，故常用于测定氯离子浓度较高的水样。酸性高锰酸钾法适用于氯离子含量不超过 300mg/L 的水样。当高锰酸盐指数超过 10mg/L 时，应少取水样并经稀释后再测定。其测定流程如图 5-9 所示。

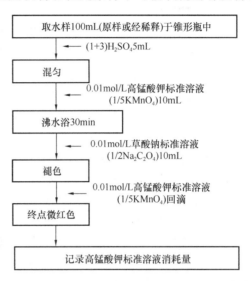

图 5-9 COD_{Mn} 测定流程图

按照下式计算高锰酸盐指数：

当水样不稀释时：

$$COD_{Mn}(O_2，mg/L) = \frac{[(10+V_1)K-10] \times M \times 8 \times 1000}{100}$$

式中 V_1——滴定水样消耗高锰酸钾标准溶液体积，mL；

K——校正系数（每毫升高锰酸钾标准溶液相当于草酸钠标准溶液的毫升数）；

M——草酸钠标准溶液（$1/5\ Na_2C_2O_4$）浓度，mol/L；

8——氧（$1/2\ O$）的摩尔质量，g/mol；

100——取水样体积，mL。

水样经稀释时：

$$COD_{Mn}(O_2，mg/L) = \frac{\{[(10+V_1)K-10]-[(10+V_0)K-10]f\} \times M \times 8 \times 1000}{V_2}$$

式中 V_0——空白试验中高锰酸钾标准溶液消耗量，mL；

V_1——滴定水样消耗高锰酸钾标准溶液量，mL；

V_2——取原水样体积，mL；

f——稀释水样中含稀释水的比值（如 10mL 水样稀释至 100mL，则 $f=0.9$）；

其他项同水样不经稀释计算式。

需要指出的是，化学需氧量（COD_{Cr}）和高酸盐指数（COD_{Mn}）是采用不同的氧化剂在各自的氧化条件下测定的，难以找出明显的相关关系。一般来说，重铬酸钾法的氧化率可达 90%，而高锰酸钾法的氧化率为 50% 左右，两者均未将水样中还原性物质完全氧化，因而都只是一个相对参考的数据。

5.4.2.3　生化需氧量

生化需氧量（BOD）是指在有溶解氧的条件下，好氧微生物在分解水中有机物的生物化学氧化过程中所消耗的溶解氧量。同时，亦包括如硫化物、亚铁等还原性无机物质氧化所消耗的氧量，但这部分通常占很小比例。BOD 是反映水体被有机物污染程度的综合指标，也是研究废水的可生化降解性和生化处理效果，以及生化处理废水工艺设计和动力学研究中的重要参数。

有机物在微生物作用下，好氧分解大体分两个阶段：第一阶段为含碳物质氧化阶段，主要是含碳有机物氧化为二氧化碳和水；第二阶段为硝化阶段，主要是含氮有机化合物在硝化菌的作用下转化为亚硝酸盐和硝酸盐。然而，这两个阶段并非截然分开，而是各有主次。对生活污水及性质与其接近的工业废水，硝化阶段大约在 5～7d，甚至 10d 以后才显著进行。故目前国内外广泛采用的 20℃ 五天培养法（BOD_5 法），测定 BOD 值一般不包括硝化阶段。测定 BOD 的方法还有微生物电极法、库仑法、测压法等。

五天培养法也称标准稀释法或稀释接种法。其测定原理是：水样经稀释后，在 20℃±1℃ 条件下培养 5d，求出培养前后水样中溶解氧含量，二者的差值为 BOD_5。如果水样 BOD_5 未超过 7mg/L，则不必进行稀释，可直接测定。很多较清洁的河水就属于这一类水。溶解氧测定方法一般用叠氮化钠修正法。对于不含或少含微生物的工业废水，如酸性废水、碱性废水、高温废水或经过氯化处理的废水，在测定 BOD_5 时应进行接种，以引入能降解废水中有机物的微生物。当废水中存在难被一般生活污水中的微生物以正常速度降解的有机物或有剧毒物质时，应将驯化后的微生物引入水样中。

对于污染的地面水和大多数工业废水，因含较多的有机物，需要稀释后再培养测定，以保证在培养过程中有充足的溶解氧。其稀释程度应使培养中所消耗的溶解氧大于 2mg/L，而剩余溶解氧在 1mg/L 以上。

5.4.2.4　总有机碳

总有机碳（TOC）是以碳的含量表示水体中有机物质总量的综合指标。由于 TOC 的测定采用燃烧法，因此能将有机物全部氧化，它比 BOD_5 或 COD 更能反映有机物的总量。

目前，广泛应用的测定 TOC 的方法是燃烧氧化-非色散红外吸收法。

其测定原理是：将一定量的水样注入高温炉内的石英管，在 900～950℃ 温度下，以铂和三氧化钴或三氧化二铬为催化剂，使有机物燃烧裂解转化为二氧化碳，然后用红外线气体分析仪测定 CO_2 含量，从而确定水样中碳的含量。因为在高温下水样中的碳酸盐也分解产生二氧化碳，故上述方法测得的为水样中的总碳（TC）。为获得有机碳含量，可采用两种方法：一是将水样预先酸化，通入氮气曝气，驱除各种碳酸盐分解生成的二氧化碳后再注入仪器测定；另一种方法是使用高温炉和低温炉皆有的 TOC 测定仪。将同一等量水样分别注入高温炉（900℃）和低温炉（150℃），高温炉水样中的有机碳和无机碳均转化为 CO_2，而低温炉的石英管中装有磷酸浸渍的玻璃棉，能使无机碳酸盐在 150℃ 分解为 CO_2，有机物却不能被分解氧化。将高、低温炉中生成的 CO_2 依次导入非色散红外气体分析仪，分别测得总碳（TC）和无机碳（IC），二者之差即为总有机碳（TOC）。该方法最低检出浓度为 0.5mg/L。

5.4.2.5 挥发酚

根据酚类物质能否与水蒸气一起蒸出，分为挥发酚与不挥发酚。通常认为沸点在230℃以下的为挥发酚（属一元酚），而沸点在230℃以上的为不挥发酚。酚属高毒物质，人体摄入一定量会出现急性中毒症状。长期饮用被酚污染的水，可引起头昏、瘙痒、贫血及神经系统障碍。当水中含酚大于5mg/L时，就会使鱼中毒死亡。

酚的主要污染源是炼油、焦化、煤气发生站，木材防腐及某些化工（如酚醛树脂）等工业废水。酚的主要分析方法有溴化滴定法、分光光度法、色谱法等。目前各国普遍采用的是1，4-氨基安替吡啉分光光度法；高浓度含酚废水可采用溴化滴定法。无论溴化滴定法还是分光光度法，当水样中存在氧化剂、还原剂、油类及某些金属离子时，均应设法消除并进行预蒸馏。比如，对于游离氯加入硫酸亚铁还原。对于硫化物加入硫酸铜，使之沉淀，或者在酸性条件下使其以硫化氢形式逸出。对于油类用有机溶剂萃取法去除等。蒸馏的作用有两方面，一是分离出挥发酚，二是消除颜色、浑浊和金属离子等的干扰。

5.4.2.6 硝基苯类

常见的硝基苯类化合物有硝基苯、二硝基苯、二硝基甲苯、三硝基甲苯、二硝基氯苯等，它们难溶于水。硝基苯类化合物主要来源于染料、炸药和制革等工业废水。人体会通过呼吸道吸入或皮肤吸收而产生毒性作用。硝基苯可引起神经系统症状、贫血和肝脏疾患。废水中一硝基和二硝基苯类化合物常采用还原-偶氮分光光度法；三硝基苯类化合物采用氯代十六烷吡啶分光光度法。

5.4.2.7 石油类

石油类污染物是一种由许多分子大小不同的烃类化合物所组成的复杂混合物。石油类化合物含芳烃类虽较烷烃类少，但其毒性要大得多。水体中石油类污染源主要来源于：一是在石油的开采、运输、装卸、加工和使用过程中，由于泄漏和排放石油引起的污染；二是油船漏油，排放和发生事故；三是炼油厂的含油废水排放。

当石油类污染物在排入水体后，会在水面上形成厚度不一的油膜，影响空气与水体界面氧的交换，而且油膜还会降低光的通透性，影响水中生物的光合作用，使水中溶解氧减少，使水质恶化。同时，吸附在悬浮微颗粒上的油或者以乳化状态存在于水中的油，它们还会被微生物氧化分解，消耗水中的溶解氧，使水质进一步恶化。

测定水中石油类污染物的方法有重量法、红外分光光度法、非色散红外吸收、紫外分光光度法、荧光法等。重量法不受石油类品种限制，是常用的方法，但操作繁琐、灵敏度低；红外分光光度法也不受石油类品种的影响，测定结果能较好地反映水被石油类污染状况；非色散红外吸收法适用于所含油品比吸光系数较接近的水样，油品相差较大，尤其含有芳烃化合物时，测定误差较大。其他方法受石油类品种的影响较大。

思考题

1. 我国水环境标准体系由哪几部分组成？

2. 比较我国《生活饮用水卫生标准》GB 5749 的 2022 年版本与 2006 年版本，区别在哪里？

3. 如何制订地面水体水质的监测方案？以河流为例，说明怎样设置监测断面和采样点？

4. 采集水样时有哪些注意事项？举例说明如何根据被测物质的性质选择合适的保存方法？

5. 简述测定水样浊度时的主要方法及其基本测定原理。

6. 水样的酸碱度和 pH 有何区别？分别如何进行测定？

7. 简要说明水样的化学需氧量、高锰酸盐指数、生化需氧量和总有机碳 4 个指标的异同点？

8. 石油类污染物进入水体会产生何种危害？并说明表征该类污染物的指标及其测定方法是什么？

本章参考文献

[1] 奚旦立. 环境监测[M]. 5 版. 北京：高等教育出版社，2019.

[2] 中华人民共和国环境保护部. 水质采样样品的保存和管理技术规定：HJ 493—2009[S]. 北京：中国环境科学出版社，2009.

[3] 中华人民共和国国家市场监督管理总局. 生活饮用水卫生标准：GB 5749—2022[S]. 北京：中国标准出版社，2022.

[4] 中华人民共和国国家环境保护总局. 地表水环境质量标准：GB 3838—2002[S]. 北京：中国环境科学出版社，2002.

[5] 中华人民共和国国家质量监督检验检疫总局. 地下水质量标准：GB/T 14848—2017[S]. 北京：中国标准出版社，2017.

[6] 方丽. 浅析水质分析过程中水样采集及保存方法[J]. 云南化工，2021，48(11)：168-169.

[7] 吴江. 野外水样采集系统的设计与实现[D]. 西安：西安电子科技大学，2017.

[8] 周方高. 探析环境水样采集过程中的质量保证措施[J]. 质量探索，2016，13(5)：52，51.

[9] 李峰. 无人驾驶水样采集船关键技术研究[D]. 山东：山东大学，2016.

[10] 倪蕾，彭哲. 环境监测中水样采集的质量控制及其实施措施[J]. 绿色科技，2014(12)：154-155.

[11] 吴迪. 浅析水样的采集、保存与预处理[J]. 才智，2012(20)：235.

[12] 徐少华. 水样的采集与保存的技术方法探析[J]. 科技传播，2010(18)：61-62.

[13] 堵文东. 城市污水水样自动采集和监测系统的研究[D]. 南京：南京理工大学，2010.

[14] 王丽伟. 黄河典型河段水质自动监测水样采集与前处理技术研究[D]. 江苏：河海大学，2005.

[15] 张敬东. 水质监测不能轻视的一步——水样采集[J]. 云南环境科学，1996(2)：59-60.

[16] 李宣瑾，高举，张晓岚，等. 美国地表水水质监测体系分析及启示[J/OL]. 水利发展研究：2023(6)：81-90.

[17] 宫永伟，张新勃，李慧文，等. 济南市海绵城市建设试点区水量水质监测方案[J]. 中国给水排水，2017，33(11)：116-119.

[18] 吴喜军，李怀恩，李家科，等. 基于非点源污染的水质监测方案研究[J]. 环境科学，2013，34(6)：2146-2150.

[19] 林玉钰，方燕娜，廖资生，等. 全球气候变暖和人类活动对地下水温度的影响[J]. 北京师范大学学报，2009，45(Z1)：452-457.

第6章 水环境保护规划与管理概论

6.1 水环境保护规划

6.1.1 主要内容和工作程序

6.1.1.1 主要内容与分类

水环境保护规划是对某一时期内的水环境保护目标和措施所做出的统筹安排和设计，目的是在发展经济的同时保护好水质，合理开发和利用水资源，充分发挥水体的多功能用途，在达到水环境目标的基础上，寻求最小（或较小）的经济代价或最大（或较大）的经济效益和生态效益。

在水环境规划时，首先应对水环境系统进行综合分析，摸清水量水质的供应情况，明确城市水环境出现的问题，合理确定水体功能和水质目标，对水的开采、供给、使用、处理和排放等各个环节做出统筹安排和决策，拟定规划措施，提出供选方案。总之，水环境保护规划过程是一个反复协调决策的过程，以寻求最佳的统筹兼顾方案。因此，在规划中要特别处理好近期与远期、需要与可能、经济与环境等的相互关系，以确保规划方案的科学性和实用性。

根据水环境保护规划研究的对象，可将其分为两大类型：水污染控制系统规划（或称水质控制规划）和水资源系统规划（或称水资源利用规划）。前者以实现水体功能要求为目标，是水环境保护规划的基础；后者强调水资源的合理开发利用和水环境保护，它以满足国民经济和社会发展的需求为宗旨，是水环境保护规划的落脚点。

（1）水污染控制系统规划

水污染控制系统是由污染物的产生、排出、输送、处理到水体中迁移转化等各种过程和影响因素所组成的系统。水污染控制系统规划是以国家颁布的法规和标准为基本依据，以环境保护科学技术和地区经济发展规划为指导，以区域水污染控制系统的最佳综合效益为总目标，以最佳适用防治技术为对策措施群，统筹考虑污染发生—防治—排污体制—污水处理—水体质量及其与经济发展、技术改进和加强管理之间的关系，进行系统的调查、监测、评价、预测、模拟和优化决策，寻求整体优化的近、远期污染控制规划方案。

根据水污染控制系统的特点，一般可将其分为三个层次：流域系统、城市（或区域）系统和单个企业系统（如污废水处理厂）。因此，亦可将水污染控制系统规划分成三个相互联系的规划层次，即流域水污染控制规划、城市（或区域）水污染控制规划和水污染控制设施规划。

1）流域水污染控制规划

流域规划研究受纳水体（流域、湖泊或水库）控制的、流域范围内的水污染防治问题。其主要目的是确定应该达到或维持的水质标准；确定流域范围内应控制的主要污染物和主要污染源；依据使用功能要求和水环境质量标准，确定各段水体的环境容量，并依次计算出每个污水排放口的污染物最大容许排放量；最后，通过对各种治理方案的技术、经济和效益分析，提出一两个最佳的水污染控制方案供决策者选择。

流域水污染控制规划的主要内容包括：

① 依据国家有关法规和各种标准提出水体可能考虑的用途目标和水质控制指标。

② 在费用—效益分析的基础上，确定不同河段的使用目标及水质指标。

③ 列出水质超标或可能超标的河段（或其他水体），并指出超标或可能超标的项目。认定有毒污染物的种类，最后确定应控制的主要污染物。

④ 确定各河段（或其他水体）主要污染物的环境容量。

⑤ 把各河段（或其他水体）的环境容量分配给每个废水排放口。同时，还必须考虑将来可能增加的排污量，上游水质对下游的影响以及非点源污染负荷等因素的影响，并给一定的安全系数。该分配结果应与区域规划和设施规划相一致。

⑥ 估计各种治理措施的总费用，包括下水道系统各个点源治理费用、河道治理费用和运行费用等。

2）城市（区域）水污染控制规划

城市（区域）水污染控制规划是对某个城市地区内的污染源提出控制措施，以保证该区域内水污染总量控制目标的实现。城市水污染控制规划应有环境保护、城市建设和工业部门等方面的代表参加制定，应成为地方政府解决当地水污染问题的计划依据。城市水污染控制规划的主要内容如下：

① 确定整个规划年限内拟建的城市和工业废水处理厂市政下水道、工业企业与水污染控制有关的技术改造或厂内治理设施等的清单。

② 确定与农业、矿业、建筑业和某些工业有关的非点源污染源，并提出控制措施。

③ 提出经处理后的废水和污泥的处置途径和方法。

④ 估算实现规划所需的费用，并制定实施规划的进度表。

⑤ 建立执行规划的管理系统。

3）水污染控制设施规划

水污染控制设施规划是对某个具体的水污染控制系统，如一个污水处理厂及其有关的下水道系统进行建设规划。该规划应在充分考虑经济、社会和环境诸因素的基础上，寻求投资少、效益大的建设方案。设施规划一般包括以下几个方面：

① 拟建设施的可行性报告，包括要解决的环境问题及其影响，对流域和区域规划的要求等。

② 说明拟建设施与现有设施的关系，以及现有设施的基本情况。

③ 第一期工程初步设计、费用估计和执行进度表。可能的分阶段发展扩建和其他变化及其相应的费用。

④ 对被推荐的方案和其他可选方案的费用—效益分析。

⑤ 对被推荐方案的环境影响评价其中应包括是否符合有关的法规、标准和控制指标，设施建成后对受纳水体水质的影响等。

⑥ 当地有关部门专家和公众代表的评议，并经地方主管机构批准。

（2）水资源系统规划

水资源系统是以水为主体构成的一种特定系统，是一个由相互联系、相互制约及相互作用的若干水资源工程单元和管理技术单元所组成的有机体。水资源系统规划是指应用系统分析的方法和原理，在某区域内为水资源的开发利用和水患的防治所制定的总体措施、计划与安排。它的基本任务是：根据国家或地区的经济发展计划，改善生态环境要求，以及各行各业对水资源的需求，结合区域内水资源的条件和特点，选定规划目标，拟定合理开发利用方案，提出工程规模和开发程序方案。它将作为区域内各项水工程设计的基础和编制国家水利建设长远计划的依据。

根据水资源系统规划的不同范围，可分为以下三个层次：

1）流域水资源规划

流域水资源规划是以整个江河流域为对象的水资源规划。对于大的江河流域规划，涉及国民经济的发展、地区开发、自然环境、社会福利和国防等各个方面，需要开发整治的项目繁多，包括防洪、排涝、灌溉、发电、航运、工业和城市供水、养殖、旅游、环境改善和水土保持等。因此，水资源规划的任务就在于统筹兼顾、合理安排，从整体上制定流域开发治理的战略方案、步骤和某些关键性措施，以达到协调自然和社会之间的矛盾，并满足各部门的要求。对于中小河流规划，多服务于农业发展，包括制定地表水与地下水的联合利用、水土资源平衡以及灌溉、排涝、水土保持和生态环境等有关的统筹规划。对属于大江大河支流的中小河流，其规划应与河流总体规划相一致。

2）地区水资源规划

地区水资源规划是以行政区或经济区为对象的水资源规划。依据地区范围的大小、特点、经济发展方向以及对水资源开发治理的要求，或以防洪、灌溉、排水为重点，或以工业和城市供水、改善地区水患、航运或环境为重点，或以水力发电为重点，或兼而有之。规划的基本内容应结合不同情况确定，大致与大江大河或中小河流域规划相类似。

3）专业水资源规划

专业水资源规划是以流域或地区某项专业任务为对象的水资源规划。例如，流域或地区的防洪规划、水力发电规划、灌溉规划、航运规划以及综合利用枢纽或单项工程的规划等。专业水资源规划通常是在流域或地区规划的基础上进行的，并作为相应规划的组成部分。

6.1.1.2　工作程序

水环境保护规划的主要工作程序包括：

（1）找出水环境的主要问题

一般情况下，水环境保护规划需要获得以下基础性资料：①地图。图上应标明拟做规划的流域范围和河流分段情况。②规划范围内水体的水文与水质现状数据，以及用水现状。③污染源清单。包括排入各段水体的污染源一览表（最好以重要性顺序排序），各排污口位置、排放方式、污染物排放量、治理现状和规划，以及非点源污染源的一般情况。④流域水资源规划、流域范围内的土地利用规划和经济发展规划等有关的规划资料。⑤可考虑采用的水污染控制方法及其技术经济和环境效益的资料。

根据以上材料对水环境进行系统的综合分析，找出水环境主要问题及根源：水量方面，经过水资源供需平衡估算，了解水资源的供需是否存在矛盾；水质方面，通过水环境污染现状分析水质对生活生产的主要影响，明确规划的范围、水污染控制和水资源利用的方向及要求。

（2）确定规划目标

根据国民经济和社会发展要求，同时考虑客观条件，从水质和水量两个方面拟定水环境规划目标。水质方面：根据水环境功能要求，确定合理的能够满足生产、生活或自然保护要求的水质目标；水量方面：对有限的水资源进行合理开发利用，满足当地需求。规划目标是经济与水环境协调发展的综合体现，是水环境规划的出发点和归宿。

（3）选定规划方法

在水环境保护规划中，通常可以采用两类规划方法：数学规划法和模拟比较法。数学规划法包括线性规划、非线性规划和动态规划，适用于单目标项目规划。模拟比较法包括矩阵法、层次分析法、系统动力学法和组合方案比较法，适用于多目标规划。系统动力学法从系统的基本结构入手建立数学模型，模拟分析系统动态行为。组合方案比较法指对组合各目标拟采取的几个方案进行费用效益分析，从中选择最合适的方案。采用何种规划方法，应视具体的水环境规划类型和资料的情况确定。

（4）拟定规划措施

在制定水环境保护规划的方案中，可供考虑的措施包括：调整经济结构和工业布局，实施清洁生产工艺，提高水资源利用率，充分利用水体的自净能力和增加污水处理设施等。

（5）提出供选方案

将各种措施综合起来，提出可供选择的实施方案。为了检验和比较各种规划方案的可行性和可操作性，可通过费用－效益分析、方案可行性分析和水环境承载力分析对规划方案进行综合评价，从而为最佳规划方案的选择与决策提供科学依据。

（6）规划实施

水环境保护规划的实施也是制定规划的一个重要内容。一个规划的成功与否，就是看最终的规划方案能否被采纳、执行并取得相应的效果。规划方案的实施，体现了规划自身的价值与作用。

在进行水环境保护规划时，往往会涉及一些与此规划紧密相关的问题，如水环境容量的确定，水环境功能区和水污染控制单元的划分，以及水环境规划模型的选择等问题。在水环境保护规划中，这些问题对于确保规划目标的实现以及规划方案的有效实施，将起到极为重要的作用。

6.1.2　水环境功能区划的基本原则和方法

水环境功能区是指满足水体的某种使用功能所占有的水域范围。水环境区划的主要任务就是将水体按照其功能加以划分，并依据其功能的重要程度和水污染的危害程度，确定相应的环境质量目标。水环境功能区划是根据保护目标、水环境的承受能力，确定重点保护功能区强化目标管理的体现，它不同于水资源规划中的水利区划，也不同于国土防治中的水域功能区划。它是环境保护部门为实现分类管理，根据功能区保护的必要性和可行性，在水域功能众多的区域中，体现重点保护政策而划分的水环境功能区。

通过水环境区划可以将复杂的流域水环境规划问题分解为单元问题来看待，将流域的污染控制、环境目标管理责任制、环境综合整治定量考核，分解落实到各水污染控制单元、各具体污染源。水环境区划是实现水环境综合开发、合理利用、积极保护和科学管理的科学依据，是水环境综合整治规划的必要前提。

6.1.2.1 基本原则

水环境功能分区是根据地表水环境质量标准，划定水域功能类型及其所占范围，并确定相应的水质保护目标，同时制定控制水体污染的各种可行措施和方案。划分的目的在于保护水质，合理利用水资源，有效控制污染源，强化环境目标管理。因此划分的总原则是控制、减轻水体水质污染，保证满足水体主要功能对水质的要求，并合理地充分发挥水体的多功能作用。

划定水环境功能区在遵从总原则的基础上，还应具体考虑如下原则：

（1）饮用水源地和生物资源优先保护原则

饮用水是人类不可或缺的重要资源之一，其质量直接影响人类的生存和健康。所以，在我国的《地表水环境质量标准》GB 3838—2002 中规定的五类功能区，以饮用水源地为优先保护对象。划分水环境功能区时，如果出现功能混杂的时候，应优先考虑饮用水源地，水环境的其他功能应该首先服从饮用的功能。同时，水生生物也是人类生存发展的物质基础和能量来源，水环境质量直接关系水生生物的生存条件及水生态系统的平衡。因此，在进行地表水体功能区划分时，还应考虑为水生生物提供栖息地和洄游通道，尽量提高水生生态环境质量，保护水生生物。具体来说，在水功能区划中，城镇集中式饮用水源地、江河源头水、自然保护区、珍贵鱼类保护区、鱼虾产卵场等为优先重点保护对象，要优先考虑其达到功能水质保护目标。

（2）地表水环境质量宏观控制原则

水环境功能区划应该从流域的总体进行考虑，局部服从整体，同时在划分各功能面时，要注意上下游功能结合的合理性，统筹兼顾左右岸、近远期社会发展对水功能的要求，不能产生矛盾。例如，上游水体为Ⅳ类水体，下游若定为Ⅲ类水体，则必须根据实际计算论述这种划分方法的科学性，否则，下游水体功能就可能因为定得太高而难以达到。划分功能区不得影响潜在的开发及地下饮用水源地。支流水功能的划分要考虑干流水体功能的要求。现状水功能的划分，不能影响长远功能的开发。

（3）优质水优用、低质水低用原则

对具有多种功能的水域，按照最高功能划分水质类型，这样不但可以有效、合理地利用水资源，便于目标管理，而且可以避免水污染的重复治理、减轻治理负荷。根据用户对水量和水质的要求，统筹安排专业用水区域，分别执行专业用水标准，由相应管理部门依法管理。

（4）现状功能原则

划分水域功能，一般不得低于现状功能。不经技术经济论证且未报上级批准，不得任意将现状使用功能降低。也就是说，凡是已经由县级以上人民政府划定的水体功能保护区和自然保护区的水体，其功能和范围应保持不变。要统筹考虑现状水质与目标水质两者的关系，对水质的要求既不能脱离实际、操之过急，又不能迁就现状。

（5）技术经济的约束原则

任何一种划分方案，除了在技术上是可行的并能满足环境目标的要求外，还必须是一种最经济或者效益最大的方案，或由该方案带来的未来使用中预期发生的费用或效益的损失应最小。另外，当有关部门之间或上下游之间存在用水矛盾时，应充分考虑技术、经济约束，研究水质保护目标的可达性，对污染负荷削减、给水处理强化、工艺季节调控等做多种方案的比较，通过分步到位的实施方案解决功能区目标的实现问题。

（6）合理利用水环境容量原则

水环境容量也是一种资源。经过合理开发和利用，可以在一定程度上降低水污染控制费用。根据污染物在水体中的迁移、转化规律，综合计算和评价水体的自净能力。在保证水体目标功能的前提下，利用水环境容量消除水污染。在评价和应用水环境容量时，要充分考虑到排放方式、混合区和功能区的位置、水文地质条件及季节特征等相关因素。但要注意，排污不能超越容量，要注意与区域下游地区的关系。

（7）允许混合区和缓冲区存在原则

在排污口附近的水域往往会出现污染物相对集中的高浓度污染物混合扩散区。若允许高浓度区域的大范围存在，则会影响水域其他功能的使用；若完全不允许其存在，无论在技术上还是经济上都不可能实现。所以，应允许排污口附近存在一定范围的污染物混合区，该区域应根据排污特性及地表水的流域特性，经过严谨的科学预测及验证来确定其范围，在这个区域内可以不执行相应水质标准。

对河网水域或存在往复流的水域，由于水体流向的不确定性或流动的往复性，决定了该区域内水质的动态变化。若上下游的功能区对水质要求有明显区别，则应在不同的相邻水质功能区之间划定缓冲区，以确保各功能区均达到相应的水质要求。

（8）突出陆上合理布局、综合规划原则

从整个流域到各局部水域，再到取水口和排污口，应层次分明地划分功能区，突出污染源的合理分布，使水域功能区划分与陆上工业布局、城市建设发展规划相适应。划分工作虽然在水上，保护措施却要落实在陆地上。

（9）便于管理、实用可行原则

水环境功能区划分方案既要满足各取水、用水部门对水质的要求，又能满足经济上的合理性与技术上的可行性。另外，划分方案应具体而有弹性，措施落实能够与现行的环境管理制度和管理方法相结合，运用法律、行政、经济的手段保证和促进保护目标的实现，并在污染源管理和水环境管理上便于操作。

6.1.2.2　功能区类别

水资源具有整体性特点，它是以流域水系为单元，由水量与水质、地表水与地下水这几个相互依存的组分构成统一体，每一组分的变化可影响其他组分。对水资源的利用存在局部与整体、除害与兴利及各行业用途间的矛盾。必须统一规划、统筹兼顾，实行综合利用，才能做到同时最合理地满足国民经济各部门的需要，以及把所有用户的利益进行最佳组合，以实现水资源的高效利用。通过水功能区划在宏观上对流域水资源的利用状况进行总体控制，合理解决有关各方的矛盾。

我国江、河、湖、库水域的地理分布、空间尺度有很大差异，其自然环境、水环境特性、开发利用程度等具有明显的地域性。对水域进行的功能划分能否准确反映水资源的自然属性、生态属性、社会属性和经济属性，很大程度上取决于功能区划体系的合理性。水功能区划体系应具有良好的科学概括、解释能力，在满足通用性、规范性要求的同时，类型划分和指标值的确定与我国水资源特点相结合，是水功能区划的一项重要的标准性工作。

目前，我国进行水环境功能区划的依据是《地表水环境功能区划技术导则》和《水功能区监督管理办法》两个文件。这两个文件都强调水域分区的重要性，指明了功能区的分类方法。它们对于功能区的划分基本一致，但对功能区的操作和管理方法则有所不同。《地表水环境功能区划技术导则》中，采用直线式管理方法，将水环境功能区分为自然保护区、饮用水水源保护区、工业用水区、农业用水区、渔业用水区、景观娱乐用水区、混合区和过渡区。

《水功能区监督管理办法》中，水功能区划采用两级体系，一级区划和二级区划，如图6-1所示。水功能区一级区分四类，包括保护区、保留区、开发利用区、缓冲区；水功能区二级区划对一级功能区中的开发利用区进行再分类，将开发利用区细分为饮用水源、工业用水区、农业用水区、渔业用水区、景观娱乐用水区、过渡区和排污控制区等。一级区划宏观上解决水资源开发利用与保护的问题，主要协调地区间的关系。二级区划主要协调用水部门之间的关系。

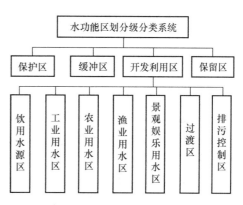

图6-1 水功能区划分级分类系统

6.1.2.3 区划方法与步骤

水环境功能区划分的目的是提出明确的水质保护目标并最终加以实现。水环境功能区划往往是在流域的层次上进行的。流域的一部分或一个河段不可能单独进行功能区划，因为水环境功能区划不仅涉及某个功能区所在地自身的利益，还与该功能区的上下游发生利益冲突，只有在全流域协调下才能取得实质性的进展。流域的层次越高，水环境功能区划越重要。

水环境功能区划的主要内容包括：分析水环境现状功能，判断水环境现状与功能区要求及潜在功能区要求是否存在矛盾，求得统一；限制排放口所在水域形成的混合区范围，令其合理存在；根据技术经济可行性推荐水环境保护区方案和优先保护区域。

目前，通常采用系统分析的方法对水环境进行功能区划，如图6-2所示。

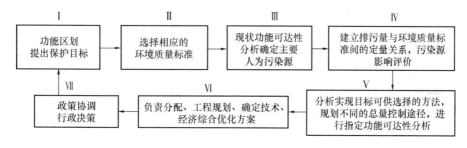

图6-2 确定环境保护目标的系统分析过程图

图6-2中概括了水环境功能区划的过程，由7个部分组成：

（1）对环境保护目标进行全面分析，既考虑环境保护的需要，又考虑经济、技术的可行；

（2）将环境目标具体化为环境质量标准中的数值；

（3）对功能可达性进行分析，确定引起污染的主要人为污染源；

（4）建立污染源与水质目标之间的响应关系，将各种污染源排放的污染物输入各类水质模型，以评价污染源对水质目标的影响；

（5）分析减少污染物排放的各种可能的途径和措施；

（6）通过对多个可行方案的优化决策，确定技术经济最优的方案组合；

（7）通过政策协调和管理决策，最终确定环境保护目标和水环境功能区划分方案。

如果第（6）步所提出的方案不合适，则返回第（1）步，再重复后面的过程。在功能区划分过程中，并不是机械地套搬上述各阶段，而是根据需要相互穿插、反复进行。设定的目标即使在理论上完全可行，若行政决策发生变化，也需要修改目标。当水体功能明确没有可替代方案时，由定性分析就可以确定功能区，可不经过定量计算，直接进入评价决策。总体来说，水环境功能区划的过程可以概括为"技术准、定性分析、定量决策、综合评价"四个步骤。划分时要因地制宜，实事求是地进行定性（经验）、半定性（半理论半经验）和定量分析。

第一步：技术准备阶段，包括系统分析、综合调查、搜集基础资料

（1）收集和汇总现有基础资料、数据：内容包括区域自然条件调查，如水文、地质、地貌、气候、植被条件等，特别是影响水质变化的水文，如流量、流速、径流量年内年际变化等；城镇区域发展规划调查，如工业区（新经济区）与农副业区，风景游览区布局与人口分布等；污染源调查，如区域内污染源数量与排放量及排放口位置和污染物种类等；水资源利用现状与分布调查，如水厂位置，各用水部门用水量与水质要求，各用水部门之间，中下游用水是否有矛盾等；水质监测状况调查，如监测点位及断面布置，采样频率与时段等；水利设施调查，如农业排灌、工业生活取水、调水、蓄水、防洪、保持通航水位及水力发电等设施的情况；区域经济发展状况调查，如国民经济各部门的经济效益与发展规划，区域内资源的种类和分布等；水污染现状与管理措施调查，如目前水体水质情况、季节水质变化等；政策和法规调查，如正执行与拟颁布的地方标准或管理条例等。

（2）确定工作方案，分析现有资料，确定初步划分范围与工作深度。对需要补测的项目，需要制定必要的现场监测方案。

第二步：定性分析阶段

在充分掌握资料的前提下，对水环境现状进行评价，分析水体的现状使用功能，以相应的水质标准为依据，确定影响使用功能的主要污染因子和污染时段；将现状功能区中水质不符合标准的水域，依据污染因子，逐一列出相应的污染源，围绕污染源可控性作控制单元优先控制顺序分析；提出规划功能及相应水质标准，预测污染源及污水量的增加与削减，确定应控制的污染严重时段；分析各类水质监测控制断面、点位的实测资料是否合理配套，是否可靠且有代表性。

在考虑下游关系的基础上，初步制定功能区划分方案，提出水质保护目标。

第三步：定量决策阶段

主要解决定性分析中未解决的、需要定量回答的功能可达性分析，混合区范围划定、技术经济评价和方案选择问题。对于水体功能明确无可替代方案供选择，由定性分析即可确定水源保护区，可不进行定量划分。而在需要协调各部门之间关系的基础上，直接由各

级政府进行决策评价并正式确定的水源保护区则需要进行定量计算。主要包括：

（1）确定设计条件。设计条件的确定必须在定量计算前完成，包括设计流量、设计水温、设计流速、设计排污量、设计达标率与标准和设计分期目标。通常需要将随机的、偶然的、多变化特征的自然条件概化为定常的、有一定概率特征的条件，以便在同一自然条件下，对不同的控制方案进行比较，从中选择最优方案。

（2）建立水质模型，进行功能区水质模拟和环境目标可达性分析。从各类污染物的特性与水环境的水文条件中，综合出几个重要特征（稀释、沉降、转化降解、冲刷悬浮等）建立水质模型。在建立和选用模型时，要考虑不同功能区水域的控制指标，及不同时期的规划进程，同时也要考虑水文、水质资料的获得和模型参数的估算精度等问题。

通常采用的模型有：

1）单项污染物控制指标的一般污染模型，如酚、氰、COD 等模型；

2）BOD-DO 复合模型；

3）CBOD、NBOD、DO 复合模型；

4）建立在大量水文、水质监测数据基础上的经验模型等。

应用水质模型计算出各种规划方案下的水质状态，将计算值与水质标准相对比，就可以判断哪些水域可以维持现状使用功能，哪些水域不能维持现状功能，以及各种情况下的环境目标的实现程度。

（3）计算混合区范围。混合区是为排放口排出的污染物提供初始稀释的区域，该区域是一个既不执行废水排放标准，也不执行水质标准的过渡区域。但混合区以外的水质应满足制定功能目标，其范围以不影响鱼类洄游通道和邻近功能区水质或范围为原则。对大多数天然河流而言，多属宽浅型河流，污染物进入河流后在水深方向上很快达到均匀混合，污染物浓度主要在纵向和横向上发生变化。所以，要进行比较精确的混合区范围划定、水质预测及负荷量计算，通常采用二维水质模型。

在削减排污量方案费用较高、技术不可行时，为了保证功能区水质符合要求，可考虑改变排污去向至低功能水域，或改变排放方式以减少混合区范围，或利用大水体稀释扩散能力。在这些情况下，应进行混合区范围计算。

（4）优化模型。按水体功能的划分，从满足水质标准的容许排放量出发，分析负荷分配的技术、经济可行性。对功能区达到各个环境目标的技术方案及投资进行可达性分析。对拟定控制污染的比较方案进行投资效益分析，运用各种最优方法求出能够实现环境目标的最佳可行方案。

第四步：综合评价阶段

在定性分析、定量决策结论的基础上，形成一个可供实施的、协调各部门意见的方案，还必须经过行政决策和更广泛的方案比较，逐一分析方案实施过程中的若干问题：如改变功能、调整功能区、利用混合区等内容是否可行，是否会有不可挽回的环境影响；提高水环境质量与加强水处理的不同途径的成本效益分析；各专业用水区的水质量是否有更加行之有效的保护方案；通过各种管理制度能否保证污染物削减方案的分步实施；环保目标与负荷分配目标是否合理等。通过对水环境功能区的综合评价，确定切实可行的区划方案，并拟定分期实施方案。

水环境功能区划是时间与空间的函数，随着时空条件的变换，功能区也需要进行相应的调整。例如，由于跨流域调水改变了水域原来的水文条件，也改变了流域的环境容量，污染物排放量对水体的影响在时间和空间上都会发生变化，水环境功能区也随之发生变化。再如，流域的经济发展增强了环境保护的实力，人们生活水平的提高对环境质量的要求也随之提高，都有必要重新修订原先的水环境功能区划。

6.1.2.4　典型案例——太湖流域（浙江）水功能区划

太湖流域（浙江）位于浙江省北部，北邻太湖，与江苏接壤，西与安徽相望，南以钱塘江为界，东与上海相连，总面积 12260km²。该区地势自西向东北倾斜，区内河流纵横交错，东部为平原河网，河港密布，地势低平，西南为低山丘陵。流域内主要有苕溪水系和运河水系。

苕溪水系：苕溪流域位于浙江省西北部，流域地势自西南向东北倾斜，主要山脉有天目山，流域面积 4576.4km²，分属杭州、湖州两市的七个县（市、区）。苕溪分东苕溪、西苕溪两大源流，东苕溪发源于天目山马尖岗南麓，主流长 151.4km。西苕溪发源于天目山脉狮子山的北麓，主流长 139.1km。东西苕溪在百雀塘桥汇合后，由长兜港、机坊港注入太湖，苕溪河长 158km。

运河水系：也称"杭嘉湖东部平原"河网水系，浙江境内流域面积 6481km²。运河水系是以纵横交错的河道形成平原河网水系，流域内地表径流北注入太湖，东注入黄浦江。"南排工程"兴建后有部分水量经由南排工程各排水闸注入钱塘江。该水系范围西以东苕溪导流港大堤——长兜港右岸为界，北以太湖——太浦河南岸为界，东以黄浦江支流斜塘、张泾塘为界，南以钱塘江为界，运河水系浙江省境内河道总长 24600km，河网密度 3.9km/km²，水面面积 633km²。

长兴水系：长兴水系与西苕溪既有联系，又相对独立，流域面积 1247km²，西北部为丘陵，东南部为濒临太湖的长兴平原，较大的河流有泗安溪、合溪等。

水功能区划方案：太湖流域浙江片区共划分水功能区 281 个，水功能区河长 2856.0km，详见表 6-1。

太湖流域（浙江）水功能区划结果　　　　　　　　　　表 6-1

流域		类别									
		保护区	保留区	缓冲区	饮用水源区	工业用水区	农业用水区	渔业用水区	景观娱乐用水区	过渡区	合计
苕溪（含长兴平原）	功能区个数	4	10	1	30	14	31	2	5	1	98
	功能区河长（km）	52.0	195.5	4.5	220.1	153.2	388.4	9.0	28.1	1.5	1052.3
运河	功能区个数	0	0	14	30	34	71	9	20	5	183.0
	功能区河长（km）	0	0	81.8	206.7	326.3	942.2	65.1	139.4	42.2	1803.7
合计	功能区个数	4	10	15	60	48	102	11	25	6	281
	功能区河长（km）	52.0	195.5	86.3	426.8	479.5	1330.6	74.1	167.5	43.7	2856.0

6.1.3 水环境容量与水环境保护目标

6.1.3.1 水环境容量

（1）定义

水环境容量是指一定水体在满足特定功能不受破坏下对污染物的可承载负荷量，反映的是污染物在水环境中的迁移、转化和积存的规律。通常将在给定水域范围和水文水力条件、给定排污地点与方式、给定水质标准等条件下，水域的允许纳污量（或排污口最大排放量）拟作水环境容量。在实际应用中，水环境容量是水环境目标管理的基本依据，是水环境保护规划的重要环境约束条件，也是污染物总量控制的关键参数。水环境容量是制定地方性、专业性水域排放标准的依据之一，环境管理部门利用它确定在固定水域允许排入污染物的数量。水环境容量的确定是水污染实施总量控制的依据，是水环境管理的基础。

理论上，水环境容量是水体自然特征参数和社会效益参数的多变量函数，可用函数关系表达为：

$$W_c = f(C_p, S, S', Q, Q_E, t)$$

式中　W_c——水环境容量或允许纳污量；

　　　C_p——水体中污染物的背景浓度；

　　　S——水质标准；

　　　S'——距离；

　　　Q——水体流量；

　　　Q_E——排污流量；

　　　t——时间。

从函数表达式中可以看出，水体的环境容量与水域特征、环境功能要求和污染物特性等有着密切的关联。

1）水域特征。水域特征是确定水环境容量的基础，主要包括几何特征（形状、大小）、水文特征（流量、流速、水温等）、化学性质（pH、硬度、各种化学元素的背景值）、物理自净能力（挥发、稀释、扩散、沉降、吸附等）、化学自净能力（水解、氧化还原、中和等）、生物降解（生物氧化、水解、光合作用等）。显然，这些自然参数决定着水体对污染物的稀释扩散能力和自净能力，从而决定着水环境容量的大小。

2）环境功能要求。水体对污染物的纳污能力是相对于水体满足一定的使用功能而言的。我国各类水域一般都划分了水环境功能区，对不同的水环境功能区提出不同的水质要求，允许存在于水体中的污染物的数量也大不相同。不同的功能区划，对水环境容量的影响很大：水质要求高的水域，水环境容量小；水质要求低的水域，水环境容量大。

3）污染物特性。不同污染物本身具有不同的物理化学特性和生物反应规律，水体对污染物的自净作用自然也各有不同。另外，不同类型的污染物对水生生物的毒性作用及对人体健康的影响程度不同，允许其存在于水体中的污染物数量自然也不同。所以，针对不同的污染物，同一水体有不同的水环境容量。同时，各种污染物之间又可能具有一定的相互联系和影响，提高某种污染物的环境容量可能会降低另一种污染物的环境容量。

4）排污方式。水域的环境容量与污染物的排放位置与排放方式有关。一般来说，在其他条件相同的情况下，集中排放的环境容量比分散排放小，瞬时排放比连续排放的环境容量小，岸边排放比河心排放的环境容量小。

如此看来，水环境容量是在污水与水体理想的混合情况下所获得的污染物排放量。一般情况下，污染物的排放不可能在水体中均匀分布，即水体的环境容量不可能被完全利用，在部分水体被用于接纳污水时的污染物排放量被称为水体的纳污能力。在这个意义上来看，水体的纳污能力一般小于水环境容量。

（2）特征

水环境容量具有以下三个基本特征：

1）资源性。水环境容量是一种自然资源，其价值体现在对排入污染物的缓冲作用，即容纳一定量的污染物也能满足人类生产、生活和生态系统的需要，但水域的环境容量是有限的可再生自然资源，即在一定的条件下，水环境质量能够具有自我修复的能力。利用水环境容量对污染物的缓冲作用，水体中即使具有一定的污染物也能满足人类的需要，可以部分代替人工污水处理，减轻污水处理负担，从而降低水污染治理的费用。但是，水环境容量又是一种有限的资源，是可以被耗尽的，不能滥加开发利用。因为，水环境对于污染物的稀释、迁移和净化主要靠自然力的作用，其人工可调性是很微弱的。一旦污染负荷超过水环境容量，其恢复将十分缓慢与艰难。

2）时空性。水环境容量具有明显的时空内涵。空间内涵体现在不同区域社会经济发展水平、人口规模及水资源总量、生态、环境等方面的差异，使资源总量相同时不同区域的水体在相同时间段上的水环境容量并不相同。时间内涵表现在同一水体在不同时间段的水环境容量是变化的，水质环境目标、经济及技术水平等在不同时间可能存在差异，从而导致水环境容量的不同。由于各区域的水文条件、经济、人口等因素的差异，不同区域在不同时段对污染物的净化能力存在差异，这导致了水环境容量具有明显的地域和时间差异的特征。

3）系统性。水环境具有自然属性，河流、湖泊等水域一般处在大的流域系统中，水域与陆域、上游与下游、左岸和右岸构成不同尺度的空间生态系统。因此，在确定局部水域水环境容量时，必须从流域的角度出发，合理协调流域内水域的水环境容量。同时，水环境容量也具有社会属性，涉及经济、社会、环境、资源多个方面，各个方面彼此关联、相互影响。水环境是一个复杂多变的复合体，水环境容量的大小除受水生态系统和人类活动的影响外，还取决于社会发展需求的环境目标。因此，对其进行研究，不应仅仅限制在水环境容量本身，而应将其与经济、社会、环境等看作一个整体进行系统化研究。

（3）分类

1）按水环境目标分类：

按水环境目标的不同可将水环境容量分为自然水环境容量、管理水环境容量和规划水环境容量。

自然水环境容量以污染物在水体中的基准值为水质目标，以水体的允许纳污量作为自然水环境容量。基准值是环境中污染物对特定对象（人或其他生物）不产生不良或有害影响的最大剂量或浓度，即基准值由污染物和特定对象之间的剂量反应关系确定。自然水环境容量反映了水体和污染物的客观性质，反映水体以不造成对水生生物和人体健康不良影响为前提的污染物容纳能力，与人们的意愿无关，不受人为社会因素的影响，具有一定的客观性。

管理（或规划）水环境容量是以污染物在水体中的标准值为水质目标，则水体的允许纳污量称为管理环境容量；当以水污染损害费用和治理费用之和最小为约束条件，所规划的允许排向水体的排污量，称为规划环境容量。

2）按污染物降解机制分类：

按照污染物降解机理，水环境容量可划分为稀释容量和自净容量两部分。

污染物进入天然水体后，在一定范围内污染物与天然水体相互混掺，污染物浓度由高变低。显然，天然水体对污染物具有一定的稀释能力。水体的这种通过物理稀释作用所能容纳污染物的量称为稀释容量。只要有稀释水量，就存在稀释容量。

水体通过沉降、生化、吸附等物理、化学和生物作用，对水体内的污染物所具有的降解或无害化能力，即表征为自净容量。若污染物是易降解有机物，则自净容量又称为同化容量。只要污染物有衰减系数，就存在自净容量，即使在污水中也是如此。

3）按可再生性分类

可再生性是指水体对污染物的同化能力，而水体的稀释、迁移、扩散能力则属于非再生性能力。按照可再生性分类，水环境容量可分为可更新容量和不可更新容量。

可更新容量指水体对污染物的降解自净容量或无害化容量（如耗氧有机物水环境容量就是可更新容量），通过污染物降解，环境容量可以不断再生，如果控制和利用得当，又是可以永续利用的水环境容量。通常所说的利用水体的自净能力，就是指这部分可更新容量。但是，可更新容量的超负荷开发利用，同样会造成水环境污染，因此要合理利用这一部分水环境容量。

不可更新容量指在自然条件下，水体对不可降解或长时间内只能微量降解的污染物所具有的容量。这部分环境容量的恢复只表现在污染物的迁移、吸附、沉积和相的转移，在大环境水体中的总数量不变，如重金属和许多人工合成有毒有机物的水环境容量。对部分容量应立足于保护，不宜强调开发利用。

4）按污染物性质分类

按污染物性质可将水环境容量分为耗氧有机物水环境容量、有毒有机物水环境容量及重金属水环境容量等。

耗氧有机物水环境容量又称为易降解有机物水环境容量，耗氧有机物指那些能够被水体中的氧、氧化剂或微生物氧化分解变成简单的无毒物质的有机物，即能够比较容易被水体自净同化的有机物，例如 BOD、酚等。这类有机物显然有较大的水环境容量，通常所说的水环境容量主要指这一部分容量。

有毒有机物水环境容量又称为难降解有机物水环境容量。这类有机物指人工合成的毒性大、不易降解的有机物，例如有机氯农药、多氯联苯等合成有机物，它们的化学稳定性极高，在自然界中完全分解所需的时间长达 10 年以上。有毒有机物水环境容量的特点是同化容量甚微，一般只考虑稀释容量。这类污染物主要应采取源头控制的方法，应慎重开发利用它们的水环境容量。

重金属进入水体后可被稀释到阈值以下，从这个角度讲，重金属有水环境容量。但是，重金属属于持久性污染物质，在水体中只存在形态变化与相的转移，不能被分解。所以，重金属没有同化容量，这类污染物不论排放去向和排放方式如何，均应进行严格的污染源控制。

5）按可分配性分类

水环境容量按可分配性分为可分配容量和不可分配容量。在自然水体中，点源、面源、自然污染源等对水体中的总污染负荷都各有贡献，都要占用相应的水环境容量。但是，自然源非人为所能控制，因而所占用的环境容量也就不可再分配使用。在目前的控制条件下，面源污染控制往往也需要花费很大的财力、物力及很长的时间，因而其所占用的环境容量也可看作难以分配使用的。点源实际上也不是全部都能控制改变，可控制的污染物主要是点源中的工业污染源和部分生活污染源。这种可控污染物所占用的环境容量即是可分配环境容量，反之，则为不可分配环境容量。总量控制负荷分配中实际可使用的容量只有可分配环境容量。

（4）计算步骤

水环境容量的确定，要遵循以下两条基本原则：一是保持环境资源的可持续利用。要在科学论证的基础上，首先确定合理的环境资源利用率，在保持水体有不断的自我更新与水质修复能力的基础上，尽量利用水域环境容量，以降低污水治理成本。二是维持流域各段水域环境容量的相对平衡。影响水环境容量确定的因素很多，筑坝、引水，新建排污口、取水口等都可能改变整个流域内水环境容量分布。因此，水环境容量的确定应充分考虑当地的客观条件，并分析局部水环境容量的主要影响因素，以利于从流域的角度，合理调配环境容量。

通常情况下，水域的环境容量计算可以按照以下 6 个步骤进行：

1）水域概化。将天然水域（河流、湖泊、水库）概化成计算水域。例如，天然河道可概化成顺直河道，复杂的河道地形可进行简化处理，非稳态水流可简化为稳态水流等。水域概化的结果，就是能够利用简单的数学模型来描述水质变化规律。同时，支流、排污口、取水口等影响水环境的因素也要进行相应概化。若排污口距离较近，可把多个排污口简化成集中的排污口。

2）基础资料调查与评价。包括调查与评价水域水文资料（流速、流量、水位、体积等）和水域水质资料（多项污染因子的浓度值），同时收集水域内的排污口资料（废水排放量与污染物浓度）、支流资料（支流水量与污染物浓度）、取水口资料（取水量与取水方式）、污染源资料等（排污量、排污去向与排放方式），并进行数据一致性分析，形成数据库。

3）选择控制点（或边界）。根据水环境功能区划和水域内的水质敏感点位置分析，确定水质控制断面的位置和浓度控制标准。对于包含污染混合区的环境问题，则需根据环境管理的要求确定污染混合区的控制边界。

4）建立水质模型。水环境容量的计算通常通过使用各类水质模型来获得。由于环境容量受到地形地貌、气象、水文条件等的影响，这些水质模型都比较复杂。但在研究的水体固定后，其地形、地貌条件的变化都不大，水文条件变化一般也具有一定的规律。因而，水质模型通常被简化为一个黑箱，利用输入响应关系进行水环境容量描述。在多数情况下，由于可以很方便地单独求稀释容量，也可以很方便地得到水体的自净量，从水质管理的实用要求出发，将二者相加，即可得到与水质模拟方法计算的水域容许纳污量精度相近的结果。因此，水环境容量的计算在使用水质模型与模拟技术，简化输入响应模型之后，又可以进一步简化为分别求算水域的稀释容量和自净容量。这样就大大简化了水环境容量的计算。根据实际情况选择建立零维、一维或二维水质模型，在进行各类数据资料的一致性分析的基础上，确定模型所需的各项参数。

5）容量计算分析。应用设计水文条件和上下游水质限制条件进行水质模型计算，利用试算法（根据经验调整污染负荷分布反复试算，直到水域环境功能区达标为止）或建立线性规划模型（建立优化的约束条件方程）等方法确定水域的水环境容量。

6）环境容量确定。在上述容量计算分析的基础上，扣除非点源污染影响部分，得出实际环境管理可利用的水环境容量。

6.1.3.2 水环境保护目标

水环境保护目标是流域水环境规划的出发点与归宿，是通过一系列环境保护指标来体现的。水环境保护目标通常包括水资源保护目标和水污染综合防治目标，这是由于水质与水量是辩证统一的关系。水量大，水体的环境容量增大，不易造成严重污染，水质较易保证；污染物持续过量地排入水体，水遭受污染，水质下降，可用水资源量也随之减少。自然生态系统和人类社会需要的水质和水量两者之间也是辩证统一的。水质好但水量不足，或水量虽大但水质恶劣，都会引起生态破坏，无法保证人类经济和社会的可持续发展。所以，有些专家提出"开清之源与节污之流"要并举，也就是说水污染综合防治，不能只着眼于污染的"防"和"治"，还要合理开发利用和保护水资源并重。

（1）确定水环境目标的依据

制定水环境目标的依据包括：国家的法律法规、标准规范；国家重点流域的水污染防治规划；规划区域的区位及生态特征；流域经济、社会发展的需求及经济技术发展的实际水平等。

（2）建立水环境目标指标体系

1）设计指标体系框架

根据水质、水量辩证统一的指导思想和污染防治与生态保护并重的方针，水环境目标及其相关指标组成的指标体系应包括水环境质量指标、水资源保护及管理指标、水污染控制指标、环境建设及环境管理指标等内容。

① 水环境质量指标是指标体系的主体。水环境质量目标是依据水体功能分区，执行相应的国家环境质量标准。在此基础上，结合规划的具体要求，确定各水域的主要水质指标。除此之外，还要以功能区环境容量为基础，确定水域内可接受的某种污染物的总量。总量控制目标是制定流域污染控制规划的基础，是水体水质目标得以实现的保证。水环境质量目标主要有：COD、NH_3-N、高锰酸盐指数、氟化物、石油类等单项水质指标、饮用水水质达标率、地表水达到水质标准的类别、达标率等。

② 水资源保护及管理指标主要有：万元 GDP 用水量、万元 GDP 用水量年均递减率、万元工业产值用水量年均递减率、农田节水灌溉工程的比重（已建节水工程的农田占农田灌溉总面积的百分比）、水资源循环利用率、水资源重复利用率、水资源过度开发率、地下水超采率等。

③ 水污染控制指标主要有：工业废水排放量、主要水污染物排放量（如 COD、NH_3-N、TP、重金属、石油类等污染物的排放量）、工业废水处理率、工业废水排放达标率等。

④ 环境建设及环境管理指标主要有城镇供水能力（t/d）、城镇排水管网普及率、城镇污水处理率、水源涵养体系完善度、水资源管理体系完善度、水资源保护投资占 GDP

的百分比、水污染防治投资占 GDP 的百分比、水环境保护法规标准执行率、公众对环境的满意率、环境保护宣传教育普及率等。

2）参数筛选及分指标权值确定

参数筛选是根据指标体系框架的四个方面，参照国家提出的有关水污染防治的指标，结合本地区的实际情况，提出供筛选的多个参数（分指标）；通过专家咨询或邀请有关部门责人开专题讨论会等形式，筛选参数确定分指标。数量不宜过多，一般在 20～25 个，并符合下列原则：①各项分指标既有联系又有相对独立性、不能重叠；②每项指标都要有代表性、科学性；③各项分指标能组成一个完整的指标体系；④便于管理和实施。

权是秤锤的意思，分指标的权值表明分指标在整个指标体系中的重要程度。对于水环境质量影响较大的指标，赋予较大的权值。可以在参数筛选的同时，通过专家咨询或专题讨论，根据各项分指标的相对重要性排序，确定各项分指标的权值。

各项分指标及其权值确定后，即可按照设计的指标体系框架组成指标体系。指标体系的综合评分一般采取百分制，即各项分指标都达到满分时，分指标之和是 100 分。该综合分值可以反映出区域的水环境质量综合水平。

6.2　水资源环境管理

6.2.1　水资源的含义与特点

6.2.1.1　水资源的含义

水是人类维系生命的基本物质，是工农业生产和城市发展不可缺少的重要资源。地球上水的总量约有 $14 \times 10^8 \text{ km}^3$，其中约有 97.3% 的水是海水，淡水不及总量的 3%。其中还有约 3/4 以冰川、冰帽的形式存在于南北极地区，人类难以利用。与人类关系最密切又较易开发利用的淡水储量约为 $400 \times 10^4 \text{ km}^3$，仅约占地球上总水量的 0.3%。

水资源是指在目前技术和经济条件下，比较容易被人类直接或间接开发利用的那部分淡水，主要包括河川、湖泊、地下水和土壤水等。

这里需要说明的是，土壤水虽然不能直接用于工业、城镇供水，但它是植物生长必不可少的，所以土壤水属于水资源范畴。至于大气降水，它是径流、地下水和土壤水形成的最主要，甚至唯一的补给来源。

直到 20 世纪 20 年代，人类才认识到水资源并非用之不竭，取之不尽。随着人口增长和经济的发展，对水资源的需求与日俱增，人类社会正面临水资源短缺的严重挑战。据联合国统计，全世界有 100 多个国家和地区缺水，严重缺水的国家和地区已达 40 多个。水资源不足已成为许多国家制约经济增长和社会进步的主要因素之一。

6.2.1.2　水资源的特点

（1）循环再生性与总量有限性

水资源属于可再生资源，在再生过程中通过形态的变换显示出它的循环特性。在循环过程中，由于受到太阳辐射、地表下垫面、人类活动等条件的作用，每年更新的水量是有限的。需要指出的是，虽然水资源具有可循环再生的特性，但这是对于全球范围水资源的总体而言的。对于一个具体的水域，如一个湖泊、一条河流，它完全可能干涸并且不能再生。因此，在开发利用水资源过程中，一定要注意不能破坏自然环境的水资源再生能力。

（2）时空分布的不均匀性

由于水资源的主要补给来源是大气降水、地表径流和地下径流，它们都具有随机性和周期性（其年内与年际变化都很大），它们在地区分布和季节分布上又很不均衡。

（3）功能的广泛性和不可替代性

水资源既是生活资料又是生产资料，更是生态系统正常维持的需要，其功能在人类社会的生存发展中发挥了广泛而又重要的作用，如保证人畜饮用、农业灌溉、工业生产使用、养鱼、航运、水力发电等。水资源的这些作用和综合效益是其他任何自然资源无法替代的。

（4）利弊两重性

由于降水和径流的地区分布不平衡和时空分配不均，往往会出现洪涝、旱碱等自然灾害。如果开发利用不当，还会引起人为灾害，例如：垮坝、水土流失、次生盐渍化、水质污染、地下水枯竭、地面沉降、诱发地震等。这说明水资源具有明显的利弊两重性。

6.2.2 环境管理的基本概念

1972 年斯德哥尔摩人类环境会议前，环境问题常常被看作只是污染问题。斯德哥尔摩会议讨论了经济发展与环境问题的相互联系和相互依赖的关系，并在《联合国人类环境会议宣言》中提出"保护和改善人类环境是关系到全世界各国人民的幸福和经济发展的重要问题，也是全世界各国人民的迫切希望和各国政府的责任"。会议提出了环境管理的原则，包括指定适当的国家机关管理环境资源；应用科学和技术控制环境恶化和解决环境问题；开展环境教育和发展环境科学研究；确保各国际组织在环境保护方面的有效和有力的协调作用等。

1974 年，联合国环境规划署和联合国贸易与发展会议在墨西哥召开，在资源利用、环境与发展战略方针专题讨论会上形成了三点共识：①全人类的一切基本需要应得到满足；②要发展以满足需要，但又不能超出生物圈的容许极限；③协调这两个目标的方法即环境管理。同年，美国学者 G. H. Sewell 编写的《环境管理》中对环境管理的含义作了专门论述，写道"环境管理是对损害人类自然环境质量的人的活动（特别是损害大气、水和陆地外貌的质量的人的活动）施加影响"。并说明，"施加影响"系指"多人协同活动，以求创造一种美学上令人愉快、经济上可以生存发展、身体上有益于健康的环境所做出的自觉地、系统地努力。"该定义指出了环境管理的实质是规范和限制人类的观念和行为。曾任联合国环境规划署执行主席的穆斯塔法·托尔巴指出，环境管理是指依据人类活动（主要是经济活动）对环境影响的原理，制定与执行环境与发展规划，并且通过经济、法律等各种手段，影响人的行为，达到经济与环境协调发展的目的。

1987 年，Dorney 在《环境管理专业实践》中提出，环境管理是一个"桥梁专业"，它致力于系统方法发展信息协调技术，在跨学科的基础上，根据定量和未来学的观点，处理人工环境的问题。这一定义强调了环境管理跨学科的性质。

1987 年，刘天齐主编的《环境技术与管理工程概论》中对环境管理的含义做出了如下论述："通过全面规划，协调发展与环境的关系；运用经济、法律、技术、行政、教育等手段，限制人类损害环境质量的活动；达到既要发展经济满足人类的基本需要，又不超出环境的容许极限。"

2000 年，叶文虎主编的《环境管理学》一书中认为，环境管理是"通过对人们自身思想观念和行为进行调整，以求达到人类社会发展与自然环境的承载能力相协调。也就是说，环境管理是人类有意识的自我约束，这种约束通过行政的、经济的、法律的、教育的、科技的等手段来进行，它是人类社会发展的根本保障和基本内容"。这是从管理的目标、任务和方法手段几方面较具体说明了环境管理的含义。

2003 年，《环境科学大辞典》中阐述，环境管理有两种含义：从广义上讲，环境管理是指在环境容量的允许下，以环境科学的理论为基础，运用技术的、经济的、法律的、教育的和行政的手段，对人类的社会经济活动进行管理；从狭义上讲，环境管理是指管理者为了实现预期的环境目标，对经济、社会发展过程中施加给环境的污染和破坏性影响进行调节和控制，实现经济、社会和环境效益的统一。

20 世纪 90 年代以来，随着全球环境问题日趋严重，国内外学者对环境管理的认识也在不断深化。根据国内外学者的研究成果，要比较全面地理解环境管理的含义，应该注意以下几个基本问题：

（1）协调发展与环境的关系。建立可持续发展的经济体系、社会体系和保持与之相适应的可持续利用的资源和环境基础，这是环境管理的根本目标。

（2）动用各种手段限制人类损害环境质量的行为。人在管理活动中扮演着管理者和被管理者的双重角色，具有决定性的作用。因此，环境管理实质上是要限制人类损害环境质量的行为。

（3）环境管理是一个动态过程。环境管理要适应科学技术和经济规模的迅猛发展，及时调整管理对策和方法，使人类的经济活动不超过环境承载力和环境容量。而且，环境管理也和任何管理程序一样，通过履行管理的规划、组织协调和控制职能开展工作。

（4）环境管理是跨学科领域的新兴综合学科。环境管理面对的是由人类社会和自然环境组成的复合系统，承担着将自然规律和社会规律相耦合的重要责任，是二者之间的"桥梁专业"。因而，它既需汲取社会科学中的经济学、管理学、社会学和伦理学等精髓，也需吸收自然科学中的生态学、生物学和环境科学等学科的成果。

（5）环境保护是国际社会共同关注的问题，环境管理需要各国超越文化和意识形态等方面的差异，采取协调合作的行动。

6.2.3　水资源开发利用中的环境问题

水资源开发利用中的环境问题是指水量、水质和水能发生了变化，导致水资源功能的衰减、损坏以至丧失。我国水资源开发利用中的环境问题主要表现在：

（1）人均水资源匮乏，供需矛盾加剧

据有关统计，我国人均水资源占有量为 2200m³，而世界人口水资源平均占有率约为 9000m³，我国是世界上缺水严重的国家之一。如今我国正处于严重缺水期，目前我国一半以上城市存在缺水的问题，其中问题比较严重的有 100 多个城市，全国城市总缺水量高达 60 亿 m³。预计我国在 2030 年后人口增加到 16 亿人，水资源缺口量增加到 400 亿～600 亿 m³。随着社会不断地发展，我国工业用水、城市用水量持续增加，水资源供需矛盾愈加严重，已成为工业发展乃至社会发展的障碍。

（2）水资源利用率低，开发不合理

我国工农业生产中水资源浪费严重。农业灌溉工程不配套，大部分灌区渠道没有防渗措施，渠道漏失率为 30%～50%，有的甚至更高；部分农田采用漫灌方式，因渠道跑水和田地渗漏，实际灌溉有效率为 20%～40%，南方地区更低。而国外农田灌溉的水分利用率多在 70%～80%。在工业生产中由于技术设备和生产工艺落后，我国工业万元产值耗水比发达国家多数倍。工业耗水过高不仅浪费水资源，同时增大了污水排放量和水体污染负荷。在城市用水中，由于卫生设备和输水管道的跑、冒、滴、漏等现象严重，也浪费大量的水资源。此外，部分城市、地区的水资源开发不合理，过度开发问题依然严重，导致上下游、左右岸的水资源分布不合理，影响周边居民的正常生活。

（3）水资源污染问题比较严重

从地表水资源质量现状来看，我国有 50% 的河流、90% 的城市水域受到不同程度的污染。地下水资源质量也面临巨大压力，根据水利部的调研结果，我国北方五省区和海河流域地下水资源，无论是农村（包括牧区）还是城市，浅层水或深层水均遭到不同程度的污染，局部地区（主要是城市周围、排污河两侧及污水灌区）和部分城市的地下水污染比较严重。我国有 8% 的河段污染严重，造成了水质性缺水，更加剧了水资源不足。

（4）盲目开采地下水造成地面下沉

目前因为地下水的开发利用缺乏规范管理，所以开采严重超量，出现水位持续下降、漏斗面积不断扩大和城市地下水普遍污染等问题。据统计，一些地区超量开采，形成大范围水位降落漏斗，地下水中心水位累计下降 10～30m。由于地下水位下降，十几个城市发生地面下沉，在华北地区形成了全世界最大的漏斗区，且沉降范围仍在不断扩展。沿海地区由于过量开采地下水，破坏了淡水与咸水的平衡，引起海水入侵地下淡水层，加剧了地下水污染。

（5）河湖容量减少，环境功能下降

我国是一个多湖的国家，长期以来，由于片面强调增加粮食产量，在许多地区过分围垦湖泽、排水造田，结果使许多天然小型湖泊从地面消失。号称"千湖之省"的湖北省，1949 年有大小湖泊 1066 个，2004 年只剩下 326 个。据不完全统计，近 40 年来，由于围湖造田我国的湖面减少了 133.3 万 hm² 以上，损失淡水资源 350 亿 m³。中外闻名的"八百里洞庭"，30 年内被围垦掉 3/5 的水面，湖容量减少 115 亿 m³。鄱阳湖 20 年内被垦掉一半水面，湖容量减少 67 亿 m³。围湖造田不仅损失了淡水资源，减弱了湖泊蓄水防洪的能力，也减少了湖泊的自净能力，破坏了湖泊的生态功能，从而造成湖区气候恶化，水产资源和生态平衡遭到破坏，进而影响到湖区多种经营产业的发展。

6.2.4 水资源环境管理的途径和方法

水是生命之源、生产之要、生态之基，人多水少、水资源时空分布不均、水资源短缺、水污染严重、水生态环境恶化是我国的基本水情，严重地制约了我国经济社会的可持续发展。因此，必须加强水资源环境的保护与管理。

（1）建立统一的水资源利用与水环境保护政策

面对不同地区、各个省份对水资源利用与水环境保护的不同做法所导致的不同结果，在进行水资源利用以及水环境保护的过程中，需要有统一的政策作为支持。要充分协调好不同部门之间的利益及利益趋向，并做好各个部门之间的有效沟通，明确不同管理部门的管理职责，通过统一的政策来凝聚管理部门的向心力，提高相关工作的执行效果。在统一政策制定的同时，要保证政策本身的可操作性、权威性、全面性和针对性，从而为不同地区的水资源合理利用及水环境的保护奠定良好的政策基础。

（2）完善水环境保护法律法规和水资源保护机制

在环境保护方面，我国有《中华人民共和国环境保护法》等法律法规的支持。同样，对水环境进行保护时，也需要完善的法律法规加以保障。目前，我国与之有关的法律相对缺乏，导致一些工作缺乏有效的法律依据。要积极学习发达国家的经验，结合我国国情，打造完善的法律体系。比如，美国各州在保护水环境方面会出台相应的管理办法，这些法律法规具有很强的执行力度。我国还需对与水环境保护相关的法律予以补充，填补法律规定中的空缺，弥补法律漏洞，有效预防和打击违法行为。由于我国幅员辽阔，各地区的水资源和水环境情况差异性较大。因此，各地要结合自身实际情况制定相应的法律法规，体现出内容的针对性，维护法律的权威性，使水环境保护工作有法律支持。

随着社会的发展，水资源的保护更加需要引起人们的重视，需要制定长远可行的计划，科学调整水资源利用，全面开展对水资源的保护。而这种保护需要从长远的角度出发去思考，需要精准细致的战略性规划，多角度全方位地解决当前出现的相关问题的同时，还要对未来的发展进行展望。制定完善的污染管控规章制度，对水资源保护的相关知识大力宣传。从专业技术的角度进行思考和管理，加强法律约束和监管的力量，不断完善水环境管理体系，为水环境的未来良好发展保驾护航，推动可持续性良好发展。

（3）重视水资源循环利用与工业节水，树立全民保护水资源和节约用水意识

在我国人口众多的情况下，提高全社会保护水资源、节约用水的意识和守法的自觉性，建立一个节水型社会，是实现水资源可持续开发利用的重要手段之一。在工业生产中，不仅需要通过改进生产工艺、调整产品结构、推行清洁生产降低水耗，而且还需要了解工业用水需求，制定合理的对策，对水资源进行二次回收，通过集中处理，使其能够再次发挥作用。农业灌溉是我国最大的用水户，农业方面节水主要通过改进地面灌溉系统，采取渠道防渗或管道输送（可减少 $50\%\sim70\%$ 的水损失）；制定节水灌溉制度、实行定额、定户管理；推广先进农灌技术，如滴灌、雾灌和喷灌等措施节水。总之，积极采用多种节水措施，选择先进的节水设备，为水资源的合理利用与保护提供强大的技术支持。

此外，城市居民在日常生活中会频繁用水，如果居民缺乏节水意识，就会导致水资源被浪费。因此，要广泛深入开展基本水情宣传教育，强化社会舆论监督，进一步增强全社会水忧患意识和水资源节约保护意识，形成节约用水、合理用水的良好风尚。

（4）实行水污染物总量控制，推行许可证制度，实现水量与水质并重管理

水资源保护包含水质和水量两个方面，二者相互联系和制约。水资源的总量减少或质量降低，都必然会影响到水资源的开发利用，而且对人的身心健康和自然生态环境造成危害。如果大量的废水直排或未经达标处理而排入水环境系统，会严重污染水质，降低水资源的可利用度，加剧水环境资源供需矛盾。因此，必须采取措施综合防治水污染，恢复水质，解决水质性缺水问题。对此，在产业升级中应大力推广清洁生产，将水污染防治工作从末端处理逐步走向全过程管理，同时应加强集中式污水处理厂、污水处理站建设，全面实行排放水污染物总量控制，推行许可证制度。还要大力开展水循环利用系统和中水回用系统建设，使水资源能得到梯次利用和循环利用。要不断完善和加强水环境监测监管工作，实现水量与水质并重管理。

（5）科学规划并集中财力建设水利工程项目

工程建设，规划先行。为确保规划的系统性、科学性、可操作性，水利发展规划必须

在满足国民经济发展的基础上，符合城镇发展、国土空间布局等。一要注重水利规划的科学合理性。组织相关技术人员对县域内各方面进行调查论证，合理布局各项水利工程项目，并注重工程的外观特征，提高规划设计水平。二要注重与周边环境配套。在规划塘坝/河道防洪工程的同时，将河道两侧绿化配套纳入其中，并植入沿河历史等水文化元素，使建成的工程特别在城镇区域变成居民休闲活动的场所。

以调蓄水资源为主的水利工程一次性投资大，是国民经济发展中需优先发展的主要基础产业，必须加快建设。一要积极主动向上对接。利用国家支持发展的有利时机，根据轻重缓急，选择对应工程项目向上争取建设资金。二要争取资金的支持。选择投资适中、建设周期短、见效快的工程项目，为资金的连年投入水利工程打好基础。三要加大招商力度。对一些兼有供水、旅游、渔业、发电等直接经济效益项目引进社会资本入股，共同参与管理，推进工程提前建设，提前发挥效益。

（6）加强水面保护与开发，促进水资源的综合利用

开发利用水资源必须综合考虑去害兴利，在满足工农业生产用水和生活用水外，还应充分认识到水资源在水产养殖、旅游、航运等方面的巨大使用价值，以及在改善生态环境中的重要意义，使水利建设与各方面的建设密切结合、与社会经济环境协调发展，尽可能做到一水多用，以最少的投资取得最大的效益。

水面资源（特别是湖泊）是旅游资源的重要组成部分。在我国已公布的国家级风景名胜区中，有很多都属于湖泊类风景名胜区。搞好湖泊旅游资源开发，不仅能提高经济效益，还能带动其他相关产业的发展。水面（特别是较大水面）的存在，对于调节空气温湿度、改善小气候、净化水质、防止洪涝灾害、维持水生态平衡等都具有重要的意义，是改善生态环境质量的重要措施之一。

思考题

1. 简述水环境规划的概念、类型及层次。
2. 水环境功能区划的基本原则和方法是什么？
3. 简述水环境容量的定义及其类型。
4. 如何确定水环境保护的目标？
5. 说明我国水资源现状及其分布特点。
6. 我国在水资源开发利用过程中产生了哪些环境问题？
7. 简要说明水资源环境管理的主要途径与方法。

本章参考文献

[1] 李广贺. 水资源利用与保护[M]. 3版. 北京：中国建筑工业出版社，2016.

[2] 曲向荣. 环境规划与管理. 北京：清华大学出版社，2013.

[3] 程炜，颜润润，刘洋，等. 基于控制单元的流域水污染控制与管理——以京杭运河苏南段为例[J]. 环境科技，2009，23（1）：70-74.

[4] 钱易，唐孝炎. 环境保护与可持续发展[M]. 2版. 北京：高等教育出版社，2010.

[5] 中华人民共和国住房和城乡建设部. 水功能区划分标准：GB/T 50594—2010[S]. 北京：中国计划出版社，2011.

[6] 浙江省水利厅. 浙江省水功能区、水环境功能区划分方案[Z]. 2005.

［7］　谭东烜，周元春，李慧鹏等 . 太湖流域水环境保护目标责任考核机制研究［J］. 中国环境管理，2016，8(4)：87 91.

［8］　阳平坚，吴为中，孟伟等 . 基于生态管理的流域水环境功能区划——以浑河流域为例［J］. 环境科学学报，2007(6)：944-952.

［9］　朱慧变，匡武，吴蕾 . 引江济淮安徽段水污染物总量控制及水环境保护［J］. 安徽农业科学，2016，44(30)：58-60.

［10］　阿丽亚·阿不都克里木 . 中国水资源开发利用现状及改善措施［J］. 能源与节能，2022(3)：174-176.

［11］　张子琛，王俊杰，吴广涛，等 . 基于可持续发展下的水资源开发利用现状及评价研究［J］. 环境科学与管理，2022，47(2)：165-168.

［12］　王蕊 . 加强水资源开发利用的途径与水环境保护问题分析［J］. 黑龙江科技信息，2016，(31)：68.

第7章 社会实践的开展与环节设计

大学生社会实践活动指的是按照教育部制定的高等教育、德育要求中的培养目标，面对在校学习的大学生进行有计划、有目的、有组织，专业化开展的一项帮助大学生认识社会、加强大学生思想道德教育、训练实践动手能力、培育大学生社会责任感的教育活动。大学生社会实践活动，是高等学校引导学生走出校门，向社会学习，向实践学习，了解国情民俗，将书本知识同实际结合，服务社会的一种重要教育形式。青年学生要想认识国情，了解社会，就应该在学好科学文化知识的同时，积极参加各种社会实践活动，以达到"受教育、长才干、做贡献"的目的。开展社会实践活动对增强大学生的社会责任感，培养合作精神，提升自觉能动性和综合素质有着十分重要的意义。

7.1 大学生暑期社会实践简介

7.1.1 大学生暑期社会实践基本特点

（1）自主性。不论是社会调查还是社会服务，大学生社会实践主要以学生自己联系、组织、设计、实施为主，活动自主性强。也正因为如此，学生在活动过程中可锻炼提高策划能力、组织能力、活动能力、交往能力等。

（2）群众性。由于活动是由学生自发设计、自行组织的，活动内容都是学生自己关心的、感兴趣的，因而对同学常有较强的吸引力。

（3）可选择性。学生对社会实践活动的开展有较大的选择余地，地点、内容、形式都可以根据实际情况进行选择。这相对于课堂教学而言，更能体现出学生的个性。

（4）多样性。大学生社会实践活动以学生兴趣、爱好、特长为中心，相对于课堂教学标准化、集中化的特点，社会实践活动形式多样、人员分散，能充分发挥学生的主动性、积极性和创造性。

（5）教育性。社会实践活动对于广大青年学生来说，可以学习到许多课堂上学不到的但又对自己的成长具有重要意义的内容，这种教育作用也调动了学生积极参加社会实践活动的主动性。

7.1.2 大学生暑期社会实践基本类型

大学生社会实践活动，有广义和狭义之分。广义的社会实践活动包括教学计划内的实践和教学计划外的实践活动。教学计划内的实践环节有暑期社会实践、军事训练、教学实习等。教学计划外的实践活动包括各种类型的社团活动、社会调查、社会服务、勤工助学等。狭义的社会实践活动主要是指学生假期进行的社会调查、参观访问和社会服务活动。本书所讲的社会实践活动主要是指狭义的社会实践活动。

（1）社会调查

社会调查是大学生社会实践的一种主要形式。在大学生社会实践活动中，社会调查是参加人数最多、规模最大活动形式。所谓社会调查，概括地说就是通过对社会现象的接触和考察，获得并分析有关社会现象的资料，了解社会状况，认识社会生活的本质及其发展规律的一种实践活动。社会调查在生活中应用极其普遍，且富有成效。

领导干部要通过社会调查了解情况，有利于正确决策；社会工作者要通过社会调查了解社会，研究社会；大学生则要通过社会调查来认识社会、认识自己。近年来，大学生社会调查如同一把开启社会之门的金钥匙，把大学生引向社会。社会调查的内容多种多样，如各种专业调查、农村教育调查、边远地区人才需求情况调查、人民生活水平调查、经济建设情况调查、大学生毕业素质调查等。学生们走出校园，深入工厂、农村、街道、社区等单位，运用观察法、问卷法、访谈法等多种方法，对社会现象进行调查研究，既了解社会、认识社会，也提高自己、增强能力。

（2）社会服务

大学生社会服务主要是大学生运用掌握的知识和技能服务群众、贡献社会。社会服务按照是否获取报酬，分为有偿服务和无偿服务。在大学生暑期社会服务活动中更提倡具有一定社会意义的无偿服务，以奉献社会、弘扬爱心。社会服务相对社会调查而言，形式灵活多样，范围也十分广泛。比如，科技、教育、心理、卫生、法律等咨询服务，中小企业的工程设计和软件设计，举办各种文化辅导班和技术培训班、参加义务劳动、举行文艺演出等等。

（3）参观访问

参观访问主要指大学生为了解一定的情况，到实地进行参观、访问的活动。包括历史文化古迹的参观和对红色教育基地的参观。参观可以进一步加深大学生对祖国悠久的历史文化、新中国的成长历程以及改革开放取得的巨大成就的理解与认同。

7.1.3　大学生暑期社会实践基本流程与方式

（1）学生暑期社会实践基本流程

大学生暑期社会实践是大学生社会实践的主要方式，一般要经过三个阶段。第一阶段，培训和准备阶段；第二阶段，实施和写作阶段；第三阶段，考评和交流阶段。具体包括十个环节：参加培训—确定选题—确定类型和方式—事前准备—制定方案—联系单位—具体实施—撰写报告—考核评选—交流学习。

（2）大学生暑期社会实践方式

社会实践活动采取团队实践与个人实践点面结合的方式进行。

集中组队社会实践：各单位自行组织的社会实践服务团，通过立项资助方式，以学院、年级、团支部、学生组织等集体为单位，组织学生就某个实践主题组建实践服务团，开展社会实践活动。

个人返乡社会实践：社会实践方式主要以学生个人返乡实践为主，鼓励广大本科生、硕士研究生和博士研究生开展在企事业单位内进行的专业科研见习和实践，学生也可以在学校周边、家庭所在的工厂、农村、街道、社区等地方开展实践活动。

7.2　大学生暑期社会实践准备

7.2.1　如何确定社会实践选题

实践前，学生应该根据当年经济、社会热点、前沿问题确定暑期社会实践主题。详细阅读并了解相关主题背景,加深理解,然后确定适合自己的实践主题和内容,并围绕主题制定详细的实践方案。鼓励学生结合专业特点开展社会实践活动,做到专业技能和社会实践活动相结合,以达到专业学习和实践能力共同提高的目的。

选题原则:社会实践选题要符合大学生社会实践的特点,遵循战略性、前瞻性、可行性、创新性、安全性原则,内容要有新意,便于形成具有一定影响和价值的实践成果,能促进学生的成长成才。

(1)选题要围绕政策及社会、经济热点问题,充分体现中央和地方的有关精神和要求,具有鲜明的问题导向和创新价值。

(2)选题既要立足学术前沿,以解决实际问题为导向,讲求社会效益,重视学科交叉与渗透,能够通过联合攻关形成集成优势,取得具有学术影响和社会影响的成果。

(3)选题应具有明确的研究目标、主攻方向,体现有限规模和突出重点的原则,在体量上应该与学校社会实践学时相吻合,同时充分考虑不同学生的知识背景和能力差异。

(4)选题要充分考虑学生的调研实际和安全因素,既要有较强的操作性,又要确保活动的安全性。

选题应该注意的事项:

(1)可以从自己的理论兴趣或关注的问题出发确定或设计选题。比如,价值理论、人口理论、武装斗争理论、党建理论等,可以是不同学生的理论兴趣点,也可以是同学关注的问题,由此出发确定或设计选题。

(2)可以根据家乡当地的社会实践资源来确定或设计选题,这主要是考虑就地、就近、方便的经济原则。比如,地处农村的学生可选择乡村振兴及"三农"方面的选题,地处城市的学生可选择诸如城市建设、城市交通、环境污染等方面的选题。

(3)可以根据自己的组织能力、活动能力、交通条件、经济条件来确定和设计选题。比如,学校组织或学生自行合作进行集体社会实践,可以选择具有一定综合性的选题;有一定交通便利或经济条件的学生可以选择需要多点考察的选题。

(4)确定或设计选题,一般还应注意宜小不宜大、宜简不宜繁、宜明确不宜含糊。

7.2.2 如何确定社会实践类型和方式

大学生社会实践的活动类型主要有三种:一是调查(研究),调查企业、农村、机关、学校、社区等目前存在的各方面问题并提出自己的解决办法并形成调研报告;二是参观,如参观纪念馆、展览馆、博物馆、高新开发区、教育基地等,通过参观形成自己的心得体会或感悟,在相关媒体上报道或发表;三是服务,如科技、文化、教育"三下乡"服务或社区服务等。

在选择时应注意不同类型的社会实践活动特点不同相应的要求也不同。调查通常要做大量的事前准备,如设计调查问卷、相关理论知识准备等;还要选取适合的调查对象,对调查纪录进行认真分析。因而,调查所需的时间较长,投入的精力较大,要求的能力较强,有时还需一定的经费支持。参观相对简单,但通常需要较高的经费投入和细致的观察能力。服务在客观上需要适宜的服务对象,如对农村的"三下乡"服务,针对下岗职工家庭儿童的帮助服务等,在主观上需要一技之长,如法律专业学生开展法律咨询服务,计算机专业学生开设计算机培训班等。学生可就上述不同类型社会实践活动的特点和要求,针对自己的特点和条件在考虑到现实可能性和可行性的基础上来选择不同的活动类型。

7.2.3 暑期社会实践活动准备工作

在以往的社会实践中，不少同学由于缺乏必要的准备，只凭一时冲动仓促进行，结果效果不太理想，甚至在耗费了大量的时间和精力后半途而废。因此在参加社会实践活动前，必须从思想上、心理上、知识上、能力上、物质上和组织安排上做好充分的准备，才能有效地进行社会实践活动。

（1）思想准备。在进行实践前，应综合考虑自己的兴趣爱好、专业特点、时间安排、经费预算以及自己的优势条件等客观因素，认真分析、合理选择适合自己的社会实践选题、类型和方式。明确社会实践要达到什么目的、解决什么问题以及具体安排。

（2）心理准备。社会实践活动所涉及的领域很宽、面很广，同学们在实践中既会接触正面的东西，同时也会接触负面的东西；可能会一帆风顺，也可能会处处碰壁，一波三折。如果没有足够的心理准备，在遇到困难的时候，就容易产生畏难情绪，影响社会实践活动的实际效果，甚至会带来许多意想不到的副作用。因此要有足够的心理准备，胜不骄、败不馁，锲而不舍。

（3）知识准备。在确定选题的基础上，开始实践前，加深对与选题相关的知识的学习和了解，就所选课题进行初步的探索。一方面可以查阅文献资料，从理论上进行知识储备；另一方面可以向他人学习，吸取和借鉴他们的经验教训，避免不必要弯路和失误。

（4）能力准备。目前大学生进行社会实践应该突出锻炼培养的能力主要有四方面。一是策划能力。即能根据主客观条件和要求，对整个社会实践活动做出科学合理的设计和安排。对此既要虚心学习，又要大胆实践。二是交往能力。即能较好地与人打交道，争取在较短时间内里得到人们的理解、支持与配合，关键是要尊重别人，并通过恰当的方式表达自己的愿望。三是独立处理实践中各种突发事件的能力，如交通、安全、吃、住等随时都有可能有各种各样的问题发生，一旦出现意外，一定要沉着、冷静，考虑各种可能的解决办法，必要时想方设法与当地政府取得联系，妥善解决问题。此外，较强的社会适应能力、语言表达能力、观察分析能力和实践动手能力都是必不可少的。需要说明的是，大学生并不是具备了这些能力才去实践，而是干中学、学中干。

（5）物质准备。许多同学在校学习期间没有参与过活动的组织和安排，还有一些学生没有出远门的经历，不知道社会实践该准备什么物品，往往到了实践地点后因为准备不足而束手无策。所以，在临行前要对衣、食、住、行、用等各方面所需物品考虑周到，并事前准备。特别要注意人身和财物安全，携带必备的安全用品，如手电、常用药等，保证实践顺利完成。

7.2.4 如何进行社会调查

（1）社会调查的含义和程序

所谓社会调查，就是指对某一社会生活领域或某一地区的社会现象、社会问题、社会事件，用实际调查的手段，取得第一手资料，用以说明解释所要了解的各种事实和问题，并进一步研究分析发生原因和相互关系，进而提出改进意见和建议。

开展社会调查必须遵循一定的程序。一般说来，社会调查都要经过调查前的准备工作、调查实施、资料整理与分析、撰写调查报告这四大步骤。

（2）社会调查常用的方法

1）观察法。就是指带有明确目的，用自己的感官和辅助工具去直接地观察对象，了解正在发生和发展的社会现象的方法。它是社会调查的基本方法之一。深入到生活中去，以耳闻目睹为主，是观察法的根本特点。恩格斯在 1844 年完成的《英国工人阶级状况》一书，就是成功应用观察法的范例。这本书完全来源于"亲身观察和可靠资料"。观察法简单易行，适用范围广泛，所得结果也比较真实、准确，对于初学社会调查的大学生尤为重要。而且由于调查者深入到调查对象之中，能够得到其他调查法所得不到的背景资料，这些资料对于分析研究社会现象有时有极为重要的作用。但它也有局限性的一面，由于观察到的事实都是凭感觉和印象，容易导致观察结果的片面化，它只能在小范围内进行，且难以进行定量分析。

2) 访谈调查法。即通过与调查对象面对面的谈话达到了解某种社会现象的方法。这种方法在社会调查中运用范围广、时间长，也是目前大学生进行社会调查的一种常用方法。它具有灵活性强，弹性较大等特点，还可以把问、听、看三者结合起来。但也有不足，一是调查者的文化程度、个性、态度会直接影响访谈调查的结果；二是当问题涉及个人的隐私或敏感问题时，常无法得到真实的回答。访谈调查主要有两种方式：一种是开座谈会，一种是个别访谈。

3) 文献调查法。即通过搜集和阅读有关文献资料来间接达到了解和认识社会的目的。对于大学生来说，由于深入社会生活进行实地访问的机会毕竟不多，在这种情况下，善于正确地查找文献、阅读文献和摘录文献，并注意与他人现场搜集相关资料结合起来，就可以有效地克服客观因素的限制。

4) 问卷调查法。包括线下问卷和线上问卷，就是用专门设计的问题试卷来询问调查对象，以获取资料的一种社会调查方法。它对搜集有关调查对象的思想、观点、主张、情感、动机等方面的材料尤为适用。

5) 典型调查法。就是通常所说的"解剖麻雀"的方法，根据一定的调查目的和要求，有意识地选择一个或几个有代表性的单位，进行深入细致的调查研究，以认识某种客观事物或社会现象的本质和特点，并进而说明事物发展的一般规律和发展趋势。典型调查的关键在于准确地选择典型。这种方法缺乏调查范围上的广度，结论具有很强的条件限制。所以，在具体调查中，应尽量与其他方法结合起来。

6) 普遍调查法。是对调查对象的总体所包括的每一个个体进行的无遗漏的逐个调查，以达到准确无误地了解总体情况的一种基本方法。如全国人口普查就是采取普遍调查法。由于涉及范围较广、所需时间较长、工作量大，大学生采用不多。

（3）社会调查的资料整理

通过调查搜集来的原始资料，大多是分散零乱的。调查的目的是要使资料能够集中地反映事物的特征，揭示问题的本质。因此，必须对原始资料进行整理、分析，使之合理化、系统化。

整理，就是通过对原始资料的严格审查、科学分类，采取汇总计算、绘制图表等方法，使其系统化、条理化、科学化，成为能反映事物本质特征的资料。分析，就是以马克思主义辩证唯物主义和历史唯物主义为指导，运用诸如统计分析、系统分析、典型分析、定性定量分析、矛盾分析、阶级分析、比较分析、结构功能分析等方法，认识事物的矛盾，找出事物内部联系和发展规律，形成正确的概念和判断，找出解决问题的方法。

资料的整理，最好是一边调查，一边整理。这样既节省时间又使自己对调查资料有明确的了解，以便对下一步调查工作做恰当的调整和部署，同时还可以不断加深对资料的认识，便于后续分析。由于资料的补充和审查可能涉及调查对象，因此整理工作最好在调查对象的实地进行。这样，调查资料中的一些疑难问题，可以及时追问解答，资料中的错误也能及时得到避免。

7.2.5　如何进行社会服务

不同类型的社会服务，其具体内容、形式、要求不同，社会服务的类型主要有以下五种：

（1）智力开发服务。是指大学生运用自己的知识和能力去开发他人的智力，并在智力开发服务过程中使自己的才智也得到更进一步的发展。大学生进行智力开发服务，形式可以是多样的，如举办各种讲座、担当家庭教师、举办文化补习班以及技术培训班等，是普遍使用的智力开发服务方式。

（2）咨询服务。实践证明，咨询服务是大学生社会实践的一种有效途径。当然，从目前看，大学生所参加的咨询大多是一些规模小、层次不高、简单易行的项目，这是由大学生尚未完成较高层次的职业训练决定的。大学生假期可以开设的咨询项目很多，如法律咨询、心理咨询、教育咨询、财会咨询、应考咨询、科普咨询、工程技术咨询等。由于这些咨询结构松散、理论深度较浅、形式灵活多样，在近年来大学生社会服务中占了极大的比重。

（3）技术开发服务。是指从研究、试制直到新产品投入生产的创新过程。在校大学生已经掌握了一定的基础理论知识和专业知识技能，有的学生在中学就有一些业余科学爱好，初步具备了进行一些规模较小、难度适宜的技术开发项目的条件。近年来，我国一些大学已相继成立了以技术开发为主要内容的学生社团组织，从取得的成果看，这些技术开发活动可以满足一部分企业对于科学技术的要求，创造了一定的经济效益。大学生技术开发服务活动应主要面向技术力量比较薄弱的小型企业、农村专业户、科技示范户。

（4）社会宣传服务。大学生身在高等学府，信息量大，平时学习党和政府的方针、政策和时事政治比较多，理解能力较强，相对地理位置比较偏僻的人民群众而言，对国际国内形势和现行有关的方针政策比较明确。大学生如果能利用返乡这一有利时机，利用多种途径向当地群众宣传时事政策，会受到人民群众的欢迎。这种活动就称为社会宣传服务。当然，宣传的内容也不一定局限于时事政策，也可以是对当地群众有用的其他知识。

（5）劳务服务。是指以大学生的体力劳动为主的多种相对简单的劳动。如植树造林、整修堤坝、简单维修、商品经销等，通常学校提倡大学生发挥自己的知识技能特长，开展以脑力劳动为主的社会服务，但劳务服务也是有益的，它在服务群众和贡献社会的同时，还有助于改进劳动态度，增强对劳动人民的感情，并帮助勤工助学。

7.2.6　如何进行参观访问

大学生参观访问有三个特点：①具有明显的直接性。参观访问一般都到实地进行，通过亲身的看和听来了解情况，进行研究。②通常是专题进行，具有明显的专题性。③通常都需要得到对方的接待，而这一般需要使对方也有一定的获益，因而具有互利性。

大学生参观访问既可以集体组织，也可以个人自发进行。为了保证参观访问收到实效，在进行参观访问时有以下问题应引起注意：①要注意参观访问地点的选择，做到参观访问内容和参观访问地点相统一，避免盲目性。②要做好参观访问前的准备工作，特别是许多参观要收费或需要特殊的证明，事先要有一定的预计和足够的准备。③要注意参观访问成果的宣传工作，除规定撰写的社会实践报告外，还可以撰发新闻稿件、访问记、游记等，或举办摄影展、绘画展等，以便更多的人从中受到教育，得到美的享受。

7.3 社会实践活动开展

7.3.1 社会实践进度和质量控制

实践过程中，应采取多种措施，保障社会实践活动的进度和完成质量。具体措施包括：

（1）例会制度

成员在当日活动结束后进行总结，分析需要改进之处，查对工作遇到的困难并提出解决办法。

（2）服务对象的反馈

在实践过程中注重收集服务对象的反馈是改进实践活动的有效手段，可以采取让服务对象填写反馈表的方式，也可以在服务过程中询问对方的感受，还可以在服务结束后通过电话或电子邮件等形式进行回访。

（3）编写简报

编写简报并非只是做简单的对外宣传，还主要包括向学院和学校老师及领导做阶段性的工作总结，以取得上级的支持和有效指导。同时，编写简报也是对一个阶段实践活动的总结。

7.3.2 安全机制

为保障实践期间各实践团队的安全工作，各实践团队必须有明确的带队教师随队指导活动开展，还要加强实践活动的培训和安全教育。各实践团队带队教师和队长应留意行程的安全状况，落实好每日的安全工作，确保每个实践队员的人身安全，遇到突发事件应及时与学校、学院负责人及时取得联系。

7.3.3 活动组织

学生暑期社会实践活动一般由各高校教务处、宣传部、学生处、校团委、马克思主义学院共同领导。由校团委实践部具体组织，马克思主义学院和各单位专兼职思想政治理论课教师负责本科二年级学生社会实践的指导，学校为各班级配备固定的指导教师。各基层团委负责本单位社会实践工作的具体组织和各项工作的落实。

集中组织的社会实践团队，各单位要明确带队教师，按照既定的社会实践方案随队指导社会实践活动。

返乡社会实践的学生要按照学校关于暑期社会实践的要求，按照拟定的方案，在确保安全的前提下有序开展社会实践活动。

7.3.4 宣传报道

参加社会实践的团队和个人，要通过校内报刊、广播、板报、新媒体等多种途径进行广泛宣传。

7.4　社会实践后期工作

7.4.1　如何撰写社会服务"心得体会"

（1）什么是"心得体会"

在参与社会生活与社会实践中，人们往往会产生有关某项工作的许多感受和体会，这些感受和体会不一定经过严密的分析和思考，可能只是对这项工作的感性认识和简单的理论分析。用文字的形式把这些心得表达出来，就是"心得体会"。

"心得体会"是一种日常应用文体，属于议论文的范畴。一般篇幅可长可短，结构比较简单。

（2）心得体会的写法

心得体会的基本格式大致由以下几个部分组成

1）标题

心得体会的标题可以采用以下几种形式：

在××活动（或××工作）中的心得体会

活动（或××工作）心得体会（或心得）

心得体会

如果文章的内容比较丰富，篇幅较长，也可以采用双行标题的形式，大标题用一句精练的语言总结自己的主要心得，小标题是"在××活动（或××工作）中的心得体会"，例如：

从小处着眼，推陈出新

参加大学生科技创新大赛的心得

2）正文

这是心得体会的中心部分。

① 开头。简述所参加的工作（或活动）的基本情况，包括参加活动的原因、时间、地点、所从事的具体工作的过程及结果。

② 主体。由于心得体会比较多地倾向于个人的主观感受和体会，而人的认识往往有一个逐渐发展和演变的过程，在心得体会的主体部分的结构安排上，常常以作者对客观事物的主观感受和认识发展、情感变化为中心线索，组织材料，安排层次。具体的安排方法主要有两种：并列式结构和递进式结构。

a. 从不同角度将自己的感受和体会总结成几个不同的方面，分别加以介绍，层次之间是并列关系。即：

体会（一）

体会（二）

体会（三）

……

每一部分可以采用先从理论上总述，再列举事实加以证明的方法，使文章有理有据，不流于空谈。

b. 递进式结构比较适合于表现前后思想的变化过程，尤其是针对以前曾有错误认识，经过活动（或工作）有所改变的情况。

在层次安排上，递进式结构应先简述以前的错误认识，再叙述参加活动的原因、时间、地点、简单经过，然后集中笔墨介绍经过活动所产生的新的认识和感受，重点放在过去的错误与今天的认识之间的反差，以此证明活动的重要意义。

③ 结尾。心得体会的结尾一般可以再次总结并深化主题，也可以提出未来继续努力的方向，也可以自然结尾，不专门作结。

④ 署名。心得体会一般应在文章结尾的右下方写上姓名，也可以在文章标题下署名，写作日期放在文章最后。

（3）写作中应注意的问题

1）避免混同心得体会和总结的界限。一般来说，总结是单位或个人在一项工作、一个问题结束以后对该工作、该问题所做的全面回顾、分析和研究，力求在一项工作结束后找出有关该工作的经验教训，引出规律性的认识，用以指导今后的工作。它注重认识的客观性、全面性、系统性和深刻性。在表现手法上，在简单叙述事实的基础上较多地采用分析、推理、议论的方式，注重语言的严谨和简洁。

心得体会相对来说比较注重在工作、学习、生活以及其他各个方面的主观认识和感受，往往紧抓一两点，充分调动和运用叙述、描写、议论和说明甚至抒情的表达方式，在叙述工作经历的同时，着重介绍自己在工作中的体会和感受。它追求感受的生动性和独特性，而不追求其是否全面和严谨，甚至在有些情况下，可以"只论一点，不计其余"。

2）实事求是，不虚夸、不作假。心得体会应是在实际工作和活动中真实感受的反映，不能忸怩作态、故作高深，更不能虚假浮夸、造成内容的失实。

3）语言简洁、生动。心得体会在运用简洁的语言进行叙述、议论的基础上，可以适当地采用描写、抒情及各种修辞手法，以增强文章的感染力。

7.4.2 如何撰写参观访问记

（1）什么是参观访问记

参观访问记是记叙文的一种，也称参观记、访问记、巡礼，是通过见闻形式介绍亲眼所见的人物、事件、社会风貌、山川景物，抒发在参观访问时的感受和思考的一种文章形式。参观访问记在现代生活中应用广泛。

传统的参观访问记以介绍所参观访问的对象为主，间以抒情和议论，以烘托和升华主题。现代意义上的参观访问记更注重个人思想的发挥，有时甚至以思想的演进为主线，对客观景物的介绍反而退居次席，这种写法，对作者提出了更高的要求。

（2）参观访问记的写法

参观访问记以参观访问的对象为中心，偏重于记事写人，往往根据人物活动和事物的发展进程来安排线索。具体写法介绍如下：

1）标题

参观访问记一般应在标题中明确点出所参观访问的对象，例如：

××记游

××参观（访问）记

××印象

也可以采用双标题的形式，即大标题用一句精心提炼的富于文学色彩的语句概括主题，小标题采用"××访问记"的形式。

2）正文

参观访问记一般有两种安排层次的方法。一是以时间为序安排层次，这种方式适合于对人的访问，也适用于历时较长的对物的参观访问，例如《欧洲记游》。二是以空间、地点的变换为序，按照事物空间方位的上下、左右、前后、远近、里外的顺序来组合材料，安排层次。这种结构一般写景状物、巡礼、记游都可以采用。比如郭沫若的《梅园新村之行》的前一部分就是按照空间顺序，将从美术陈列馆到梅园新村的路线和周公馆从外到内的情况，一步步叙述清楚。

3）结尾

参观访问记在写法上接近于文学作品，结尾方法灵活多变。可以用总结结尾，以升华主题；可以提出新的问题，引起读者的深思；也可以采用自然结尾形式，参观访问结束应自然终止。

（3）写作中应注意的问题

1）主题新颖、深刻。参观访问记不能仅仅满足于介绍人物和事物的表面现象，而应把重点放在深入挖掘人物和事物表象下的本质特征上，借景抒情、以物寄情、托物言志，力求抓住本质，反映人或事物的精神风貌、引发崭新、深入的思索。

2）线索应清晰、明确。以时间为线索进行叙述时，应注意时间的前后连贯；以空间为线索时，应先确定"观察点"，也就是着笔点，然后根据空间顺序，依次记叙，方位的转换要有规律，不能颠三倒四，混乱一团。

3）内容饱满、充实。参观访问记不仅应向读者介绍所参观访问的人或事物本身，还应该广泛介绍与所访问的人或事物相关的各种知识，例如历史典故、现实故事、科学分析、理论阐述，旁征博引，使人们在了解实际人或事物现状的同时，获得更多的知识。

4）语言生动、富于表现力。参观访问记在语言风格上属于文艺语体，可以大量使用艺术化的语言、感情色彩浓烈的词语、生动形象富于表现力的口语和方言词汇以及各种修辞手法，尽量少用或不用术语。

第8章 社会实践数据分析方法

在对社会实践数据进行分析时，会发现受多个变量共同作用和影响的现象大量存在。当变量较多时，变量之间不可避免地存在相关性。经常需要处理多个变量的观测数据，那么如何对多个变量的观测数据进行有效的分析和研究呢？如果把多个变量分开处理不仅会丢失一些信息，往往也不容易取得好的研究结论。多元统计分析通过对多个变量的观测数据进行分析，来研究变量之间的相互关系以及揭示变量内在的变化规律。

多元统计分析是统计学中应用性很强的一个分支。它的应用范围十分广泛，多元统计分析几乎可以应用于所有的领域，主要包括经济学、农业、地质学、医学、工业、水文学等，本章主要介绍多元统计分析在数据分析方面的应用。

8.1 数据审查与整理

数据收集的目的是获取所需要的统计数据，对于获取的社会实践数据首先要进行数据的整理与审查，剔除异常数据从而提高结果的准确性。数据分析的目的是希望从数据中得到真实、有效的结论，而数据整理与审查的目的则是检测与提升统计数据质量，为数据分析打下坚实的基础，保证分析结果的客观性、真实性。

8.1.1 数据审查

数据审查的主要任务是对采集的数据进行完整性和准确性审核，对于数据准确性的审核主要包括逻辑审核和计算审核。逻辑审核主要审核数据是否符合逻辑，从理论和常识上查看各项数据间对应关系是否合理，各项目或数字之间有无相互矛盾的现象，这种审核主要用于分类和顺序变量的审核。计算审核主要检查各项数据在计算结果和计算方法上有无错误或矛盾，通过计算查看每个个体的各项数据间是否符合应有的勾稽关系，这种审核方法主要用于对数值型数据的审核。所用的方法涉及算术平均数、中位数和众数，还可能用到回归和相关方法。

对于次级数据，除了审核完整性和准确性外，还应审核时效性和适用性。对于多种来源的次级数据，要注意它们在指标含义、所属时间和空间范围、计算方法和分组标准等诸方面是否一致。

8.1.2 数据整理

通过社会实践得到的原始数据，一般是杂乱无章的，很难从中直接看出有价值的信息。因此，对获取的原始数据一般需要加以整理，以便把有用的信息提取出来，并用简明醒目的方式加以表述。绘制原始数据的散点图、饼图、直方图等方法是直观表达数据的常见方式。

统计学中最主要的提取信息方式就是对原始数据进行一定的运算，算出某些代表性的数字，从而反映出数据某些方面的特征，这种数字被称为统计量。用统计学语言表述就是：统计量是样本的函数，它不依赖于任何未知参数。

例如均值和方差就是最重要的常用统计量。均值是对数据集中特征的描述，方差是对数据波动特征的描述。

设 x_1，x_2，x_3，$\cdots$，x_n 是一组独立的随机样本，则样本均值 $\overline{x}$ 为：

$$\overline{x} = \frac{1}{n} \sum_{i=1}^{n} x_i \tag{8-1}$$

样本方差 S^2 为：

$$S^2 = \frac{1}{n-1} \sum_{i=1}^{n} (x_i - \overline{x})^2 \tag{8-2}$$

样本标准差 S 为：

$$S = \sqrt{\frac{1}{n-1} \sum_{i=1}^{n} (x_i - \overline{x})^2} \tag{8-3}$$

8.2　数　据　分　析　方　法

社会实践阶段获取的大量、零星而分散的资料经审核和整理之后，就变成了有系统、有条理的数据资料。借助统计学的方法对数据资料进行分析，从量的方面研究社会实践获得的数据资料，并作出有效的定量判断，同时为理论分析提供数据支持。社会实践中的统计分析，就是运用统计学方法，对得到的数据进行资料整理、综合、计算与分析，以揭示社会现象内在的数量规律，从而达到认识社会现象本质的效果，即通过对社会现象量的规定性分析来把握社会现象质的规定性。

统计分析的内容包括两个方面：描述统计与推论统计。描述统计是对已经初步整理的数据资料加工概括，并用统计量对资料进行叙述的一种方法。它主要包括相对数的计算、集中趋势、离散程度的测量以及相关关系的测量。推论统计是在随机抽样调查的基础上，根据样本资料推论总体的一种方法。它主要包括参数估计和假设检验。本书主要介绍统计分析方法中常用的主成分分析法、因子分析法和聚类分析法。

社会实践数据分析常用的方法有：

（1）简化数据结构（降维问题）

简化数据结构就是将某些复杂的数据结构通过变量变换等方法，使相互依赖的变量变成互不相关的，或把高维空间的数据投影到低维空间，使问题得到简化而损失的信息又不太多。例如，主成分分析、因子分析、对应分析等就是这样的一类方法。

（2）分类与判别（归类问题）

归类问题就是对所考察的观测点（或变量）按照相近程度进行分类（或归类）。例如，聚类分析就是解决这类问题的统计方法。

8.2.1　主成分分析法

在实际问题中，往往会涉及众多有关的变量。但是，变量太多不仅会增加计算的复杂性，而且也给合理地分析问题和解释问题带来困难。一般来说，虽然每个变量都提供了一定的信息，但其重要性有所不同，而且在很多情况下，变量间有一定的相关性，从而使得这些变量所提供的信息在一定程度上有所重叠。因而人们希望对这些变量加以"改造"，用为数较少的互不相关的新变量来反映原变量所提供的绝大部分信息，通过对新变量的分析达到解决问题的目的。主成分分析便是在这种降维的思想下产生出来的处理高维数据的方法。

主成分分析（Principal Components Analysis）也称主分量分析，是由 Hotel ling 于 1933 年首先提出的。主成分分析是利用降维的思想，在损失很少信息的前提下把多个指标转化为几个综合指标的多元统计方法。通常把转化生成的综合指标称之为主成分，其中每个主成分都是原始变量的线性组合，且各个主成分之间互不相关，这就使得主成分比原始变量具有某些更优越的性能。这样在研究复杂问题时就可以只考虑少数几个主成分而不至于损失太多信息，从而更容易抓住主要矛盾，揭示事物内部变量之间的规律性，同时使问题得到简化，提高分析效率。

8.2.1.1 主成分分析法的基本思想

在对某一事物进行实证研究中，为了更全面、准确地反映出事物的特征及其发展规律，人们往往要考虑与其有关系的多个指标，这些指标在多元统计中也称为变量。这样就产生了如下问题：一方面人们为了避免遗漏重要的信息而考虑尽可能多的指标，而另一方面随着考虑指标的增多增加了问题的复杂性，同时由于各指标均是对同一事物的反映，不可避免地造成信息的大量重叠，这种信息的重叠有时甚至会抹杀事物的真正特征与内在规律。基于上述问题，人们就希望在定量研究中涉及的变量较少，而得到的信息量又较多。主成分分析正是研究如何通过原来变量的少数几个线性组合来解释原来变量绝大多数信息的一种多元统计方法。

既然研究某一问题涉及的众多变量之间有一定的相关性，就必然存在着起支配作用的共同因素，根据这一点，通过对原始变量相关矩阵或协方差矩阵内部结构关系的研究，利用原始变量的线性组合形成几个综合指标（主成分），在保留原始变量主要信息的前提下起到降维与简化问题的作用，使得在研究复杂问题时更容易抓住主要矛盾。一般来说，利用主成分分析得到的主成分与原始变量之间有如下基本关系：

（1）每一个主成分都是各原始变量的线性组合；

（2）主成分的数量大大少于原始变量的数量；

（3）主成分保留了原始变量绝大多数信息；

（4）各主成分之间互不相关。

通过主成分分析，可以从事物之间错综复杂的关系中找出一些主要成分，从而能有效利用大量统计数据进行定量分析，揭示变量之间的内在关系，得到对事物特征及其发展规律的一些深层次启发，把研究工作引向深入。

8.2.1.2 主成分分析法的基本理论

设对某一事物的研究涉及 p 个指标，分别用 X_1，X_2，$\cdots$，X_p 表示，这 p 个指标构成的 p 维随机向量为 $\boldsymbol{X} = (X_1, X_2, \cdots, X_p)'$。设随机向量 X 的均值为 μ，协方差矩阵为 Σ。

对 $\boldsymbol{X}$ 进行线性变换，可以形成新的综合变量，用 Y 表示，也就是说，新的综合变量可以由原来的变量线性表示，即满足下式：

$$\begin{cases} Y_1 = u_{11} X_1 + u_{12} X_2 + \cdots + u_{1p} X_p \\ Y_2 = u_{21} X_1 + u_{22} X_2 + \cdots + u_{2p} X_p \\ Y_p = u_{p1} X_1 + u_{p2} X_2 + \cdots + u_{pp} X_p \end{cases} \tag{8-4}$$

由于可以任意地对原始变量进行上述线性变换，由不同的线性变换得到的综合变量 Y 的统计特性也不尽相同。因此为了取得较好的效果，总是希望 $Y_i = u'_i X$ 的方差尽可能大且 Y_i 之间相互独立，由于

$$\mathrm{var}(Y_i) = \mathrm{var}(u'_i X) = u'_i \sum u_i \tag{8-5}$$

而对任给的常数 c，有

$$\mathrm{var}(c u'_i X) = c u'_i \sum u_i c = c^2 u'_i \sum u_i \tag{8-6}$$

因此对 u_i 不加限制时，可使 $\mathrm{var}(Y_i)$ 任意增大，问题将变得没有意义。将线性变换约束在下面的原则之下：

（1）$u'_i u_i = 1$，即：$u_{i1}^2 + u_{i2}^2 + \cdots + u_{ip}^2 = 1 (i = 1, 2, \cdots, p)$；

（2）Y_i 与 Y_j 相互无关 $(i \neq j; i, j = 1, 2, \cdots, p)$；

（3）Y_1 是 $X_1, X_2, \cdots, X_p$ 的一切满足原则（1）的线性组合中方差最大者；Y_2 是与 Y_1 不相关的，$X_1, X_2, \cdots, X_p$ 所有线性组合中方差最大者；Y_p 是与 $Y_1, Y_2, \cdots, Y_{p-1}$ 都不相关的，$X_1, X_2, \cdots, X_p$ 的所有线性组合中方差最大者。

基于以上 3 条原则决定的综合变量 Y_1、Y_2、$\cdots$、Y_p 分别称为原始变量的第一、第二、$\cdots$、第 p 个主成分。其中，各综合变量在总方差中占的比重依次递减，实际研究工作中，通常只挑选前几个方差最大的主成分，从而达到简化系统结构，抓住问题实质的目的。

8.2.1.3　主成分分析的几何意义

在处理涉及多个指标问题时，为了提高分析效率，可以不直接对 p 个指标构成的 p 维随机向量 $\boldsymbol{X} = (X_1, X_2, \cdots, X_p)'$ 进行分析，而是先对向量 $\boldsymbol{X}$ 进行线性变换，形成少数几个新的综合变量 Y_1，Y_2，$\cdots$，Y_p，使得各综合变量之间相互独立且能解释原始变量尽可能多的信息，这样，在以损失部分信息为代价的前提下，达到简化数据结构，提高分析效率的目的。下文着重讨论了主成分分析的几何意义，为了方便，仅讨论在二维空间中主成分的几何意义，所得结论可以很容易地扩展到多维的情况。

设有 N 个样品，每个样品有两个观测变量 X_1，X_2，这样，在由变量 X_1，X_2 组成的坐标空间中，N 个样品点散布的情况如带状，如图 8-1 所示。

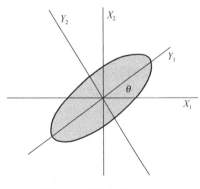

图 8-1　样品点散布情况

由图 8-1 可以看出，这 N 个样品无论沿 X_1 轴方向还是沿 X_2 轴方向均有较大的离散性，其离散程度可以分别用观测变量 X_1 的方差和 X_2 的方差定量表示。显然，若只考虑 X_1 和 X_2 中的任何一个，原始数据中的信息均会有较大的损失。我们的目的是考虑 X_1 和 X_2 的线性组合，使得原始样品数据可以由新的变量 Y_1 和 Y_2 来刻画。在几何上表示就是将坐标轴按逆时针方向旋转 θ 角度，得到新坐标轴 Y_1 和 Y_2。经过这样的旋转之后，N 个样品点在 Y_1 轴上的离散程度最大，变量 Y_1 代表了原始数据绝大部分信息，这样，有时在研究实际问题时，即使不考虑变量 Y_2 也无损大局。因此，经过上述旋转变换就可以把原始数据的信息集中到 Y_1 轴上，对数据中包含的信息起到了浓缩的作用。进行主成分分析的目的就是找出转换矩阵 $\boldsymbol{U}$，而进行主成分分析的作用与几何意义也就很

明了了。

通过上述分析，对主成分分析的几何意义有了一个充分的了解。主成分分析的过程无非就是坐标系旋转的过程，各主成分表达式就是新坐标系与原坐标系的转换关系，在新坐标系中，各坐标轴的方向就是原始数据变差最大的方向。

8.2.1.4　主成分分析法具体步骤

步骤1：数据标准化。对原始数据进行标准化，以消除数据量纲及数量级的影响。

步骤2：根据标准化后的数据计算相关系数矩阵。

步骤3：计算相关系数矩阵的特征值与特征向量。相关系数矩阵的特征值 λ_i 其实就是主成分的方差，一般选取特征根大于1的主成分进行分析。

步骤4：计算方差贡献率并确定主成分。

步骤5：计算主成分荷载（主成分系数矩阵）。

步骤6：计算各主成分表达式 F_i，即主成分荷载值 l_{ij} 与对应的标准化后的指标值 x_{ij} 相乘。

步骤7：计算主成分综合得分值 F。即各主成分得分值 F_i 与相应权重的乘积之和，对应权重为对应特征值在选取总特征值中的占比。

8.2.1.5　总体主成分及其性质

由上面的讨论可知，求解主成分的过程就是求满足3条原则的原始变量 X_1，X_2，$\cdots$，X_p 的线性组合的过程。本小节主要介绍求解主成分的一般方法及主成分的有关性质。

（1）总体主成分

主成分分析的基本思想是在保留原始变量尽可能多的信息的前提下达到降维的目的，从而简化问题的复杂性并抓住问题的主要矛盾。对于随机变量 X_1，X_2，$\cdots$，X_p 而言，其协方差矩阵或相关矩阵正是对各变量离散程度与变量之间的相关程度的信息的反映，相关矩阵是将原始变量标准化后的协方差矩阵。所说的保留原始变量尽可能多的信息，也就是指生成的较少的综合变量（主成分）的方差和尽可能接近原始变量方差的总和。因此，在实际求解主成分的时候，总是从原始变量的协方差矩阵或相关矩阵的结构分析入手。一般地说，从原始变量的协方差矩阵出发求得的主成分与从原始变量的相关矩阵出发求得的主成分是不同的。下面分别就协方差矩阵与相关矩阵进行讨论。

1）从协方差矩阵出发求解主成分

为了节省篇幅下面不加证明直接给出结论。

结论：设随机向量 $\boldsymbol{X} = (X_1, X_2, \cdots, X_p)'$ 的协方差矩阵为 $\boldsymbol{\Sigma}$，$\lambda_1 \geqslant \lambda_2 \geqslant \cdots \geqslant \lambda_p$，为 $\boldsymbol{\Sigma}$ 的特征值，γ_1，γ_1，$\cdots$，γ_p 为矩阵 $\boldsymbol{A}$ 各特征值对应的标准正交特征向量，则第 i 个主成分为：

$$Y_i = \gamma_{1i} X_1 + \gamma_{2i} X_2 + \cdots + \gamma_{pi} X_p \qquad (i = 1, 2, \cdots, p)$$

此时：

$$\begin{aligned} \mathrm{var}(Y_i) &= \gamma_i' \boldsymbol{\Sigma} \gamma_i = \lambda_i \\ \mathrm{cov}(Y_i, Y_j) &= \gamma_i' \Sigma \gamma_j = 0 \end{aligned} \qquad (8\text{-}7)$$

由以上结论，把 X_1，X_2，$\cdots$，X_p 的协方差矩阵 $\boldsymbol{\Sigma}$ 的非零特征值 $\lambda_1 \geqslant \lambda_2 \geqslant \cdots \geqslant \lambda_p > 0$ 对应的标准化特征向量 γ_1，γ_2，$\cdots$，γ_p 分别作为系数向量，$\boldsymbol{Y}_1 = \gamma_1' \boldsymbol{X}$，$\boldsymbol{Y}_2 = \gamma_2' \boldsymbol{X}$，$\cdots$，$\boldsymbol{Y}_p = \gamma_p' \boldsymbol{X}$ 分别称为随机向量 $\boldsymbol{X}$ 的第一主成分、第二主成分、$\cdots$、第 p 主成分。$\boldsymbol{Y}$ 的分量

Y_1，Y_2，$\cdots$，Y_p 依次是 X 的第一主成分、第二主成分、$\cdots$、第 p 主成分的充分必要条件是：

(i) $Y = u'X$，$u'u = I$，即 u 为 p 阶正交阵；

(ii) Y 的分量之间互不相关；

(iii) Y 的 p 个分量是按方差由大到小排列。

注：无论 $\boldsymbol{\Sigma}$ 的各特征根是否存在相等的情况，对应的标准化特征向量 γ_1，γ_1，$\cdots$，γ_p，总是存在的，总可以找到对应各特征根的彼此正交的特征向量。这样，求主成分的问题就变成了求特征根与特征向量的问题。

2）从相关阵出发求解主成分

考虑如下的数学变换：

令：$Z_i = \dfrac{X_i - \mu_i}{\sqrt{\sigma_{ii}}}$ 　　　$i = 1, 2, \cdots, p$

其中，μ_i 与 σ_{ii} 分别表示变量 X_i 的期望与方差。于是有

$E(Z_i) = 0$，$\mathrm{var}(Z_i) = 1$

令：
$$\boldsymbol{\Sigma}^{1/2} = \begin{bmatrix} \sqrt{\sigma_{11}} & 0 & \cdots & 0 \\ 0 & \sqrt{\sigma_{22}} & \cdots & 0 \\ \cdots & \cdots & \cdots & \sqrt{\sigma_{pp}} \end{bmatrix}$$

于是，对原始变量 X 进行如下标准化：
$$Z = (\boldsymbol{\Sigma}^{1/2})^{-1}(\boldsymbol{X} - \boldsymbol{\mu})$$

经过上述标准化后，显然有
$$E(Z) = 0$$

$$\mathrm{cov}(Z) = (\boldsymbol{\Sigma}^{1/2})^{-1}\boldsymbol{\Sigma}(\boldsymbol{\Sigma}^{1/2})^{-1} = \begin{bmatrix} 1 & \rho_{12} & \cdots & \rho_{1p} \\ \rho_{12} & 1 & \cdots & \rho_{2p} \\ \vdots & \vdots & & \vdots \\ \rho_{1p} & \rho_{2p} & \cdots & 1 \end{bmatrix} = \boldsymbol{R}$$

由上面的变换过程可知，原始变量 X_1，X_2，$\cdots$，X_p 的相关阵实际上就是对原始变量标准化后的协方差矩阵。因此，由相关矩阵求主成分的过程与主成分个数的确定准则实际上是与由协方差矩阵出发求主成分的过程与主成分个数的确定准则是相一致的，在此不再赘述。仍用 λ_i、γ_i 分别表示相关阵 $\boldsymbol{R}$ 的特征值与对应的标准正交特征向量，此时，求得的主成分与原始变量的关系式为：

$$Y_i = \gamma_i' Z = \gamma_i'(\boldsymbol{\Sigma}^{1/2})^{-1}(\boldsymbol{X} - \boldsymbol{\mu}) \qquad i = 1, 2, \cdots, p \tag{8-8}$$

（2）有关问题的讨论

1）从协方差阵还是相关阵出发求主成分

由前面的讨论可知，求解主成分的过程实际就是对矩阵结构进行分析的过程，也就是求解特征值的过程。在实际分析过程中，可以从原始数据的协方差矩阵出发，也可以从原始数据的相关矩阵出发，其求主成分的过程是一致的。但是，从协方差阵出发和从相关阵出发所求得的主成分一般来说是有差别的，而且这种差别有时候还很大。

一般而言，对于度量单位不同的指标或取值范围彼此差异非常大的指标，不直接由其协方差矩阵出发进行主成分分析而应该考虑将数据标准化。但是，对原始数据进行标准化

处理后倾向于各个指标的作用在主成分的构成中相等。对于取值范围相差不大或度量相同的指标进行标准化处理后，其主成分分析的结果仍与由协方差阵出发求得的结果有较大区别，其原因是对数据进行标准化的过程实际上也就是抹杀原始变量离散程度差异的过程。标准化后的各变量方差相等均为1，而实际上方差也是对数据信息的重要概括形式，也就是说，对原始数据进行标准化后抹杀了一部分重要信息，因此才使得标准化后各变量在对主成分构成中的作用趋于相等。由此看来，对同度量或取值范围在同量级的数据，还是直接从协方差矩阵求解主成分为宜。

对于从什么出发求解主成分，现在还没有一个定论，但是应该看到，不考虑实际情况就对数据进行标准化处理或者直接从原始变量的相关矩阵出发求解主成分是有其不足之处的，这一点一定要引起注意。建议在实际工作中分别从不同角度出发求解主成分并研究其结果的差别，看看是否发生明显差异且这种差异产生的原因在何处，以确定用哪种结果更为可信。

2）主成分分析不要求数据来自于正态总体

由上面的讨论可知，无论是从原始变量协方差矩阵出发求解主成分，还是从相关矩阵出发求解主成分，均没有涉及总体分布的问题。也就是说，与很多多元统计方法不同，主成分分析不要求数据来自于正态总体。实际上，主成分分析就是对矩阵结构的分析，其中主要用到的技术是矩阵运算的技术、矩阵对角化和矩阵的谱分解技术。对多元随机变量而言，其协方差阵或是其相关矩阵均是非负定的，这样就可以按照求解主成分的步骤求出其特征值、标准正交特征向量，进而求出主成分，达到缩减数据维数的目的。同时，由主成分分析的几何意义可以看到，主成分就是按数据离散程度最大的方向进行坐标轴旋转。

主成分分析的这一特性大大扩展了其应用范围，对多维数据，只要是涉及降维的处理，都可以尝试用主成分分析，而不用花太多精力考虑其分布情况。

8.2.2 因子分析法

实际上主成分分析可以说是因子分析（Factor Analysis）的一个特例。主成分分析从原理上是寻找椭球的所有主轴，因此原先有几个变量就有几个主成分。而因子分析是事先确定要找几个成分（Component），也称为因子（Factor）。变量和因子个数的不一致使得不仅在数学模型上，而且在计算方法上，因子分析和主成分分析有不少区别，因子分析的计算要复杂一些。根据因子分析模型的特点，它还多一道工序：因子旋转（Factor Rotation），这个步骤可使结果更加使人满意。和主成分分析类似，也根据相应特征值大小来选择因子。

因子分析是由英国心理学家 Spearman 在 1904 年提出来的，该方法成功地解决了智力测验得分的统计分析，长期以来，教育心理学家不断丰富、发展了因子分析理论和方法，并应用这一方法在行为科学领域进行了广泛的研究。因子分析可以看成主成分分析的推广，它也是多元统计分析中常用的一种降维方式，因子分析所涉及的计算与主成分分析也很类似，但差别也是很明显的：

（1）主成分分析把方差划分为不同的正交成分，而因子分析则把方差划分为不同的起因因子。

（2）主成分分析仅仅是变量变换，而因子分析需要构造因子模型。

（3）主成分分析中原始变量的线性组合表示新的综合变量，即主成分。而因子分析中潜在的假想变量和随机影响变量的线性组合表示原始变量。

因子分析与回归分析不同，因子分析中因子是一个比较抽象的概念，而回归变量有非常明确的实际意义。

因子分析有确定的模型，观察数据在模型中被分解为公共因子、特殊因子和误差三部分。

根据研究对象的不同，因子分析可分为 R 型和 Q 型两种。当研究对象是变量时，属于 R 型因子分析；当研究对象是样品时，属于 Q 型因子分析。

8.2.2.1 因子分析的基本思想

因子分析的基本思想是根据相关性大小把原始变量分组，使得同组内的变量之间相关性较高，而不同组的变量间的相关性则较低。每组变量代表一个基本结构，并用一个不可观测的综合变量表示，这个基本结构就称为公共因子。对于所研究的某一具体问题，原始变量可以分解成两部分之和的形式，一部分是少数几个不可测的所谓公共因子的线性函数，另一部分是与公共因子无关的特殊因子。

因子分析可用于对变量或样品的分类处理。在得出因子的表达式之后，可将原始变量的数据代入表达式得出因子得分值，根据因子得分在因子所构成的空间中把变量或样品点画出来，形象直观地达到分类的目的。

8.2.2.2 因子分析模型

这里通过一个例子对相关概念进行引入，为了解学生的知识和能力，对学生进行了抽样命题考试，考题包括的面很广，但总的来讲可归结为学生的语文水平、数学推导、艺术修养、历史知识、生活知识等五个方面，把每一个方面称为一个（公共）因子，显然每个学生的成绩均可由这五个因子来确定，即可设想第 i 个学生考试的分数 X_i 能用这五个公共因子 F_1，F_2，$\cdots$，F_5 的线性组合表示出来。

$$X_i = \mu_i + a_{i1}F_1 + a_{i2}F_2 + \cdots + a_{i5}F_5 + \varepsilon_i, \; i = 1, 2, \cdots, n$$

线性组合系数 a_{i1}，a_{i2}，$\cdots$，a_{i5} 称为因子载荷（Loadings），它分别表示第 i 个学生在这五个因子方面的能力，μ_i 是总平均，ε_i 是第 i 个学生的能力和知识不能被这五个因子包含的部分，称为特殊因子，常假定 $\varepsilon_i \sim N(0, \sigma_i^2)$。不难发现，这个模型与回归模型在形式上是很相似的，但这里 F_1，F_2，$\cdots$，F_5 的值却是未知的，有关参数的意义也有很大的差异。

因子分析的首要任务就是估计因子载荷 a_{ij} 和方差 σ_i^2，然后给因子 F_i 一个合理的解释，若难以进行合理的解释，则需要进一步作因子旋转以期得到合理的解释。

特别需要说明的是这里的因子和试验设计里的因子（或因素）是不同的，它比较抽象和概括，往往是不可以单独测量的。

（1）数学模型

设有 p 个原始变量 $X_i (i = 1, 2, \cdots, p)$ 可以表示为

$$X_i = \mu_i + a_{i1}F_1 + a_{i2}F_2 + \cdots a_{im}F_m + \varepsilon_i, \; m \leqslant p \tag{8-9}$$

或

$$\boldsymbol{X} - \boldsymbol{\mu} = \boldsymbol{\Lambda}\boldsymbol{F} + \boldsymbol{\varepsilon}$$

其中

$$\boldsymbol{X} = \begin{pmatrix} X_1 \\ X_2 \\ \vdots \\ X_p \end{pmatrix}, \; \boldsymbol{\mu} = \begin{pmatrix} \mu_1 \\ \mu_2 \\ \vdots \\ \mu_p \end{pmatrix}, \; \boldsymbol{\Lambda} = \begin{pmatrix} a_{11} & a_{12} & \cdots & a_{1m} \\ a_{21} & a_{22} & \cdots & a_{2m} \\ \vdots & \vdots & & \vdots \\ a_{p1} & a_{p2} & \cdots & a_{pm} \end{pmatrix}, \; \boldsymbol{F} = \begin{pmatrix} F_1 \\ F_2 \\ \vdots \\ F_m \end{pmatrix}, \; \boldsymbol{\varepsilon} = \begin{pmatrix} \varepsilon_1 \\ \varepsilon_2 \\ \vdots \\ \varepsilon_p \end{pmatrix}。$$

称 F_1，F_2，$\cdots$，F_m 为公共因子，是不可观测的变量，它们的系数 a_{ij} 称为载荷因子。ε_i 是一个特殊因子，是不能被前 m 个公共因子包含的部分。并且满足 $\mathrm{cov}(F) = I_m$ 说明 F 的各分量方差为 1，且互不相关。即在因子分析中，要求公共因子彼此不相关且具有单位方差。

$$E(F) = 0, \; E(\varepsilon) = 0, \; \mathrm{cov}(F) = I_m$$

$$\mathrm{var}(\varepsilon) = \mathrm{cov}(\varepsilon) = \mathrm{diag}\{\sigma_1^2, \sigma_2^2, \cdots, \sigma_m^2\}, \; \mathrm{cov}(F, \varepsilon) = 0$$

（2）因子分析模型的性质

1）原始变量 X 协方差矩阵的分解

$\mathrm{cov}(X) = \Lambda\Lambda^{\mathrm{T}} + \mathrm{diag}\{\sigma_1^2, \sigma_2^2, \cdots, \sigma_m^2\}$，$\sigma_1^2, \sigma_2^2, \cdots, \sigma_m^2$ 的值越小，则公共因子共享的成分越多。

2）载荷矩阵 $\Lambda = (a_{ij})_{p \times m}$ 不是唯一的。

（3）因子载荷矩阵中的几个统计性质

1）因子载荷 a_{ij} 的统计意义

因子载荷 a_{ij} 是第 i 个变量与第 j 个公共因子的相关系数，它反映了第 i 个变量与第 j 个公共因子的相关重要性。绝对值越大，相关的密切程度越高。

2）变量共同度的统计意义

变量 X_i 的共同度是因子载荷矩阵的第 i 行的元素的平方和，记为 $h_i^2 = \sum\limits_{j=1}^{m} a_{ij}^2$。

对式（8-9）两边求方差，得

$$\mathrm{var}(X_i) = a_{i1}^2 \mathrm{var}(F_1) + a_{i2}^2 \mathrm{var}(F_2) + \cdots a_{im}^2 \mathrm{var}(F_m) + \mathrm{var}(\varepsilon_i)$$

即

$$1 = \sum_{j=1}^{m} a_{ij}^2 + \sigma_i^2$$

其中特殊因子的方差 $\sigma_i^2 (i = 1, 2, \cdots, p)$ 称为特殊方差。

可以看出，所有公共因子和特殊因子对变量 X_i 的贡献为 1。如果 $\sum\limits_{j=1}^{m} a_{ij}^2$ 非常接近 1，σ_i^2 非常小，则因子分析的效果好，从原始变量空间的转化效果好。

3）公共因子 F_j 方差贡献的统计意义

因子载荷矩阵中各列元素的平方和 $s_j = \sum\limits_{i=1}^{p} a_{ij}^2$ 称为 $F_j (j = 1, 2, \cdots, m)$ 对所有的 X_i 的方差贡献和，用于衡量 F_j 的相对重要性。

因子分析的一个基本问题是如何估计因子载荷，即如何求解因子模型。

以下介绍常用的因子载荷矩阵的估计方法。

8.2.2.3 因子载荷矩阵的估计方法

（1）主成分分析法

设 $\lambda_1 \geqslant \lambda_2 \geqslant \cdots \geqslant \lambda_p$ 为样本相关系数矩阵 R 的特征值，η_1，η_2，$\cdots$，η_p 为相应的标准正交化特征向量。设 $m < p$，则样本相关系数矩阵 R 的主成分因子分析的载荷矩阵为

$$\Lambda = (\sqrt{\lambda_1}\, \eta_1, \; \sqrt{\lambda_2}\, \eta_2, \; \cdots, \; \sqrt{\lambda_m}\, \eta_m) \tag{8-10}$$

特殊因子的方差用 $\boldsymbol{R} - \boldsymbol{\Lambda}\boldsymbol{\Lambda}^{\mathrm{T}}$ 的对角元来估计，即 $\sigma_i^2 = 1 - \sum\limits_{j=1}^{m} a_{ij}^2$。

（2）主因子法

主因子方法是对主成分方法的修正，首先对变量进行标准化变换，则

$$\boldsymbol{R} = \boldsymbol{\Lambda}\boldsymbol{\Lambda}^{\mathrm{T}} + \boldsymbol{D}$$

其中，$\boldsymbol{D} = \mathrm{diag}\{\sigma_1^2, \sigma_2^2, \cdots, \sigma_m^2\}$。

称 $\boldsymbol{R}^* = \boldsymbol{\Lambda}\boldsymbol{\Lambda}^{\mathrm{T}} = \boldsymbol{R} - \boldsymbol{D}$ 为约相关系数矩阵，$\boldsymbol{R}^*$ 的对角线上的元素是 h_i^2。

在实际应用中，特殊因子的方差一般都是未知的，可以通过一组样本来估计。

8.2.2.4　因子旋转

建立因子分析模型的目的不仅仅要找出公共因子以及对变量进行分组，更重要的要知道每个公共因子的意义，以便进行进一步分析，如果每个公共因子的含义不清，则不便于进行实际背景的解释。由于因子载荷阵是不唯一的，所以应该对因子载荷阵进行旋转。目的是使因子载荷阵的结构简化，使载荷矩阵每列或行的元素平方值向 0 和 1 两极分化。有三种主要的正交旋转法：方差最大法、四次方最大法和等量最大法。

（1）方差最大法

方差最大法从简化因子载荷矩阵的每一列出发，使和每个因子有关的载荷的平方的方差最大。当只有少数几个变量在某个因子上有较高的载荷时，对因子的解释最简单。方差最大的直观意义是希望通过因子旋转后，使每个因子上的载荷尽量拉开距离，一部分的载荷趋于 ±1，另一部分趋于 0。

（2）四次方最大法

四次方最大旋转是从简化载荷矩阵的行出发，通过旋转初始因子，使每个变量只在一个因子上有较高的载荷，而在其他的因子上有尽可能低的载荷。如果每个变量只在一个因子上有非零的载荷，这时的因子解释是最简单的。四次方最大法通过使因子载荷矩阵中每一行的因子载荷平方的方差达到最大。

（3）等量最大法

等量最大法把四次方最大法和方差最大法结合起来，求它们的加权平均最大。

8.2.2.5　因子分析的步骤

（1）选择分析的变量

用定性分析和定量分析的方法选择变量，因子分析的前提条件是观测变量间有较强的相关性，因为如果变量之间无相关性或相关性较小的话，它们不会有共享因子，所以原始变量间应该有较强的相关性。

（2）计算所选原始变量的相关系数矩阵

相关系数矩阵描述了原始变量之间的相关关系。可以帮助判断原始变量之间是否存在相关关系，这对因子分析是非常重要的，因为如果所选变量之间无关系，做因子分析是不恰当的。相关系数矩阵是估计因子结构的基础。

（3）提出公共因子

这一步要确定因子求解的方法和因子的个数。需要根据研究者的设计方案或有关的经验或知识事先确定。因子个数的确定可以根据因子方差的大小，只取方差大于 1（或特征值大于 1）的那些因子，因为方差小于 1 的因子其贡献很小。按照因子的累计方差贡献率

来确定，一般认为至少要达到 80% 才能符合要求。

（4）因子旋转

通过坐标变换使每个原始变量在尽可能少的因子之间有密切的关系，这样因子解的实际意义更容易解释，并为每个潜在因子赋予有实际意义的名字。

（5）计算因子得分

求出各样本的因子得分，有了因子得分值，则可以在许多分析中使用这些因子，例如以因子的得分做聚类分析的变量，做回归分析中的回归因子。

8.2.3 聚类分析法

人们往往会碰到通过划分同种属性的对象很好地解决问题的情形，而不论这些对象是个体、公司、产品甚至行为。如果没有一种客观的方法，基于在总体内区分群体的战略选择，比如市场细分将不可能。其他领域也会遇到类似的问题，从自然科学领域（比为多种动物群体昆虫、哺乳动物和爬行动物的区分建立生物分类学）到社会科学领域（比如分析不同精神病的特征）。所有情况下，研究者都在基于一个多维剖面的观测中寻找某种"自然"结构。为此，最常用的技巧是聚类分析（Cluster Analysis）。聚类分析将个体或对象分类，使得同一类中的对象之间的相似性比与其他类的对象的相似性更强。目的在于使类间对象的同质性最大化和类与类间对象的异质性最大化。

8.2.3.1 聚类分析法的基本思想

所研究的样品或指标（变量）之间存在着程度不同的相似性（亲疏关系）。于是根据一批样品的多个观测指标，具体找出一些能够度量样品或指标之间的相似程度的统计量，以这些统计量为划分类型的依据，把一些相似程度较大的样品（或指标）聚合为一类，把另外一些彼此之间相似程度较大的样品（或指标）又聚合为另外一类。关系密切的聚合到一个小的分类单位，关系疏远的聚合到一个大的分类单位，直到把所有的样品（或指标）都聚合完毕，把不同的类型一一划分出来，形成一个由小到大的分类系统。最后再把整个分类系统画成一张分群图（又称谱系图），用它把所有的样品（或指标）间的亲疏关系表示出来。

在经济、社会、人口研究中，存在着大量分类研究及构造分类模式的问题。例如在经济研究中，为了研究不同地区城镇居民生活中的收入及消费状况，往往需要划分为不同的类型去研究；在人口研究中，需要构造人口生育分类模式、人口死亡分类函数，以此来研究人口的生育和死亡规律。过去人们主要靠经验和专业知识，做定性分类处理，致使许多分类带有主观性和任意性，不能很好地揭示客观事物内在的本质差别和联系。特别是对于多因素、多指标的分类问题，定性分类更难以实现准确分类。

为了克服定性分类时存在的不足，统计方法逐渐被引进到分类学中，形成数值分类学。后来随着多元分析的引进，聚类分析可以用来对案例进行分类，也可以用来对变量进行分类。对样品的分类常称为 Q 型聚类分析，对变量的分类常称为 R 型聚类分析。

8.2.3.2 聚类分析法的目的

在一些社会、经济问题中，面临的往往是比较复杂的研究对象，如果能把相似的样品（或指标）归成类，处理起来就大为方便，所以如前所述，聚类分析的目的就是把相似的研究对象归成类。首先来看一个简单的例子。

【例1】若需要将下列 11 户城镇居民按户主个人的收入进行分类，对每户作了如下的统计，结果列于表 8-1。在表中，"标准工资收入""职工奖金""职工津贴""性别""就业身份"等称为指标，每户称为样品。若对户主进行分类，还可以采用其他指标，如"子女个数""政治面貌"等，指标如何选择取决于聚类的目的。

在例 1 中的 8 个指标，前 6 个是定量的，后 2 个是定性的。如果分得更细一些，指标的类型有 3 种尺度：

(1) 间隔尺度。变量用连续的量来表示，如"各种奖金""各种津贴"等。

(2) 有序尺度。指标用有序的等级来表示，如文化程度分为文盲、小学、中学、中学以上等有次序关系，但没有数量表示。

(3) 名义尺度。指标用一些类来表示，这些类之间没有等级关系也没有数量关系。

如例 1 中的性别和职业都是名义尺度。不同类型的指标，在聚类分析中，处理的方式是大不一样的。总的来说，提供给间隔尺度的指标的方法较多，对另两种尺度的变量处理的方法不多。聚类分析根据实际需要有两个方向，一是对样品（如例 1 中的户主），一是对指标聚类。重要的问题是"什么是类"？粗糙地讲，相似样品（或指标）的集合称作类。由于实际问题的复杂性，欲给"类"下一个严格的定义是困难的，在下文中将给"类"一个待探讨的定义。

某市城镇居民户主个人收入数据　　　表 8-1

X_1	X_2	X_3	X_4	X_5	X_6	X_7	X_8
540.0	0.0	0.0	0.0	0.0	6.0	男	国有
1137.0	125.0	96.0	0.0	109.0	812.0	女	民营
1236.0	300.0	270.0	0.0	102.0	318.0	女	国有
1008.0	0.0	96.0	0.0	86.0	246.0	男	民营
1723.0	419.0	400.0	0.0	122.0	312.0	男	国有
1080.0	569.0	147.0	156.0	210.0	318.0	男	民营
1326.0	0.0	300.0	0.0	148.0	312.0	女	国有
1110.0	110.0	96.0	0.0	80.0	193.0	女	民营
1012.0	88.0	298.0	0.0	79.0	278.0	女	国有
1209.0	102.0	179.0	67.0	198.0	514.0	男	民营
1101.0	215.0	201.0	39.0	146.0	477.0	男	民营

注：X_1：职工标准工资收入（元）；X_2：职工奖金收入（元）；X_3：职工津贴收入（元）；X_4：其他工资性收入（元）；X_5：单位得到的其他收入（元）；X_6：其他收入（元）；X_7：性别；X_8：就业身份。

将例 1 抽象化，就得到表 8-2 的数据阵，其中 x_{ij} 表示第 i 个样品的第 j 个指标的值。目的是从这些数据出发，将样品（或指标）进行分类。

数据矩阵　　　表 8-2

N_0	X_1	X_2	$\cdots$	X_p
1	x_{11}	x_{12}	$\cdots$	x_{1p}
$\cdots$	$\cdots$	$\cdots$	$\cdots$	$\cdots$
n	x_{n1}	x_{n2}	$\cdots$	x_{np}

聚类分析给人们提供了丰富多彩的方法进行分类，这些方法大致可归纳为：

（1）系统聚类法。首先，将 n 个样品看成 n 类（一类包含一个样品），然后将性质最接近的两类合并成一个新类，得到 $n-1$ 类，再从中找出最接近的两类加以合并变成了 $n-2$ 类，如此下去，最后所有的样品均在一类，将上述并类过程画成一张图（称为聚类图）便可决定分多少类，每类各有什么样品。

（2）模糊聚类法。将模糊数学的思想观点用到聚类分析中产生的方法。该方法多用于定性变量的分类。

（3）K—均值法。K—均值法是一种非谱系聚类法，它是把样品聚集成 k 个类的集合。类的个数 k 可以预先给定或者在聚类过程中确定。该方法可应用于比系统聚类法大得多的数据组。

（4）有序样品的聚类。n 个样品按某种原因（时间、地层深度等）排成次序，聚成的类必须是次序相邻的样品才能在一类。

（5）分解法。它的程序正好和系统聚类相反，首先所有的样品均在一类，然后用某种最优准则将它分为两类。再用同样准则将这两类各自试图分裂为两类，从中选一个使目标函数较好，这样由两类变成三类。如此下去，直分裂到每类只有一个样品为止（或用其他停止规则），将上述分裂过程画成图，由图便可求得各个类。

（6）加入法。将样品依次加入，每次输入后将它放到当前聚类图的应在位置上，全部输入后，即可得到聚类图。

本书将重点介绍系统聚类法和 K—均值法。

8.2.3.3 相似性度量

从一组复杂数据中产生一个相当简单的类结构，必然要求进行"相关性"或"相似性"度量。在相似性度量的选择中，常常包含许多主观上的考虑，但是最重要的考虑是指标（包括离散的、连续的和二态的）性质或观测的尺度（名义的、次序的、间隔的和比率的）以及有关的知识。

当对样品进行聚类时，"靠近"往往由某种距离来刻画。另一方面，当对指标聚类时，根据相关系数或某种关联性度量来聚类。

在表 8-2 中，每个样品有 p 个指标，故每个样品可以看成 p 维空间中的一个点，n 个样品就组成 p 维空间中的 n 个点，此时自然想用距离来度量样品之间的接近程度。

用 x_{ij} 表示第 i 个样品的第 j 个指标的对应值，数据矩阵见表 8-2，第 j 个均值和标准差记作 $\bar{x}_j$ 和 S_j。用 d_{ij} 表示第 i 个样品与第 j 个样品之间的距离，作为距离当然满足关于距离的 4 条公理。

最常见最直观的距离为：

$$d_{ij}(1) = \sum_{k=1}^{p} | x_{ik} - x_{jk} | \tag{8-11}$$

$$d_{ij}(2) = \left[\sum_{k=1}^{p} (x_{ik} - x_{jk})^2 \right]^{1/2} \tag{8-12}$$

前者叫作绝对值距离，后者叫作欧氏距离。

在聚类分析中不仅需要将样品分类，有时也需要将指标分类，在指标之间也可以定义距离，更常用的是相似系数，用 C_{ij} 表示指标 i 和指标 j 之间的相似系数。C_{ij} 的绝对值越接近于 1，表示指标 i 和指标 j 之间的关系越密切，C_{ij} 的绝对值越接近于 0，表示指标 i 和指标 j 的关系越疏远。对于间隔尺度，常用的相似系数有：

（1）夹角余弦。这是受相似形的启发而来，图 8-2 中的曲线 AB 和 CD 尽管长度不一，但形状相似，当长度不是主要矛盾时，应定义一种相似系数使 AB 和 CD 呈现出比较密切的关系。而夹角余弦适合这一要求。它的定义是：

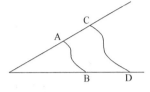

$$C_{ij}(1) = \frac{\sum_{k=1}^{n} x_{ki} x_{kj}}{\left[\left(\sum_{k=1}^{n} x_{ki} \right) \left(\sum_{k=1}^{n} x_{kj} \right) \right]^{1/2}} \tag{8-13}$$

图 8-2　相似图形

它是指标向量 $(x_{1i}, x_{2i}, \cdots, x_{ni})$ 和 $(x_{1j}, x_{2j}, \cdots, x_{nj})$ 之间的夹角余弦。

（2）相关系数。这是大家最熟悉的统计量，它是将数据标准化后的夹角余弦。相关系数常用 r_{ij} 表示，为了和其他相似系数记号统一，这里记它为 C_{ij}（2）。它的定义是：

$$C_{ij}(2) = \frac{\sum_{k=1}^{n} (x_{ki} - \bar{X}_i)(x_{kj} - \bar{X}_j)}{\left[\sum_{k=1}^{n} (x_{ki} - \bar{X}_i)^2 \sum_{k=1}^{n} (x_{kj} - \bar{X}_j)^2 \right]^{1/2}} \tag{8-14}$$

有时指标之间也可用距离来描述它们的接近程度。实际上距离和相似系数之间可以互相转化，若 d_{ij} 是一个距离，则 $C_{ij} = 1/(1 + d_{ij})$ 为相似系数。若 C_{ij} 为相似系数且非负，则 $d_{ij} = 1 - C_{ij}^2$ 可以看成是距离（不一定符合距离的定义）。或将 $d_{ij} = [2(1 - C_{ij})]^{1/2}$ 看成距离。

各种定义的相似度量均应具有以下两个性质：

1）$|r_{jk}| \leqslant 1$，对于一切 j，k；

2）$r_{jk} = r_{kj}$，对于一切 j，k。

$|r_{jk}|$ 越接近于 1，x_j 与 x_k 越相关或越相似；$|r_{jk}|$ 越接近于 0，x_j 与 x_k 的相似性越弱。

8.2.3.4　系统聚类法

系统聚类法（Hierachical Clustering Methods）是目前应用最为广泛的一种聚类方法。其基本思想是：先将待聚类的 n 个样品（或者变量）各自看成一类，共有 n 类，然后按照事先选定的方法计算每两类之间的聚类统计量，即某种距离（或者相似系数），将关系最密切的两类并为 1 类，其余不变，即得 n-1 类。再按前面的计算方法计算新类与其他类之间的距离（或者相似系数），再将关系最密切的两类并为一类，其余不变，即得 n-2 类。如此继续下去，每次重复都减少一类，直到最后所有样品（或者变量）归为一类为止。

在用系统聚类法进行聚类的过程中，涉及两个类之间的距离（或相似系数）问题，如果每个类中分别只含一个样品，那么样品之间的距离就是类与类之间的距离，如果每个类中含有两个以上的样品，那么哪两个样品之间的距离算作类与类之间的距离呢？为了回答这个问题，引进了多种方式定义类与类之间的距离，不同的定义方式就产生了不同的系统距离法。这些方法包括最短距离法（Single Linkage）、最长距离法（Complete Method）、中间距离法（Median Method）、重心法（Centroid Method）、类平均法（Average Method）和离差平方和法（Ward法）。

下面先就样品聚类的情形介绍这些类与类之间距离的定义。

用 d_{ij} 表示第 i 个样品与第 j 个样品之间的距离，用 G_p 和 G_q 分别表示两个包含 n_p 和 n_q 个样品的类，用记号 $D(G_p, G_q)$ 或者 D_{pq} 表示类 G_p 与类 G_q 之间的距离。记为 $G_r = \{G_p, G_q\}$，表示类 G_p 与类 G_q 合成的新类。

（1）定义类 G_p 与 G_q 中最近的两个样品之间的距离为这两个类的距离，称为最短距离，计算公式为：

$$D(G_p, G_q) = \min\{d_{ij} \mid i \in G_p, j \in G_q, p \neq q\} \tag{8-15}$$

（2）定义类 G_p 与 G_q 中最远的两个样品之间的距离为这两个类的距离，称为最长距离，计算公式为：

$$D(G_p, G_q) = \max\{d_{ij} \mid i \in G_p, j \in G_q, p \neq q\} \tag{8-16}$$

（3）中间距离法在计算类与类之间的距离时，采用介于最短距离和最长距离之间的某个距离。当 G_p 与 G_q 合并为新类 G_r 后，按中间距离法计算 G_r 与其他类 $G_k(k \neq p、q)$ 之间的距离公式为：

$$D(G_r, G_k) = \frac{1}{2}(D_{pk}^2 + D_{qk}^2) + \beta D_{pq}^2 \quad \left(-\frac{1}{4} \leqslant \beta \leqslant 0\right)$$

常取 $\beta = -\frac{1}{4}$，此时 D_{rk} 就是以 D_{pk}、D_{qk}、D_{pq} 为边的三角形的 D_{pq} 边上的中线。

（4）重心法将两类间的距离定义为两类重心之间的距离

当样品之间的距离为欧氏距离时，下面推出重心法的距离公式。当 G_p 与 G_q 合并为新类 G_r 后，它们所包含的样品个数分别为 n_p、n_q 和 $n_r(n_r = n_p + n_q)$。各类重心分别为 $\bar{X}^{(p)}$、$\bar{X}^{(q)}$ 和 $\bar{X}^{(r)}$。则有：

$$\bar{X}^{(r)} = \frac{1}{n_r}(n_p \bar{X}^{(p)} + n_q \bar{X}^{(q)})$$

G_r 与其他类 $G_k(k \neq p、q)$ 之间的距离公式为：

$$D_{rk}^2 = \frac{n_p}{n_r} D_{pk}^2 + \frac{n_q}{n_r} D_{qk}^2 - \frac{n_p n_q}{n_r^2} D_{pq}^2$$

如果样品间距离是其他距离，也可以导出相应的公式。

（5）定义类 G_p 与 G_q 中每两个样品之间距离的平均值为这两个类的距离，称为类平均距离，计算公式是：

$$D_{pq}^2 = \frac{1}{n_p n_q} \sum_{i \in G_p} \sum_{j \in G_q} d_{ij}^2$$

新类 G_r 与其他类 $G_k(k \neq p、q)$ 之间的类平均距离为：

$$D_{rk}^2 = \frac{n_p}{n_r} D_{pk}^2 + \frac{n_q}{n_r} D_{qk}^2$$

其中 $n_r = n_p + n_q$。

类平均法是使用比较广泛、聚类效果较好的一种方法。SPSS的系统聚类法中默认的方法就是类平均法。

（6）离差平方和法又称为Ward法。它采用了方差分析的思想，希望在分类时，能使得类内样品离差平方和尽量小，而类之间的离差平方和尽量大。设已将 n 个样品分为 k

类，用 $X_i^{(t)}$ 表示类 G_t 中的第 i 个样品，n_t 是 G_t 中的样品个数，$\overline{X}^{(t)}$ 表示其重心，则类 G_t 中样品的离差平方和为：

$$S_t = \sum_{i=1}^{n_t} (X_i^{(t)} - \overline{X}^{(t)})^T (X_i^{(t)} - \overline{X}^{(t)})$$

k 类样品总离差平方和为：

$$S = \sum_{i=1}^{k} S_t = \sum_{t=1}^{k} \sum_{i=1}^{n_t} (X_i^{(t)} - \overline{X}^{(t)})^T (X_i^{(t)} - \overline{X}^t)$$

离差平方和法在聚类时，先将 n 个样品各自看作一类，然后每次进行一次合并，缩小一类，每次缩小一类就使得 S 增大，每一步聚类都选择使 S 增加最小的两类进行合并，直到所有的样品归为一类为止。

定义 G_p 与 G_q 之间的离差平方距离为：

$$D_{pq}^2 = S_r - S_p - S_q$$

其中 $G_r = \{G_p, G_q\}$，可以证明，新类 G_r 与其他类 $G_k (k \neq p、q)$ 之间的距离公式为：

$$D_{kr}^2 = \frac{n_k + n_p}{n_r + n_k} D_{kp}^2 + \frac{n_k + n_q}{n_r + n_k} D_{kq}^2 - \frac{n_k}{n_r + n_k} D_{pq}^2$$

计算样品之间的距离以及计算类与类之间的距离公式（或者变量之间的相似系数）是系统聚类法进行聚类的基础。需要注意的是，无论选择哪种方法计算类与类之间的距离（或者变量之间的相似系数），都是将距离（或相似系数）中最小的两类合并成一个新类。

下面是基本步骤：

步骤一：n 个样品（或者变量）各自成一类，一共有 n 类。计算两两之间的距离，显然 $D(G_p, G_q) = d_{pq}$，构成一个对称矩阵 $D_{(0)} = (d_{ij})_{n \times n}$，其对角线上的元素全为零（对变量进行聚类时，计算两两之间的相似系数，构成对称的相似系数矩阵，其对角线上的元素全为 1）。

步骤二：选择 $D_{(0)}$ 中对角线元素以外的上（或者下）三角部分中的最小元素，设其为 $D(G_p, G_q)$［在对称的相似系数矩阵中，选择 $D_{(0)}$ 中对角线元素以外的上（或者下）三角部分中绝对值最接近于 1 的 $D(G_p, G_q)$］，与其下标相对应，将类 G_p 与 G_q 合并成一个新类，记为 G_r，计算新类 G_r，与其他类 $G_k (k \neq p、q)$ 之间的距离。

步骤三：在 $D_{(0)}$ 中划去与 G_p 与 G_q 所对应的两行和两列，并加入由新类 G_r 与其他各类之间的距离所组成的一行和一列，得到一个新的 $n-1$ 阶对称距离矩阵 $D_{(1)}$。

这个步骤中如果 $D_{(0)}$ 的最小元素不唯一，对其他的最小元素也同时做如上处理，不过每合并两类为一个新类，矩阵 $D_{(0)}$ 就降低一阶。

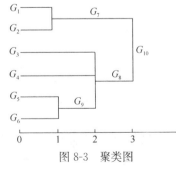

图 8-3　聚类图

步骤四：由 $D_{(1)}$ 出发，重复步骤二、三得到对称矩阵 $D_{(2)}$；再由 $D_{(2)}$ 出发，重复步骤二，三得到对称矩阵 $D_{(3)}$，…，依次类推，直到 n 个样品（或者变量）聚为一个大类为止。

步骤五：在合并某两类的过程中记下两类样品（或者变量）的编号以及所对应的距离（或者相似系数），并绘制成聚类图（图 8-3）。

步骤六：决定类的个数以及聚类结果。

（7）分类数的确定

到目前为止还没有讨论过如何确定分类数，聚类分析的目的是要对研究对象进行分类，因此如何选择分类数成为各种聚类方法中的主要问题之一。在 K—均值聚类法中聚类之前需要指定分类数，谱系聚类法（系统聚类法）中最终得到的只是一个树状结构图，从图中可以看出存在很多类，但问题是如何确定类的最佳个数。

确定分类数的问题是聚类分析中迄今为止尚未完全解决的问题之一，主要的障碍是对类的结构和内容很难给出一个统一的定义，这样就很难给出从理论上和实践中都可行的虚无假设。实际应用中人们主要根据研究的目的，从实用的角度出发，选择合适的分类数。Demir-men 曾提出了根据树状结构图来分类的准则：

准则 1：任何类都必须在邻近各类中是突出的，即各类重心之间距离必须大。

准则 2：各类所包含的元素都不要过分地多。

准则 3：分类的数目应该符合使用的目的。

准则 4：若采用几种不同的聚类方法处理，则在各自的聚类图上应发现相同的类。

系统聚类中每次合并的类与类之间的距离也可以作为确定类数的一个辅助工具。在系统聚类过程中，首先把离得近的类合并，所以在并类过程中聚合系数（Agglomeration Coefficients）呈增加趋势，聚合系数小，表示合并的两类的相似程度较大，两个差异很大的类合到一起，会使该系数很大。如果以 y 轴为聚合系数，x 轴表示分类数，画出聚合系数随分类数的变化曲线，会得到类似于因子分析中的碎石图，可以在曲线开始变得平缓的点选择合适的分类数。

（8）系统聚类法的总结

上面介绍的 5 种系统聚类法，并类的原则和步骤是完全一样的，所不同的是类与类之间的距离有不同的定义，从而得到不同的递推公式，如果能将它们统一为一个公式，将大大有利于编制计算机程序。Lance 和 Williams 于 1967 年给出了一个统一的公式见本章参考文献 [4]。

一般而言，不同的聚类方法的结果不完全相同。最短距离法适用于条形的类。最长距离法、重心法、类平均法、离差平方和法适用于椭圆形的类。

现在的许多统计软件都包含有系统聚类法的程序，只要将数据输入，可很方便地将上述几种方法全部算出，并画出聚类图。

8.2.3.5　K—均值法

非谱系聚类法是把样品（而不是变量）聚集成 K 个类的集合。类的个数 K 可以预先给定，或者在聚类过程中确定。因为在计算机计算过程中无须确定距离（或相似系数矩阵）。也无须储存数据，所以，非谱系方法可应用于比系统聚类法大得多的数据组。

非谱系聚类法或者一开始就对元素分组，或者从一个构成各类核心的"种子"集合开始。选择好的初始构形，将能免除系统的偏差。一种方法是从所有项目中随机地选择"种子"点或者随机地把元素分成若干个初始类。

这里我们讨论一种更特殊的非谱系过程，即 K—均值法。

Macqueen 于 1967 年提出了 K—均值法。这种聚类方法的思想是把每个样品聚集到其最近形心（均值）类中去。在它的最简单说明中，这个过程由下列 3 步所组成：

（1）把样品粗略分成 K 个初始类；

（2）进行修改，逐个分派样品到其最近均值的类中去（通常用标准化数据或非标准化数据计算欧氏距离）。重新计算接受新样品的类和失去样品的类的形心（均值）；

（3）重复第（2）步，直到各类无元素进出。

若不在一开始就粗略地把样品分到 K 个预先指定的类［第（1）步］，那也可以指定 K 个最初形心（种子点），然后进行第（2）步。

样品的最终聚类在某种程度上依赖于最初的划分，或种子点的选择。

为了检验聚类的稳定性，可用一个新的初始分类重新检验整个聚类算法。如最终分类与原来一样，则不必再行计算，否则，须另行考虑聚类算法。

对于预先不固定类数 K 这一点有很大的争论，其中包括下面几点：

（1）如果有两个或多个"种子点"无意中跑到一个类内，则其聚类结果将很难区分；

（2）局外干扰的存在将至少产生一个样品非常分散的类；

（3）即使已知总体由 K 个类组成，抽样方法也可造成属于最稀疏类数据不出现在样本中。强制地把这些数据分成 K 个类会导致无意义的聚类。

许多聚类算法都要求给定 K，而选择几种算法进行反复检验表明，对于结果的分析也许是有益的。

本章参考文献

［1］　贾怀勤. 应用统计［M］. 北京：对外经济贸易大学出版社，2010.

［2］　向东进. 实用多元统计分析［M］. 武汉：中国地质大学出版社，2005.

［3］　韩明. 应用多元统计分析——基于 R 的实验［M］. 上海：同济大学出版社，2019.

［4］　方开泰. 实用多元统计分析［M］. 上海：华东师范大学出版社，1989.

［5］　Arthanavh，T. S. and yadolah Dodge. Mathematical programming in statistics［M］. 1981.

［6］　MacQueen. J，et al. Some methods for Classification and Analysis of Multivariate Observations［C］// Proceeding of the fifth Berkeley Symposium on mathematical statistics and probability：volume l. Oakland，CA，USA，1967：281-297.

［7］　秦毅，张德生. 水文水资源应用数理统计［M］. 西安：陕西科学技术出版社，2006.

第9章 社会实践报告的撰写

9.1 社会实践研究报告要点

社会实践研究一般结合课程学习和论文工作进行，既可以安排在平时，也可以安排在寒暑假和节假日，既可以分散进行也可以集中组织。社会实践是指学生按照一定的目的和要求，对社会现象和问题进行实地观察及调查的活动，是进行思想政治教育的有效方法，更是青年学生提高思考问题、分析问题和解决问题能力，进行自我教育的好形式。如对改革开放和社会主义建设成就的考察，对我国各地区政治经济文化发展不平衡状况的考察，对党光辉历程的考察，等等。

"调查"指的是作者以研究为目的，根据社会或工作的需要，制定出切实可行的计划，并从明确的需求出发，深入到社会第一线，不断了解新情况、新问题，有意识地探索和研究，进而写出有价值的报告。"调查报告"包括计划、实施、收集、整理等一系列过程的总结，是调查研究人员劳动与智慧的结晶，也是最重要的书面结果之一。

社会实践研究报告有以下几个特点。第一，真实性。调查报告必须真实、客观地反映社会调查研究的内容和结果。第二，针对性。必须是针对某一事物、某一事件、某一方面或某一问题所作的有实际意义的描述、分析和建议；必须是针对具体阅读对象的调查报告。第三，典型性。无论是观点还是事实，都应当具有典型性和代表性。第四，指导性。调查报告应为人们提供决策依据、解决问题的办法以及理论研究的参考，即使是描述式调查报告，也要做到给人以启示。第五，时效性。调查报告必须及时地服务于当前的社会需要。

9.1.1 研究背景

社会实践背景是指为什么进行社会实践，所实践的内容或主题处于何种环境、面临何种形势、存在哪些矛盾和问题，通过实践达到何种目的、产生什么意义。广义的社会实践是人类认识世界、改造世界的各种活动的总和，即全人类或大多数人从事的各种活动，包括认识世界、利用世界、享受世界和改造世界等。狭义的社会实践即假期实习或是校外实习。实践具有自身的规定和特点，是同思维和认识相互区别和相互对立的主体行为，实践不能脱离思维和认识独立存在，实践需要思维产生的实践意识作指挥，思维需要认识获得的知识做基础，没有思维和认识就没有实践。实践、思维和认识是统一的整体，是前后相继、水乳交融的主体日常行为。人的实践具有社会性。人是社会的主体，个人的实践同社会有着密切的关系。因此，人的实践是社会的实践，也是新社会的创造者。

研究背景是对调研工作开展的原因进行的大致介绍和总体概括。例如：在对建筑垃圾的再生与利用进行调研时，需要明确产生建筑垃圾的现状及其原因、未经处理的建筑垃圾所带来的生态环境问题以及建筑垃圾资源化利用的方法与途径，从而提出此次调研工作的手段、主要内容、可能存在的问题及其解决办法、预期成果等。

结合"大力推进生态文明建设"的总体目标，进行以生态文明思想为核心的专业社会实践。例如环境工程专业，其学生的培养目标是：具备良好的人文素养、职业道德和可持续发展理念；熟悉环境生物技术，掌握环境工程基础理论、工程设计与实践应用方法等；5年后能成为设计单位、科研单位、政府部门、学校等单位在规划、设计、研发和管理等方面的技术骨干和核心管理人才。实行的方案为：学习生态文明思想，与课堂教学形成合力；践行生态文明思想，以社会需求为风向标；延续生态文明思想，构建全过程实践体系。

9.1.2 调查的目的与意义

社会实践是大学生思想政治教育的重要环节，对促进大学生了解社会、了解国情、增长才干、奉献社会、锻炼本事、培养品质、增强社会职责感，具有不可替代的作用。社会实践也是学生迈入职场的初步环节和大学生涯的关键环节，可作为大学生自我探索的试金石。在新形势下，探索大学生社会实践机制，深化社会实践活动，不仅仅是经济与社会发展对高校的客观要求，也是高校深化教育教学改革，培养高素质创新人才的必然需要。

社会实践使大学生深入社会、了解社会，适应社会，逐步从"学生主角"变为"社会主角"，初步实现自身的社会化和个性化发展，这是大学生就业和成为社会所需人才的先决条件。在充分社会化和个性化发展的基础上，大学生投身社会实践，拓展综合素质，增加社会阅历，提高实践本事，培养创新意识和创业本事，提高就业竞争力，有利于树立正确的就业观念，适应社会主义市场经济的要求，从根本上解决高校毕业生"就业难"的问题。因此，社会实践对学生、社会、高校三者都有一定意义。

（1）大学生社会实践对大学生自身的影响。这方面可从增强学生的社会责任感、创新精神、就业能力等角度入手。比如大学生通过参加社会实践活动，可以树立强烈的责任意识形成良好的劳动观念，奉献社会，造福人民，在社会实践过程中不断突破自我，近距离接触社会，真正培养良好的社会责任感。社会实践发现问题、解决问题的功能能够帮助大学生树立坚定信念，激发创新意识，养成优良品质，形成良好社会适应能力和成熟心态。通过社会实践，大学生能更好地实现自我认知、掌握更多的人际交往技巧，理性调整自己的职业规划，正确寻找到与自己的知识水平、兴趣、性格和能力素质相匹配的职业。

（2）大学生社会实践对社会的影响。这方面可从加强学校与社会之间的经济交流与合作，加强社会与地方的文化交流的角度入手。例如：高校与社会以社会主义市场经济新形式为契机，通过招标洽谈、签订合同等多种形式确定活动项目和利益分配，形成完善的运作机制，积极推进社会实践活动平稳有序进行，实现社会实践、社会服务有偿化。或是像西部支教等活动，将在大学所学的相关知识带到贫困山区，开阔山区孩子的视野，推进当地文化进步，当地淳朴的民风，也会对大学生人生观价值观的塑造产生很大的影响。

（3）大学生社会实践对学校有关方面的影响。这方面可以从提升校园文化建设工程以及提升高校的社会影响力的角度入手。大学生在参加社会实践的过程中，促进了良好的校园文化的建立，从而使学生与学校真正成为一个有机的整体，形成强大的精神力量，使大学生在潜移默化中接受共同的价值观念，对学校产生认同感，使自身发展的同时，促进了学校文化的发展，还会对社会公众产生一定影响，在一定方面提高学校知名度和社会影响力。

9.1.3 实践实施计划

确定实践实施计划的流程包括以下四点：

（1）提前构思：初步拟定计划，包括时间内容、形式、日常安排等。

（2）开会研讨：召集小队队员，开会讨论计划，队长介绍方案，然后各个成员根据自己的思考提出意见讨论。

（3）征求意见：对计划进一步修改完善，然后发给小队队员、指导教师以及实践地的负责人征求意见。

（4）修改完善：根据各方的意见，再次修改完善，最后确定实践实施计划。

具体实践可分为以下几步：

（1）活动前教育：学校在活动前都必须安排时间进行安全、法制、礼仪教育。教育学生预防事故，注意自我保护；教育学生务必遵守法规，遵守实践地和社区的规章制度；教育学生礼貌待人，体现学生良好的精神风貌。

（2）资料选取与活动规划：学生根据自己的兴趣和已有的知识水平，从生活实际出发，从熟悉和关注的社会中选取活动主题和资料，并构成社会实践小组，聘请指导老师，联系好将要前去实践的地点或单位，制定小组活动计划，并在小组活动计划的基础上制订个人活动计划。

（3）活动实施：召开开题报告会，组成活动小组，确定活动主题，明确成员职责，制订活动计划。学生务必按计划进行活动，服从实践地负责人领导。在活动中组长要协调好小组成员及各方面的关系，各成员发挥团队精神，相互协作，确保活动的顺利进行。

（4）总结交流：活动结束后，小组需完成社会实践的报告。个人需写出活动小结及活动过程中的体会、感受等，先在小组内进行交流，然后组织小组间的交流。形式由班级自定，可以是主题班会、班级网页墙等。

（5）评价考核：由班主任和指导老师进行初评，然后由校园综合实践活动课程领导小组进行终评。

在实施过程中常会存在一些问题，比如实践过程的监管不够，实践结果的衡量标准和考核制度不够科学合理等。社会实践需要学生运用所学专业知识，但是对于尚未将专业知识钻研透彻的学生，往往会出现理论与实践脱节的现象，所以社会实践过程需要指导老师全程指导和组织部门的全程监管。而现实中，学生和指导教师信息不对称，部分学生在选择指导教师时未了解清楚教师擅长的学科领域，导致教师无法给予学生充分的指导；部分指导教师具有实践想法，却难以找到合适的学生。实践指导的针对性不强、监管部门不能及时了解实践情况等问题，导致大学生社会实践容易流于形式。

因此需要健全措施机制，提高师生参与度，充分发挥指导教师作用，调动学生参与活动的积极性。首先要注重培育优秀的学生团队。从参与实践的学生中遴选优秀实践者进行重点培养，并通过创新创业主题沙龙、优秀项目展览展播、创新创业主题讲座和技能培训活动，营造浓厚的创新创业氛围。其次是合理配备指导教师。积极开展创新创业项目指导教师教学业绩认定和社会实践、创新竞赛成果奖励，大力动员优秀校友、企业家、专业教师参与社会实践和创新创业项目指导。最后是深度挖掘优质项目。扎实做好成果评审工作，聘请校内外专家进行严格评审，从中遴选优秀实践成果进行重点打造。

社会实践自然离不开实践论文，其写作过程应包括以下步骤：收集资料、拟订论文提纲、起草、修改与定稿等。各个步骤具体做法如下：

（1）收集资料：资料是撰写实践论文的基础。资料可以从实地调查、社会实践或实习等渠道获得，也可以从校内外图书馆、资料室中查找。

（2）拟订论文提纲：拟订论文提纲是作者动笔行文前的必要准备。根据论文主题的需要拟订该文结构框架和体系。学生在拟定论文提纲后，可请指导教师审阅修改。

（3）起草：论文提纲确定后，可以动手撰写实践论文的初稿。在起草时应尽量做到"纲举目张、顺理成章、详略得当、井然有序"。

（4）修改与定稿：论文初稿之后，需要改正草稿中的缺点或错误，反复推敲修改后，才能定稿。

9.1.4 实践可行性分析

作为一种拓展学生视野、提高社会意识和实践能力的教育手段，社会实践活动越来越受到各层次教育机构和学生的关注和重视。然而，如何对社会实践活动进行可行性分析，确保活动顺利进行且达到预期效果，已成为教育工作者和学生们需要重视和掌握的重要问题。社会实践的成功与否关键在于其可行程度，可行性是社会实践的基本前提。现就社会实践可行性作具体分析。

（1）时间可行性：调研活动应当安排在假期时间，选择空闲时间去发放调查问卷，汇总整理收集到的资料，然后开会讨论，分析遇到的问题，探讨解决方案。同时，每个人自主上网查资料，并分析调查结果，为写调查报告准备。在总体框架下针对不同情况利用自己的空余时间完成各自的任务。

（2）经济可行性：调查采用的外出形式可以是乘坐公交，可采用发放调查问卷和访谈的方式收集资料，同时还可用手机拍照片、录音等，花销较少。

（3）组织可行性：在实施调查前，要做充分的资料收集，认真探讨调查思路，详细地安排调查进度，组内成员分工合作，根据各自的专业特长分别负责具体的工作。就工作需要建立讨论群，方便资料共享和交流。

（4）技术可行性：调研形式以调查问卷、访谈为主要形式开展，成果以 PPT、视频、照片、调查报告等形式呈现。参与队员应选择具有社会调查经验，在撰写学术报告有一定的基础的成员最佳。小分队成员应提前设计好调研问卷，并和指导老师联系，做好相关理论准备，团队成员应进行相关的调研培训，并亲身经历社会调查并参与撰写调查报告、论文。

（5）目标可行性：一项成功的社会实践活动必须要有明确的目标和可行性计划。在确定目标时，应尽可能明确目标的实际意义、具体操作方法以及实现方式。实现方式可以包括人员组织、资金支持、场地安排等。同时，可行性计划要根据实际情况和活动的特点和规模进行制定和调整。在制定计划的同时，教育工作者和学生应充分考虑时间安排、人员分工、费用预算等相关因素，以确保活动真正可行，达到预期目标。

（6）资源可行性：在确定活动的可行性计划时，需要充分考虑到相关资源的获取和利用。首先要依据活动的主题和目标提前预算活动经费并对经费进行科学合理的分配。其次，人员资源也是至关重要的一部分，包括组织人员、指导教师、学生志愿者等。在配备人员时，应根据特定的任务和职责来分工协作，充分发挥各自的优势和特长。此外，在确定活动过程中，需要考虑场地、用具、材料等相关资源是否充足，数量是否足够。只有在资源充足的情况下，活动才能真正做到有条不紊地进行。

（7）安全可行性：在社会实践活动中，安全保障是重中之重，必须充分考虑。在安全保障方面，主要涉及行程安排、场地安排、交通安排、医疗保障等方面。行程安排应有详细的备案，有针对性地对每一站点进行分析和预判，对可能存在的安全隐患应加强管理和调整。场地安排也应有详细记录，对情况进行评估，及时消除隐患。交通安排方面，要充分考虑路线安排、交通工具的选取、司机等相关人员的安排等。医疗保障方面，要根据活动规模和地点而定，为学生和教师配备基本医疗设备和应急药品，并建立一定的后勤支撑体系。

9.1.5 预期成果及表现形式

9.1.5.1 社会实践的表现形式

大学生社会实践经过不断的完善和发展，已经形成了独特的实践类型，为了更准确地了解大学生社会实践的发展，就不能忽视对社会实践类型的研究。当前，大学生社会实践主要有以下四种类型：

（1）学术实践

学术实践是指在专业知识的指导下，有计划地组织大学生参与社会活动或是大学生自发在社会中运用专业知识了解、认识并服务于社会的一切操作性活动与行动，旨在培养和锻炼大学生的综合能力，提高其综合素质，增强其社会责任感。

（2）社团活动

社团活动是学生为了实现团体的共同意愿和满足个人兴趣爱好需求，自愿组成的、按照其章程开展活动的群众性学生组织。学生社团活动以保证完成学生的学习任务和不影响学校正常教学秩序为前提，以有益于学生的健康成长和有利于学校各项工作的进行为原则。学生社团不仅要给大学生一个锻炼的机会，而且要走向社会，让社会了解他们，建立沟通联络的渠道，为高校学习、生活和工作服务。

（3）志愿服务

志愿服务是大学生参与社会实践的重要形式之一。志愿服务是指由志愿者参与的社会性公益服务，是一种非政府系统的组织行为和服务行动，即民间组织或个人利用自己的知识、技能、体能或财富，通过各种服务性的行动去实现和体现对社会事业的服务与奉献，或实施和完成对有困难的社会群体及个人的服务与保障。

（4）社会调查和考察

社会调查是社会实践常用的重要形式，在高校结合课堂教学与课外阅读，组织开展社会调查，对于大学生接触社会，了解国情，树立正确的世界观、人生观和价值观，掌握科学的方法论具有十分重要的意义。

9.1.5.2 预期成果

通过社会实践，预期达到的成果具体分为两个方面：

一是针对社会实践的本身，通过实践，运用知识、技能为人民服务，为当地企业、民众排忧解难，促进经济和社会发展。大学生暑假"三下乡"活动、"大学生服务西部计划"活动、"青年志愿者"等活动都为当地的物质文明做出了贡献。在社会实践中，下到工厂、农村、社区，通过宣讲国家方针政策，提高民众的思想政治素质；通过支教和参与扫盲活动，提高农民的科学文化水平，提高农村学校的教育教学质量。社会实践是让大学生全面正确认识社会的最好途径。

二是针对实践小组成员，通过社会实践可以培养大学生的实践能力和对知识的了解、掌握与运用。培养与组员沟通的能力，增强大学生的社会适应能力。培养社会实践能力，培养学术调研和结合分析的能力，提高个人素质，完善个人品质，孕育出更好的团队精神和团队协作能力。使当代大学生意识到肩负的责任，也意识到自己知识层面的不足。

9.2　大学生社会实践论文的撰写

高校大学生处于思想观念塑形阶段，身处学校，环境相对简单。学校可通过对学生正确、科学地思想行为引导，在培养学生正确思想观念的同时提升学生的自身实践能力。大学生在社会实践中会遇到一系列具体问题，可使他们对所学习的知识进行复习和深入地思考。对于其中正确的地方，可加深理解；对于错误的地方，及时纠正；对于不足的地方，可得到补充和完善。使自身知识结构更趋于合理。对大学生来说，社会实践是他们受教育、长才干的重要渠道，充分发挥自己的想象力和创造力，可使他们学会认知。在招聘会上，用人单位大多喜欢参加过社会实践，具有一定组织管理能力的毕业生。大学生通过参加丰富多彩的社会实践活动，对自身进行客观评价，同时也对不同职业的发展前景有一定的了解，这对将来顺利择业、成功就业十分重要。

9.2.1　总体要求

论文是一个大的概念，凡一切以议论为表达方式，对某个问题进行分析研究的文章都可称之为论文，诸如科研论文、学位论文、毕业论文等。撰写论文是一个大学生必备的基本功。且不说毕业论文的要求，就是将来走上工作岗位后，需要交流经验、汇报工作，或有了科研成果需要发表时，却不会撰写论文，肯定会影响到自己事业的发展。

大学生通过参加社会实践活动，并将在社会实践中得到的新认识、新见解、新发现以论文形式写出来，对提高自己认识分析问题的能力，提高自己的写作水平，都是大有好处的。对应大学生社会实践的活动类型，一般社会调查、参观访问的成果，在以社会调查报告、参观访问的形式反映出来的同时，也可以以论文的形式反映出来。

论文必须要有封面，包括校徽图、活动名称、论文标题，作者信息及团队信息（团队论文）。论文论述作者对实践活动的详细表述，也就是作者所要论述的事实和观点，内容要观点鲜明、重点突出、结构合理、条理清晰，文字要通畅精炼。团队成员、个人实践的论文字数以 2000～5000 字为宜；校级团队、院级团队的团队论文字数以 5000～20000 字为宜；活动规模较大，或研究程度较深的，论文字数可适当增加。

9.2.2　写作内容

根据国家标准局关于科研论文写作的要求，一篇论文通常包括下列部分：标题、署名、摘要、关键词、中图分类号、文献标识码、引言、正文、结论、致谢、参考文献、附录等。论文作者根据情况可以有不同的侧重和选择。下面就几个主要部分进行介绍：

（1）封面：活动名称、校徽、论文标题。活动名称应该用简短、明确的文字，能概括实践活动，如地区、性质、内容等。论文题目应该用简短、明确的文字写成，通过标题把实践活动的内容、特点概括出来。题目字数要适当，一般不宜超过 20 个字。若某些细节必须放进标题，为避免冗长，可设副标题，把细节放在副标题里。

（2）封面：论文信息、作者信息、团队信息。单位名称和作者姓名应在题目下方注明，单位名称应用全称。

（3）论文标题。标题通常有两种写法：

1）采用公文式标题的写法，直接点明关于什么问题的调查报告，如《关于环境污染问题的调查报告》《关于股份制试点企业的调查》。

2）双行标题。即正题是调查的结果或中心论点的概括与说明，副标题则补充交代调查的内容，或调查的对象以及文种。如《投资环境亟待改善——关于西安市投资环境的调查报告》。

（4）摘要、关键词。论文需配摘要，有英文摘要的，中文在前，英文在后。摘要应反映论文的主要内容，概括地阐述实践活动中得到的基本观点、实践方法、取得的成果和结论。摘要字数要适当，中文摘要一般为 200 字左右，英文摘要一般至少要包括 100 个实词。论文还需配关键词，关键词能概括论文的主要内容。关键词包括"关键词"字样、3～5个关键词。

（5）正文。正文是实践论文的核心内容，是作者对实践活动的详细表述，也就是作者所要论述的主要事实和观点。正文可分三部分来写，即开头、主体、结尾。

1）开头。主要是概况介绍，即简要介绍被调查者的总体情况。如对某个单位的调查，就先介绍该单位的基本情况，包括人数、人员结构、规模、历史和现状等。如果是就某一问题进行调查，就概述发生的问题、为什么要去调查、调查的经过及其结果等。

2）主体。主要包括调查的经过与内容。这一部分可根据调查的性质和材料决定不同的写法。例如事件调查常常根据事件的发展过程来写。从事件的产生、发展经过、结果与影响，到处理这一事件的方法与建议。而经验调查则往往省略过程描述，只根据调查所得的基本经验逐条叙述。另外，也可根据调查所得的基本结论，从多方面举例加以说明。总之，这一部分一定要内容充实，要能够充分反映调查的收获。

3）结尾。主要是总结全文，与开头相呼应，使结构完整。建议、说明或要求等，一般也在此叙写。

就实践内容而言，论文主要分为宣传活动类、调查研究类、志愿服务类和实习见习类，内容要求如下：

1）宣传活动类

要以事实为根据，不仅报告中涉及的人物、事件要真实，事件发生的时间、地点、背景、过程、原因和结果也必须真实；要做到客观地反映事实，忠于事实，不带主观随意性。切勿对客观事实随意引申，或不切实际地渲染。对社会实践中的具体问题有针对性，回答广大群众关心的问题，解决"面"上迫切需要解决的问题。宣传主题应是近期广大群众关心的问题、国家政策的热点或当地的热点话题。

2）调查研究类

调查研究类报告有特殊的格式：调查研究报告应明确注明调查（研究）背景、主题、目的、调查时间地点、调查对象、调查方法；系统表达调查结果；详细论述数据分析和调查结论；还可增加向上级或相关单位提出的相应建议；最后是结束语和谢辞；还需附参考文献，推荐使用校图书馆网站的文献库，提高论文的学术性。

调查研究报告包括引言、概述、研究背景和意义、研究方法和角度、研究对象与方法；应详细论述研究结果、研究内容及主要成果、探讨与认识、现状与问题、分析与讨论；然后是结论与建议、研究结论和说明、建议和展望、问题与对策；最后是注释和参考文献、附录（问卷、量表、研究材料、统计数据、方案、计划等）。调查研究报告的特点有：①能确切体现研究的真实性，包括研究课题、结果和讨论。②学术性高，能进行学术交流，或者通俗性好。③操作科学规范文献资料检索充足，研究结果的分析与讨论有理有据；④属于科技发明成果，成果能进行技术改造、工艺革新、适于技术传播。

3）志愿服务类

能够实事求是，记录详实，切实反映当地的真实情况，不存在虚假和不真实的情况。论点鲜明，能够从材料中提炼而出，有自己对活动的独到见解，深刻而有意义。论文中应体现良好的"志愿精神"，对"志愿精神"的内涵有一个深刻的认识，并且能够体现团队精神。活动在当地可以产生良好的社会效应，能够对当地存在的问题提出有建设性的提议，且有推广的价值。

（6）结束语

结束语包括对整个实践活动进行归纳和综合而得到的收获和感悟，也可以包括实践过程中发现的问题，并提出相应的解决办法。

（7）谢辞

以简短的文字对在实践过程与论文撰写过程中直接给予过帮助的指导教师、答疑教师和其他人员、单位表示谢意。

（8）参考文献

参考文献是实践论文不可缺少的组成部分，它反映实践论文的取材来源、材料的广博程度和材料的可靠程度，也是作者对他人知识成果的承认和尊重。推荐使用校图书馆网站的文献库，提高论文的学术性。

（9）附录

对于某些不宜放在正文中，但又具有参考价值的内容可以编入实践论文的附录中。

9.2.3　写作要求

9.2.3.1　内容要求

（1）尊重事实，切忌先入为主。写好调查报告，首先要有客观、公正的求是精神，要尊重事实，不能先入为主。调查研究一般都有明确的目的。到哪里去，调查什么，事先都应该有设想和调查提纲。但写调查报告时，不能以主观设想的调查提纲为依据，更不能"戴着有色眼镜"去观察、了解，而只能依据调查所得的事实。报告内容不能有丝毫的歪曲，更不能虚构。

（2）要抓住本质，不能面面俱到。调查过程中所得的材料是各种各样的，甚至会有截然相反的意见。因此，写作时要抓住最典型的、最能说明问题的材料，而不能"眉毛胡子一把抓"，堆砌了很多材料却说明不了任何问题，反而冲淡和削弱了自己的主要观点。能不能在庞杂的材料中抓住能够反映本质问题的材料，这是能否写出高质量调查报告的关键。

（3）要点面结合，以点带面。调查报告既要有一般情况，又要有典型事例。如果只有一般情况，而没有典型事例，就容易笼统、浮泛，对问题的阐述就缺乏深刻性。如果只有典型事例，而没有一般情况，读者就不容易从全局上得到清晰的印象，甚至还可能对所列举的典型事例产生怀疑。因此，写作的时候一定要做到点面结合，以点带面。

（4）表达方式灵活多样。调查报告在语言表达方式上可以兼用各种表达方式——记叙、描写、说明、议论、抒情，并以记叙、说明、议论为主。在具体运用中要做到记叙清楚明了，描写形象生动，说明准确无误，议论有的放矢，抒情真实感人。另外，调查报告的文字应该准确、朴实、鲜明、简练，句子通顺流畅，层次清楚，结构完整。

9.2.3.2 格式要求

（1）字体要求

社会实践论文文中的汉字必须使用国家正式公布的规范字。

（2）标点符号

社会实践论文中的标点符号应准确使用。

（3）名词、名称

科学技术名词术语采用全国自然科学名词审定委员会公布的规范词或国家标准中规定的名称，尚未统一规定或叫法有争议的名词术语，可采用惯用的名称。使用外文缩写代替某一名词术语时，首次出现时应在括号内注明全称。外国人名一般采用英文原名，按名前姓后的原则书写。一般很熟知的外国人名（如牛顿、爱因斯坦、达尔文、马克思等）应按通常标准译法写译名。

（4）量和单位

社会实践论文中的量和单位的使用必须符合现行国家标准《量和单位》GB 3100～GB 3102，该标准是以国际单位制（SI）为基础。非物理量的单位，如件、台、人、元等，可用汉字与符号构成组合形式的单位，例如件/台、元/km。

（5）数字

实践论文中的测量、统计数据一律用阿拉伯数字。但在叙述中，一般不宜用阿拉伯数字。

（6）标题层次

实践论文的全部标题层次应统一、有条不紊、整齐清晰，相同的层次应采用统一的表述体例，正文中各级标题下的内容应同各自的标题对应，不应有与标题无关的内容。

各级标题编号方法可采用以下方法：

第一级为"一、""二、""三、"等，第二级为"1""1.""2."等，第三级为"1.1""1.2""1.3"等，但分级阿拉伯数字的编号一般不超过四级，两级之间用下角圆点隔开，每一级的末尾不加标点。

（7）注释

实践论文中有个别名词或情况需要解释时可加注说明，注释可用页末注（将注文放在加注页的下端），而不可用行中插注（夹在正文中的注）。注释只限于写在注释符号出现的同页，不得隔页。

（8）公式

公式应居中书写，公式的编号用圆括号括起放在公式右边行末，公式与编号之间不加虚线。引用文献应在引用处正文右上角标注，字体用五号字。

（9）表格

每个表格应有自己的表序（即序号）和表题，表序和表题应写在表格上方居中排放，表序后空一格书写表题。表格允许下页续写，续写时表题可省略，但表头应重复写，并在右上方写"续表××"。

（10）插图

文中的插图必须精心制作，线条要匀称，图面要整洁美观。插图一律插入正文的相应位置，并注明图号、图题，每幅插图应有图序（即序号）和图题，图序和图题应放在图下方居中处，图序和图题一般用五号字。

（11）参考文献

参考文献一律放在文后，参考文献的书写格式要符合现行国家标准《信息与文献　参考文献著录规则》GB 7714 的规定。参考文献按文中引用的先后，从小到大排序，一般序码宜用方括号括起，不用圆括号括起，且在文中引用处用右上角标注明，要求各项内容齐全。文献作者不超过 3 位时，全部列出；超过 3 位只列前三位，后面加"等"字或"et. al"。中国人和外国人名一律采用姓名著录法。外国人的名字部分用缩写并省略。

9.3　大学生社会实践调查报告的撰写

调查报告又叫调查研究报告，应该说后者是它更准确的名称。因为它不仅是调查的产物，更是研究的产物。调查报告的主要功能是搜集情况，并通过对调查所得情况的深入研究提出一定的见解。调查报告通过典型事例的分析，总结出具有方向性和普遍意义的经验、规律来反映社会，解决问题，推动工作。因此调查报告是根据某一特定目的，运用辩证唯物论的观点，对某一事物或某一问题进行深入、细致、周密的调查研究和综合分析后，将这些调查和分析的结果系统、如实地整理成书面文字的一种文体。调查报告撰写的好坏，直接关系到社会调查成果质量的高低和社会作用的大小。写好调查报告不仅对巩固和提高社会调查的成果意义重大，而且对提高大学生认识社会和改造社会的能力也大有帮助。

9.3.1　调查报告的类型

调查报告的类型较多，由于分类标准和角度不同，划分的结果也不同。根据较为通行的看法，主要有两种划分方法；一是根据调查报告的内容划分；二是根据调查报告主要目的划分。

（1）根据调查报告的内容划分，可分为综合性调查报告和专题性调查报告。

1）综合性调查报告。综合性调查报告涉及的问题比较广泛，反映的问题比较全面，篇幅一般比较长。它是以综合调查众多的对象及其基本情况为内容，作全面、系统的调查和反映的报告，具有全面、系统、深入和篇幅较长的特点。

2）专题性调查报告。专题性调查报告内容专一，问题集中，篇幅一般较短小。专题型调查报告，就是侧重某个问题进行较深入的调查后形成的报告，这类报告一般常常在标题上就能反映出来。它能及时揭露现实生活中的矛盾，反映群众的意见和要求，研究亟需解决的具体实际问题，并根据调查的结果提出处理意见、对策或建议。

（2）根据调查报告的主要目的划分，可分为应用性调查报告和学术性调查报告两大类。

1) 应用性调查报告：是以解决现实问题为主要目的的调查报告，这类调查报告大致包括下面五种：

① 认识社会的调查报告：以突出事实为主，对事实的叙述全面、具体、深入、系统。这类调查报告主要起认识社会现象、了解社会现状、掌握社会规律的作用。

② 政策研究的调查报告：根据国家方针政策的需要，叙述必要的调查材料，然后进行深入的分析和论证，阐述利弊，对政策的贯彻实施提出具体的意见和建议。

③ 揭露问题的调查报告：客观地分析某一社会问题产生的原因，准确地判断其性质，指出问题的严重性和危害性，并提出解决问题的办法和处理问题的具体建议。

④ 总结经验的调查报告：说明某项社会活动产生的历史条件，经历的阶段，发展的过程，遇到的困难，解决问题的方法，以及取得的成绩和推广的意义等。这类调查报告主要起总结先进经验，推广先进经验，指导工作的作用。

⑤ 支持新生事物的调查报告：着重说明新生事物"新"在何处，产生的历史条件，发展阶段，发展过程中遇到的矛盾和困难，解决矛盾、克服困难的办法，特别要揭示它的成长规律，阐述它的作用和意义，指明发展方向及应该采取的措施。这类调查报告主要是反映新事物、新思想、新风尚、新发明、新创造等，达到支持新生事物，发展新生事物的目的。

2) 学术性调查报告：以揭示事物的本质及其发展规律为目的调查报告。分为理论研究的调查报告和历史考察的调查报告。

① 理论研究的调查报告：要求调查材料具有真实性、系统性和完整性，论证过程有严密的内在逻辑，结论鲜明、准确、新颖。它主要是通过对现实问题的调查研究，从理论的高度对这些问题进行概括和说明。有时也可对不同的观点进行论证和反驳。

② 历史考察的调查报告：从历史事实出发，揭示社会现象的内在规律。这类调查报告主要是通过对文献资料的调查，来揭示某些社会现象的本质及其发展规律。

9.3.2　调查报告的特点

（1）真实性

真实性是调查报告首要的、最大的特点。所谓真实性，就是尊重客观事实，靠事实说话。这一特点要求调研人员必须树立严谨的科学态度，认真求实的精神，不仅要充分肯定工作成绩，还要准确反映工作中存在的问题。

（2）针对性

针对性是调查报告的"灵魂"。写调查报告一是要明确是针对什么问题写的，二是写调查报告必须有明确的读者对象。大学生进行社会调查的目的，是在深入社会、深入工农、深入实践中了解国情，体察民情，研究国家方针政策给社会带来的变化。社会调查是针对一些较为迫切的实际情况，解决某些实际问题而进行的，需要明确提出所针对的问题，明确交代这一问题所获得的事实材料，分析出问题的症结所在，提出具体可行的建议和对策。

（3）典型性

典型性是指在调查报告的写作过程中所采用的事实材料要具有代表性，以及所揭示的问题带有普遍性。这种典型特点在总结经验和反映典型事件的典型调查中表现得尤为突出。

（4）新颖性

新颖性是调查报告的又一个重要特点，若离开新的内容、新的问题、新的经验，引用的都是一些人们已经熟知的事实，提出的都是一些陈旧落后的观点，形成的都是一些众所周知的结论，就失去了调查报告的作用。

（5）时效性

调查报告要回答现实问题，就必须对出现的新事物要有识别能力，及时抓住新苗头、新动向、新因素、新发展，迅速地把它反映出来，以便推动工作，解决问题。如果调查报告延误了时间，错过了时机，不能及时地回答人们迫切需要了解的问题，成为"马后炮"，调查报告就会失去应有的社会意义。

（6）系统性

调查报告的系统性或完整性是指由调查材料所得出的结论，必须具有说服力，能把被调查的情况完整、系统地交代清楚。不能只得出结论，而疏漏事实过程和必需的环节。这样的疏忽势必造成不严密、根据不足以及不足以令人信服的印象。这里所说的系统性或完整性，是指抓住事物的本质和主要方面，写出结论的推理过程。

总的来说，调查报告就是要论证系统，逻辑严密，摆事实，讲道理，具有强烈的说服力，从而成为科学决策的可靠资料。

9.3.3　调查报告的格式

基本格式是指文体的大体式样。一般地说，调查报告由标题、前言、主体、结尾四部分构成，有的调查报告还有附录。

（1）标题

标题是内容的"眼睛"，是内容的提要。调查报告的标题通常注意以下几点：

1）新颖。真理是在不断发展的，任何科学研究也都在不断完善和进步。因此，题目必须新颖。抓住最新出现的问题，拟出具有开创性的题目，就很新颖；在原有的问题之外，提出新的问题，提出了一个新的研究思路，也具有新颖性。

2）宜小。论文题目一般不宜过大，即切口要小。题目过大，容易写得空泛，初写论文时更是如此。因此，应该根据自己的调查实践，选择一些小的题目进行写作。有些大题目，可以分成几个小题目来写，使论点更明确，内容更集中，论述更深刻。

3）准确。这是指论文的题目和内容要名实相符，题目要能准确地反映论文所研究的内容。一篇论文的题目可以是明确点明题意的，也可以是不明确点出题意的，还可以是问题式的。

4）简短。题目要简短明了，使人看了一目了然，马上就能明白作者想要论述的问题。

（2）前言

前言是调查报告的有机组成部分，前言写得如何，对激发读者的兴趣具有重要作用。一般来说，前言应围绕着"为什么进行调查""怎样进行调查"和"调查的结论如何"这几个问题做文章。调查报告的前言有以下几种写法。

1）交代结论。这种写法开门见山，直接把调查结论写在开头，使人一目了然，然后再在主体部分中作论证。

2）交代背景。这种写法着重说明调查工作的背景情况、调查时间、调查地点、调查目的、调查对象、调查方法、查调工作的优缺点，有利于读者了解进行调查工作的历史条件和具体情况，多用于较大型的调查报告。

3）交代宗旨。这种写法着重说明调查的主要目的和宗旨，直接说明调查者的目的和意图，有利于读者具体把握调查报告的宗旨和基本精神。这是一种使用较多的撰写前言的方法。

4）提出问题。这种写法常用于写总结经验或揭露问题的调查报告。开头首先提出问题，给人设下悬念，增加调查报告的吸引力。

前言部分的写作方法非常灵活，没有固定不变的模式，究竟采用哪一种写法，要视调查报告的种类、目的、主体部分所使用的材料，以及调查报告的篇幅等情况而定。

（3）主体

主体是表现调查报告的主要部分，是报告的主干和中心部分。它围绕主题具体展开报告的事实及内容，表现和深化主题。这一部分写得如何，将直接决定着调查报告质量的高低和作用的大小。

主体部分的写作应考虑三个因素：

1）写作方法。一般情况下，主体部分的写作通常采用两种组织材料的方法：一是以时间为线索，按照事物发展的自然顺序，开端情况，如何发展，结果如何的程序来写；二是按逻辑层次，依据事物的内部联系，用典型的、有说服力的材料分别表现所调查事物的各个方面。

2）材料选择。材料的选择要以表现主题、深化主题为标准。主题是从题材中产生、提炼，并依靠题材才能充分表现出来的，没有具体、生动、丰富的题材，就不可能提炼出深刻、新颖的主题。因此，题材要紧紧地围绕主题来选择。

3）布局谋篇。即如何安排结构。结构在调查报告中占有重要地位，它和主题材料一样，都是构成调查报告的重要因素。如果把主题比作调查报告的灵魂，把材料比作调查报告的血肉，那么，结构就是调查报告的骨架。

（4）结尾

调查报告结尾的写法可以是多种多样的。一般说来，结尾的形式有以下几种：

1）结论式。结尾将调查报告的主要观点做精辟的概括，进一步深化主题，增强调查报告的说服力和感染力，文字干净利落，起到了概括全文，深化主题的作用。

2）经验式。根据调查的实际情况，总结出工作的基本经验，形成调查的基本结论。

3）建议式。根据调查的情况，指出当前存在的问题，提出改进工作的具体建议。

4）展望式。调查报告结尾，根据报告的典型材料，由点及面，扩展出去，展望未来，提出发展方向。概括典型调查的问题，而且从典型调查中提出新问题，并阐述了这个问题的普遍意义。

调查报告结尾要根据写作目的和内容需要，选取合适的结尾写法，话多则长，话少则短，意尽即止，不可画蛇添足，损害正文。

（5）附录。附录是调查报告的附加部分。是调查报告的正文包容不了，或者是没有说到而又需要附带说明的问题或情况。附录的内容一般是有关材料的出处、参考的资料和书籍、调查统计图表的注释和说明，以及旁证材料等。

9.3.4 调查报告的写作程序

调查报告的写作程序，主要在于把握好四个重要的环节，即：确定主题、选择材料、拟定提纲和撰写报告。

（1）确定主题。主题是调查报告的宗旨，是作者说明事物、阐述道理所表现出来的基本思想，也是全篇调查报告的中心思想。因此，准确、恰当地确定主题，是写好调查报告的关键。

（2）选择材料。确定了调查报告的主题之后，就要全面分析和研究调查所得到的全部材料，并精心选择那些能够表现主题、论证主题的调查材料。对材料的选择要做到分析鉴别，善于用调查的统计数字说话，以增强调查报告的科学性、准确性和说服力。

（3）拟定提纲。设计和拟定提纲，可以帮助我们找出调查报告的最佳写作方案。调查报告的主题是否突出，表现主题的层次是否清晰，材料的安排是否妥当，内在的逻辑联系是否紧密等，都可以在拟定提纲时解决。提纲拟定得越细、越具体，撰写报告时就越顺利。

（4）撰写报告。要写好调查报告，往往是有准备、有目的地去撰写，对所撰写的事物有一个通盘了解的基础上完成的。有目的地撰写调查报告，可以使调查报告按照既定的目标有步骤地进行，有目的地去调查情况；收集典型资料，写作时才能运用自如，写出来的报告才能具体、生动与活泼。

9.4　大学生社会实践新闻稿的撰写

社会实践是大学生学习和成长的重要实践之一。在社会实践中，学生能够深刻认识社会的发展和进步，增强社会责任感和社会参与意识。通过撰写社会实践新闻稿可以将学生所学的知识和理论应用到实践中，锻炼自身的实践能力和综合素养。下文将详细介绍社会实践新闻稿的撰写方法，帮助学生提高写作能力和表达能力。

9.4.1　撰写前的准备工作

（1）选题

选题是撰写大学生社会实践新闻稿的基础和关键，下面是一些选题的方法和技巧：

1）突出新闻价值：选题时要从实践项目的新闻价值出发，选择有新闻价值的事件或项目，既能吸引读者的关注，也能在社会上引起反响。

2）紧贴社会热点：选题也可以根据当前的社会热点或关注点进行选择，把实践项目与当下的热点相联系，这样能够激发读者的阅读热情，增加读者的关注度。

3）注重实践意义：大学生社会实践活动的最终目的是培养学生的实践能力和社会责任感，选题时要根据实践项目的性质、目的和影响等方面进行选择，强调实践项目的实践意义和社会意义，树立正确的价值观。

4）多方考虑：在选题时，可以从不同的角度出发，从实践项目的新闻价值、社会热点、实际意义等方面多方考虑，积极采取各种信息来源，如调查、采访等，不断扩大选题范围和视野。

总之，在选题时，需要注意选题的新闻价值、实践意义和社会影响，可以以社会热点或关注度为背景，多方考虑，获取全面的信息，从而选择一个既有价值，又有趣味，且吸引人的题材，以此带动读者的兴趣和参与。

（2）确认报告对象

在撰写大学生社会实践新闻稿前，首先要确定阅读对象或目标受众。这可以帮助了解受众的需求、兴趣和语言风格。可以考虑从以下问题来确定阅读对象：

1）新闻稿的主题是什么？该主题是否符合目标受众的兴趣和需求？

2）受众目标是否是学生、教师、业界专家或大众公众？

3）目标受众是否具有特定的文化和社会背景？他们的语言背景是什么？

通过了解受众的需求和兴趣，可以撰写一份更具吸引力和可读性的新闻稿，以吸引目标受众的关注。

（3）收集资料

为了准备一篇优秀的大学生社会实践新闻稿，需要收集足够的资料。收集资料是撰写大学生社会实践新闻稿的重要环节，下面是一些收集资料的方法和技巧：

1）实地采访：实地采访是收集资料的一种重要手段，可以深入了解实践项目的现场情况、参与者的感受和收获等信息。

2）调查问卷：通过发放调查问卷，可以获取参与者或受众对实践项目的看法、感受和建议等信息。

3）文献资料：查阅相关文献资料，了解实践项目的背景和意义等信息。

4）网络搜索：通过互联网搜索相关信息，了解实践项目的新闻报道、社会反响和专家观点等信息。

在进行收集资料时，需要注意以下几个方面：

1）确定资料收集的重点和关注点，避免收集冗余和无用信息。

2）组织资料，建立分类整理的数据库或文件，方便后期查找和利用。

3）保护隐私和权益，尊重被采访者的意愿和隐私，不得侵犯他人合法权益。

4）及时存档备份，避免资料丢失和遗漏。

通过以上方法和技巧进行资料收集，有助于提高大学生社会实践新闻稿的信息量和质量，以获得更好的传播效果和社会反响。

（4）明确重点

在撰写大学生社会实践新闻稿前，需要明确新闻稿的重点是什么。这有助于在写作时抓住关键信息，使新闻稿更加精练有力。下面是一些明确新闻稿重点的方法和技巧：

1）了解受众需求：考虑实践项目的特点和受众的需求，确定新闻稿的重点和关注点。例如，针对某个社会问题，可以从实践项目的背景、影响和意义等角度来衡量项目的重要性。

2）通过采访提炼关键信息：通过实地采访、深入访谈和调查问卷等方式，获得参与者和受众的反馈、看法和建议，从中提炼出实践项目的关键信息和亮点。

3）突出新闻价值：在新闻稿中突出实践项目的新闻价值和吸引力，突出其社会意义和影响，以此来吸引受众的关注和关心。

总之，在明确新闻稿重点时，需要深入了解实践项目的特点和受众需求，通过采访和调查等手段提炼出关键信息，突出实践项目的新闻价值和社会影响，采用简洁明了的语言传递信息，帮助读者更好地了解和理解实践项目的内容和重点。

9.4.2   新闻稿件的结构

一个好的新闻稿结构能够让读者更好地理解内容，快速了解社会实践活动的主题和亮点，并引导读者进一步思考；一个好的新闻稿结构能够凸显活动的亮点和新闻价值，吸引更多的读者关注，推广活动的成果和价值。根据新闻稿的表现形式和要求，大学生社会实践新闻稿通常由以下几部分组成：

（1）标题：标题是新闻稿件的第一要素，要简明扼要，突出主题，具有吸引力和表现力，能够引起读者的兴趣和注意，突出实践项目的特点和重要性。一般要求在 20 字以内。

（2）导语：导语是新闻稿件的第二要素，是引导读者理解主题和内容的核心部分。通过简单的语言介绍事件或项目的基本情况，概述新闻角度，引出正文内容。

（3）正文：正文是新闻稿件的主体部分，是介绍事件、项目或人物的详细信息，包括时间、地点、人物、经过、影响等方面的内容，要布局合理、段落分明、讲述清晰、结构严谨、重点突出，阐明具体实践活动的内容和成果。

（4）图表：如果社会实践活动有图片、表格等内容支持，那么可以在新闻稿中适当地引用，增加内容的可读性和可视性。但是必须是真实且必要的，同时符合新闻的报道要求。

（5）结语：结语是新闻稿件的最后一个部分，一般可以简明概括正文的主要内容，做一些总结、评价或展望，并凝聚实践活动所蕴含的思想和价值，突出新闻稿件的价值和意义，引起读者的共鸣和思考。

（6）作者署名：在新闻稿件的结尾，一般要署名作者和组织名称，展示作者及所在组织的实践能力和贡献。

以上是大学生社会实践新闻稿件的基本结构，需要重点关注标题、导语和正文的内容和组织，以确保文章逻辑清晰、条理分明、重点突出、内容充实、新闻价值高，能够吸引读者的关注和兴趣，增强文章的阅读价值和影响力。

9.4.3　撰写技巧

（1）确定新闻稿的主题和内容

在撰写新闻稿之前，需要确定新闻稿的主题和内容。实践活动通常会有很多具体的内容，这些内容都可以作为新闻稿的主题来撰写。在确定新闻稿的主题之后，需要明确新闻稿的内容和重点，尤其是在社会实践活动中发现的问题和改进措施等内容，需要在新闻稿中有所体现。

（2）新闻稿的标题和副标题

标题和副标题是新闻稿的精华所在。好的标题和副标题可以让读者一眼看出新闻稿的重点和主题，吸引读者的阅读兴趣。因此，标题和副标题的撰写需要注意以下几点：

1）简明扼要，切忌冗长。标题和副标题应该包含新闻稿主题的关键词，但不要过长。

2）突出亮点，引人注目。标题和副标题应该突出社会实践活动的亮点，吸引读者的注意。

3）避免庸俗等不当用语。标题和副标题应该客观、准确、简洁，避免使用庸俗等不当用语，以免影响读者对新闻稿的阅读和理解。

（3）新闻稿的开头段落

新闻稿的开头段落是新闻稿的精华所在。好的开头段落可以吸引读者的注意，并概述社会实践活动的主要情况和亮点。以下是一些新闻稿开头段落的写作技巧：

1）突出活动的切入点。开头段落应该从活动的"切入点"入手，突出有所发现的

"意外之喜"，吸引读者的注意。

2）概述活动的主要内容。开头段落应该简述社会实践活动的主要内容和亮点，引导读者了解新闻稿的主题和重点。

3）确定新闻价值。开头段落应该突出社会实践活动的新闻价值和意义，让读者感到这是一件有价值的事情。

（4）新闻稿的主体部分

新闻稿的主体部分是对社会实践活动的具体描述和分析，也是新闻稿的最大篇幅。主体部分的撰写需要注意以下几点：

1）主题明确，结构清晰。主体部分应该按照时间顺序或活动内容的顺序来组织，使结构清晰明了，方便读者阅读和理解。

2）描述内容详实、客观。主体部分应该客观描述社会实践活动的实际情况和细节，避免夸大或虚假，保持新闻稿的严谨性。

3）结论清晰、分析深入。主体部分应该对社会实践活动的实际问题进行深入的分析和探讨，提出可行的改进措施和建议。

4）语言简练、准确、生动、规范。简练是新闻报道的基本要求之一；准确是新闻报道的重要基础；生动是新闻报道的一种美学追求；规范是新闻稿件的必要要素。

（5）新闻稿的结尾段落

新闻稿的结尾段落是对社会实践活动的总结和展望，也是新闻稿的"压轴大戏"。以下是一些结尾段落的写作技巧：

1）突出成果，概述收获。结尾段落应该突出社会实践活动的成果和收获，对活动进行概括。

2）展望未来，提出建议。结尾段落应该展望未来的社会实践活动，提出建议和改进措施，表达对活动的期望和关注。

3）精选语言，概括主题。结尾段落应精选语言，概括社会实践活动的主题和重点，让读者留下深刻的印象。

（6）新闻稿的编辑和修订

在完成新闻稿的撰写之后，需要对稿件进行编辑和修订，以避免错别字和语句不通等问题。同时，需要对新闻稿进行对比，确保语句通顺、结构清晰、内容完整，并尽量避免文字重复和无意义的赘述。

（7）新闻稿的排版和发布

在编辑和修订完成之后，应该对新闻稿进行排版，使得新闻稿的结构合理，布局整齐。同时，应该选择适当的发布平台，并按照平台要求进行发布，使新闻稿得到尽可能的传播和推广。

总之，大学生社会实践新闻稿的撰写需要重视实践活动的主题和亮点，突出新闻价值和社会意义，在撰写过程中须注意客观、真实、准确以及语言精练、格式规范和版式整齐等方面的要求，这对于大学生成长和以后的学习和生活都具有重要意义。

9.4.4 撰写大学生社会实践新闻稿件的具体步骤和范例

（1）明确报道对象和报道目的

假设报道对象为某个学校的校报，报道目的是向该校师生展示本院团队对水环境知识宣讲、普及水环境保护知识的实践认知。

（2）选择新闻稿题目和摘要

在这一步，需要精心设计一个有吸引力的标题，例如"水环境宣讲——大学生社会实践报告"，然后撰写一个简短的摘要，概括报告。

（3）撰写导语和开篇

在导语里介绍主题以及该团队的重要性。随后，开始新闻报道，简洁明了地介绍当时的情况，从团队合作、勇敢无畏、服务社会、珍惜机会等重要方面进行精心刻画。可以使用有关的数据、图片和采访来凸显这些点。下面是一个示范的段落：

"大学是培养未来领袖和国家建设者的桥梁，我们的学生们深谙此道。自今年起，为提高广大群众节约水资源，爱护水环境的环保意识，本院团队开始开展保护水环境保护宣讲活动。"

（4）提供具体信息

在这个部分，需要介绍本次大学生社会实践的时间、地点、参与人员等。这是新闻稿的关键部分，需要展示大学生团队精神以及他们的努力。例如：

"本次大学生社会实践于 2023 年 5 月 25 日至 5 月 30 日在某湖泊广场举行，共有 40 名学生参与。在此期间，以宣传生活用水安全、水环境保护等内容为重点，以宣传栏等媒介为载体，通过发送宣传手册、转发推文、张贴宣传海报、标语等形式，向群众宣传'世界水日''中国水周'的来历及节水科普小知识，倡导居民养成合理用水的良好习惯，自觉珍惜水、爱护水、节约水。"

（5）结尾

在本次实践报道的结尾，强调大学生社会实践所发挥的积极意义并向读者发出呼吁。例如：

"通过此次志愿服务活动，使志愿者们和辖区群众充分认识到珍水节水的重要性，进一步增强了大家节约水、保护水、爱护水的意识，营造了共同建设绿色家园的良好氛围。为继续发扬雷锋精神，积极组织开展水环境保护活动，助推生态文明建设和生态环境保护再上新台阶。"

思考题

1. 大学生为什么需要进行社会实践？社会实践对大学生的成长和发展有哪些重要作用？

2. 在社会实践中遇到了哪些困难和问题？对于这些问题是如何解决的？

3. 在社会实践中，与社会互动的方式有哪些？对于实践项目，社会的反响如何？

4. 在新的社会背景下，社会实践对大学生的意义和作用会发生哪些变化？你认为大学生应该如何更好地参与社会实践并发挥更大的作用？

5. 在撰写大学生社会实践论文过程中，如何分析实践过程中的困难和反思实践的经验，提供解决方案并展望未来？

6. 如何精炼总结大学生社会实践论文，回顾实践成果，以及把握未来发展方向？

7. 在撰写大学生社会实践调查研究报告过程中，采用哪些研究方法来收集论据？从哪里获取数据，关于数据的可靠性如何保证？

8. 如何对大学生社会实践调查报告进行细致解读和有效的分析，并从调查结果中汲取更深层次的内容以及为实践提供有价值的鉴定？

9. 社会实践新闻稿的写作风格应该如何选择？是采用新闻报道式的语言，还是采用实践报告的风格进行撰写？

10. 社会实践新闻稿需要有逻辑性，不能简单堆砌事实和数据。如何在新闻稿中巧妙融合实践活动本身和成功经验，达到文字的连贯性？

本章参考文献

[1] 张绪忠，郭宁宁，王勇安．大学生社会实践育人功能的发挥及实现——10年来我国大学生社会实践研究综述[J]．湘潮（下半月），2012，(4)：60-61.

[2] 周佳赟．网络背景下环境专业大学生生态脱贫社会实践路径探析——以江南大学环境与土木工程学院为例[J]．创新创业理论研究与实践，2022，5(2)：144-146.

[3] 殷佳隽，吕诗，刘淼，等．"三全育人"视角下的民办高校大学生就业现状和影响因素研究——基于A校社会实践活动调查[J]．大众文艺，2021 (20)：197-198.

[4] 韩丹．大学生社会实践模式的创新研究[J]．林区教学，2014 (11)：15-16.

[5] 崔睿．大学生社会实践的核心目标、基本原则、主要形式、工作内容和保障机制研究[J]．科教导刊(下旬刊)，2020(21)：7-8，26.

[6] 王旭．社会实践对大学生基层就业创业能力提升作用的研究[J]．武汉船舶职业技术学院学报，2023，22(2)：66-70.

[7] 郭言杰，袁修军，张凤娟．大学生社会实践活动组织开展研究与探讨[J]．黑龙江科学，2021，12(21)：136-137.

[8] 李薇薇．"大学生社会实践教育"的概念探析[J]．高教探索，2014(6)：34-38.

[9] 汤云峰，马文轩，孙杰，等．水资源保护在污水处理方面的社会实践调查——以许家冲村为例[J]．居舍，2018，(30)：189-190.

[10] 曹勇．当代大学生社会实践的理论探索与实践创新[M]．重庆：重庆大学出版社，2015.

[11] 张莉．高校大学生社会实践能力的培养[J]．西部素质教育，2019，5(11)：69，71.

[12] 陈俊．高校思政课实践教学与大学生社会实践协同发展的路径探索[J]．卫生职业教育，2021，39(18)：31-33.

[13] 丁化．对大学生社会实践的调查与思考[J]．延安职业技术学院学报，2013，27(1)：22-24.

[14] 都基辉，胡智林．大学生社会实践理论教材建设[J]．中国冶金教育，2015 (2)：72-75.

[15] 王利军．地方高校大学生社会实践模式及管理研究[J]．中国多媒体与网络教学学报(上旬刊)，2018 (6)：66-67.

[16] 于贵书，韩晓雨．浅谈大学生社会实践的意义和现状[J]．长春教育学院学报，2013，29(1)：5-6.

第10章 如何选题和开展调研——水污染控制工程社会实践

10.1 城市点源污染物来源

水环境污染问题通常可分为点源污染和非点源污染两类。点源污染是指有固定排放点的污染源，多为工业废水及城市生活污水，由排放口集中汇入江河湖泊等水体，这类排污口可以概化为点。城市点源污染可分为固定的点污染源（如工厂、矿山、医院、居民点、废渣堆等）和移动的点污染源（如轮船、汽车、飞机、火车等）。城市污水主要来源于城市居民生活中产生的污水、各工业企业在生产制造过程中产生的生产废水以及城市降水和部分受污染的地表水这三个方面。

城市居民日常生活中产生的污水包括居民家庭、宾馆饭店、机关单位、学校、商场等设施由于居民日常活动排放的污水，如洗菜、做饭、沐浴、冲厕等。这类污水的水质特点是往往含有较高的有机物，如淀粉、蛋白质、油脂等以及氮、磷等无机物。此外，还含有病原微生物和较多的悬浮物。

各工业企业在生产制造过程中产生的废水包括生产工艺废水、循环冷却水、冲洗废水及综合废水。由于生产行业不同，其产生的废水水质也不相同。这类废水总的来说废水排放量较大、污染物含量高、较难进行处理，对环境危害大。

不同的点源污染类型其水质与水量上通常存在较大差异，以城镇污水处理厂污水、食品工业废水、矿山废水为例：

（1）城镇污水处理厂处理的污水通常包含有机物质、营养物质、微生物、悬浮物、重金属等成分，这些成分主要来自于住宅、商业、工业等的生活生产活动。而污水的水量特征则与所在城市的规模、人口密度、降雨量等因素有关。一般来说，城市人口越多，其产生的污水就会越多。此外，污水的水量还与时间、季节、环境因素等相关，如早晚高峰、雨季等时段污水处理厂的进水流量会有明显变化。因而城镇污水处理厂处理的污水水质和水量特征具有复杂性和动态性。因此，可通过以下措施对点源污染进行处理：①加强监管和管理，建立健全法规制度，明确责任；②采用清洁生产，推广节能环保技术，减少排放；③强化污染源治理，设备升级改造，实施污染物回收利用；④加强宣传和教育，提高公众环境意识和责任感，促进绿色消费；⑤建立水资源保护机制，控制农业、工业、城市发展规模，加强水资源管理等。

（2）食品工业废水通常具有较高的有机质和悬浮物含量，易腐败，一般无较大毒性，直接排放极易引起水体富营养化，进而导致水生动物和鱼类的死亡，促使水底沉积的有机物产生臭味，恶化水质，污染环境。食品工业废水的处理除按水质特点进行适当处理外，一般均宜采用生物处理。如对出水水质要求很高或因废水中有机物含量很高，可采用厌氧-需氧串联生物处理系统，也可采用两级曝气池、两级生物滤池或多级生物转盘等。

（3）矿山废水主要由伴随矿井开采而产生的地表渗透水、岩石孔隙水、矿坑水、地下含水层的疏放水，以及井下生产防尘、灌浆、充填污水等。通常，矿井水 pH 在 7~8 之间，属弱碱性。但是含硫的矿井其中的水硫酸盐较多，大多都是酸性水。在含硫矿井中，矿石、围岩及含硫煤中含有硫化矿物，这些矿物经氧化、分解后溶解在矿井水中，形成酸性水。另外，一些矿山废水中含有大量酚与甲酚等有机污染物与石油烃类物质，对土壤、水体具有严重破坏性。矿山废水处理通常需要物理、生物与化学法相结合，实现对污染物的高效去除。

10.2 污水处理以及回用方法

污水处理就是采用各种技术与手段（或称处理单元）将污水中所含的污染物质分离去除、回收利用，或将其转化为无害物质，使水得到净化。现代污水处理技术按原理可分为物理处理法（筛滤法，沉淀法，上浮法等）、化学处理法（中和、混凝、氧化还原等）和生物处理法（活性污泥法、生物膜法、氧化塘等）3 类，以及应用这三种原理的膜处理技术。污水中的污染物多种多样，往往需要采用几种方法的组合才能去除不同性质的污染物，达到净化的目的与排放标准。

污水回用是指将污水经二级处理和深度处理后回用于生产系统或生活杂用。污水回用的范围很广，从工业上的重复利用、水体的补给水源到成为生活用水等。污水回用既可以有效地节约和利用有限的淡水资源，又可以减少污水排放量，减轻水环境污染，具有明显的社会效益、环境效益和经济效益。在水资源回用的同时，污水中的部分能源和资源也可以被再次利用，比如：①膜分离回收污水中纤维素；②好氧颗粒污泥工艺及其胞外聚合物（EPS）中高值类藻酸盐（ALE）物质回收；③污泥干化焚烧回收有机质能（电/热）及灰分提磷与金属利用；④水源热泵提取出水热能等。

10.2.1 污水处理程度以及处理对象

现代污水处理技术按处理程度划分可分为一级、强化一级处理、二级处理、三级处理等。

（1）一级处理：主要去除污水中呈悬浮状态的固体污染物质，一般采用物理处理法，属于二级处理的预处理。

（2）强化一级处理技术：强化一级处理是利用物理、化学或生物化学的方法使污水中的悬浮物、胶体物质发生凝聚和絮凝，改善污染物质的可沉降性能，提高沉淀分离效果，从而改善出水水质。

（3）二级处理：指污水进行沉淀和生物处理的工艺，主要去除污水中呈胶体和溶解态的有机物及氮、磷等能够导致水体富营养化的可溶性无机物等，从而达到排放标准。

（4）深度处理（三级处理）：在一级、二级处理后，通过物理、化学或生物化学方法进一步处理难降解的有机物、氮、磷、悬浮物等。三级处理是深度处理的同义语。但两者又不完全相同。三级处理常用于二级处理之后，而深度处理则是以污水回收再用为目的，在一级或二级处理后增加的处理工艺。

10.2.1.1　城市污水一级处理

城市污水一级处理作用是去除污水中的固体污染物质，从大块垃圾到粒径为数毫米的悬浮物。其典型处理流程如图 10-1 所示。系统主要由格栅、沉砂池和沉淀池组成，有时也采用筛网、微滤机和预曝气池。

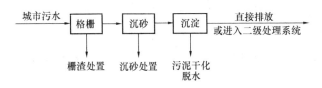

图 10-1　污水一级处理典型流程

（1）格栅

污水进入沉砂池前，应经格栅处理。格栅由一组平行的金属栅条或筛网制成，安装在污水渠道、泵房集水井的进口处或污水处理厂的端部，用以截留较大的悬浮物或漂浮物，如纤维、碎皮、毛发、木屑、果皮、蔬菜、塑料制品等，以便减轻后续处理构筑物的处理负荷，并使之正常运行。被截留的物质称为栅渣。格栅按尺寸可分为粗格栅、中格栅、细格栅、超细格栅等（表 10-1）。按格栅形状可分为平面格栅（图 10-2）、曲面格栅（图 10-3）与阶梯式格栅（图 10-4）。平面和曲面格栅都可做成粗、中、细和超细形式。超细格栅一般采用不锈钢丝编网或不锈钢板打孔的形式做成 0.5~1.0mm 的孔状结构，在对进水颗粒和纤维类杂质控制要求较高的工艺，如膜生物反应器等工艺前广泛使用。

格栅按尺寸　　　　　　　　　　　　　　　　表 10-1

格栅种类	格栅尺寸
粗格栅	25~100mm
中格栅	10~25mm
细格栅	1.5~10mm
超细格栅	0.5~1.0mm

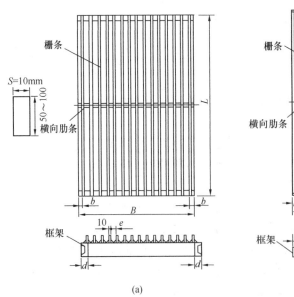

图 10-2　平面格栅

（a）A 型平面格栅；（b）B 型平面格栅

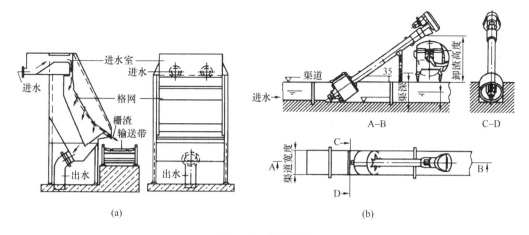

图 10-3 曲面格栅

(a) 固定曲面格栅；(b) 旋转鼓筒式格栅

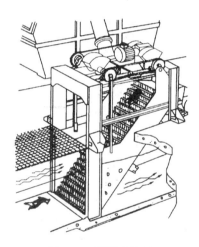

图 10-4 阶梯式格栅

（2）沉砂池

污水中的无机杂质颗粒（如泥沙、煤渣等）在沉砂池中加以去除。为得到较干净的沉砂，近年来曝气沉砂池采用较多。沉砂池一般设于泵站、倒虹管前，以便减轻无机颗粒对水泵、管道的磨损；也可设于初次沉淀池前，以减轻沉淀池负荷及改善污泥处理构筑物的处理条件。常用的沉砂池有平流沉砂池、曝气沉砂池、多尔沉砂池和钟式沉砂池等。

1）平流沉砂池

平流沉砂池（图 10-5）由入流渠、出流渠、闸板、水流部分及沉砂斗组成。它具有截留无机颗粒效果较好、工作稳定、构造简单、排沉砂较方便等优点。平流沉砂池的主要缺点是沉砂中夹杂约 15% 的有机物，为后续处理增加难度，故常需配洗砂机，排砂经清洗后再外运。

2）曝气沉砂池

曝气沉砂池（图 10-6）呈矩形，池底一侧有 $i=0.1\sim0.5$ 的坡度，坡向另一侧的集砂

177

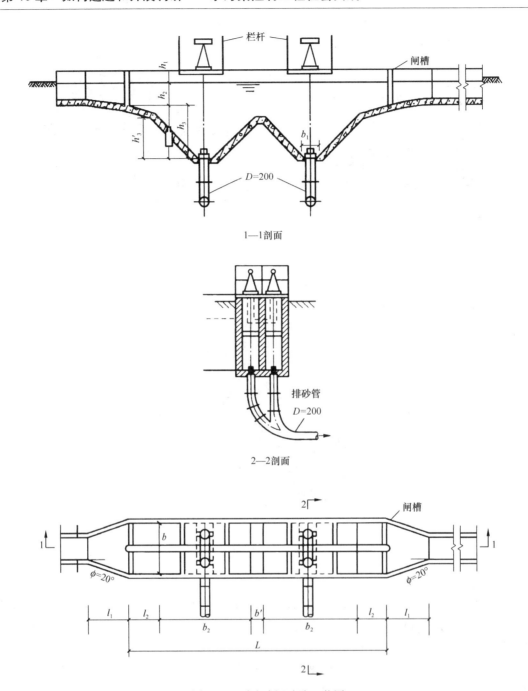

图 10-5　平流式沉砂池工艺图

槽。曝气装置设在集砂槽侧，使池内的水流作旋流运动，无机颗粒之间的互相碰撞与摩擦机会增加，把表面附着的有机物磨去。此外，由于旋流产生的离心力，把相对密度较大的无机颗粒甩向外层并下沉，相对密度较轻的有机物旋至水流的中心部位随水带走。曝气沉砂池可使沉砂中的有机物含量低于 10%。

　　3）旋流沉砂池构造

　　旋流沉砂池沿圆形池壁内切方向进水，利用水力或机械力控制水流流态与流速，在径

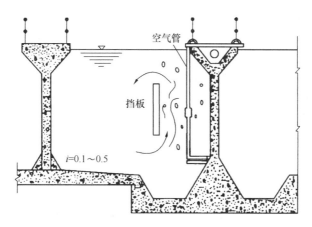

图 10-6 曝气沉砂池剖面图

向方向产生离心作用，加速砂粒的沉淀分离，并使有机物随水流带走。旋流沉砂池有多种类型，沉砂效果也各有不同。一般旋流沉砂池由流入口、流出口、沉砂区、砂斗、涡轮驱动装置及排砂系统组成（图 10-7）。污水由流入口切线方向流入沉砂区，旋转的涡轮叶片使砂粒呈螺旋状流动，促进有机物和砂粒的分离，由于所受离心力的不同，相对密度较大的砂粒被甩向池壁，在重力作用下沉入砂斗，有机物随出水旋流带出池外。通过调整转速，可达到最佳沉砂效果。砂斗内沉砂可采用空气提升、排砂泵等方式排除，再经过砂水分离器进行洗砂，达到砂粒与有机物再次分离从而清洁排砂的目的。

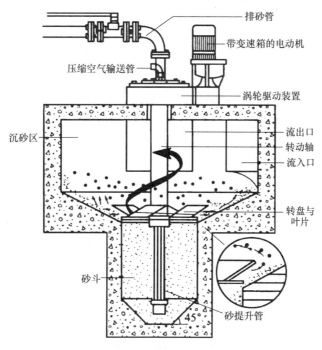

图 10-7 一种旋流沉砂池剖面图

（3）沉淀池

沉淀池是分离悬浮固体的一种常用处理构筑物。按工艺布置的不同，沉淀池可分为初

179

沉池和二沉池。初沉池是城市污水一级处理的主要构筑物，去除污水中可沉降悬浮性固体颗粒和少量漂浮物。为提高一级处理净化效果，有时将活性污泥处理系统的剩余活性污泥作为生物絮凝剂加入沉淀池中，或使用铝盐、铁盐等絮凝剂提高净化效率，其产生的污泥和沉渣须妥善处置。二沉池设在生物处理构筑物后面，用于沉淀分离活性污泥或去除生物膜法中脱落的生物膜，是生物处理工艺中的一个重要组成部分。沉淀池常按池内水流方向不同分为平流式、竖流式及辐流式三种。图 10-8 和表 10-2 分别为三种形式沉淀池的示意图及主要特征。

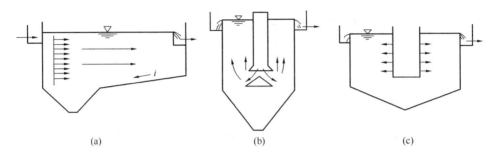

(a)　　　　　　　　　　(b)　　　　　　　　　　(c)

图 10-8　三种形式沉淀池示意图
(a) 平流式；(b) 竖流式；(c) 辐流式

三种形式沉淀池的特点及适用条件　　　　　　　　　　　　表 10-2

池型	优点	缺点	适用条件
平流式	① 对冲击负荷和温度变化适应能力较强； ② 施工简单，造价低	① 采用多斗排泥时，每个泥斗需要单独设排泥管各自操作； ② 采用机械排泥时，大部分设备位于水下，易腐蚀	① 适用于地下水位较高及地质较差的地区； ② 适用于大、中、小型污水处理厂
竖流式	① 排泥方便，管理简单； ② 占地面积较小	① 池子深度大，施工困难； ② 对冲击负荷及温度变化适应能力较差； ③ 造价较高； ④ 池径不宜太大	适用于处理水量不大的小型污水处理厂
辐流式	① 采用机械排泥，运行较好； ② 排泥设备有定型产品	① 水流速度不稳定； ② 易于出现异重流现象； ③ 机械排泥设备复杂，对池体施工质量要求高	① 适用于地下水位较高的地区； ② 适用于大、中型污水处理厂

10.2.1.2　强化一级处理技术

强化一级处理的处理对象是呈悬浮或胶体状态的污染物，使其发生絮凝和凝聚，提高沉淀分离效果，改善一级处理出水水质。强化一级处理技术可分为：化学强化一级处理、生物絮凝吸附法强化一级处理、化学生物絮凝强化一级处理，以及酸化水解池等。

（1）化学强化一级处理

化学强化一级处理是向污水中投加混凝剂、助凝剂，使污水中的微细悬浮颗粒与胶体颗粒凝聚与絮凝，提高去除率。

（2）生物絮凝吸附法强化一级处理

生物絮凝吸附法强化一级处理由短期曝气池与沉淀池组成，回流少量活性污泥或腐殖污泥作为生物絮凝剂至短期曝气池，利用微生物的絮凝吸附作用可降解部分溶解性有机物，提高沉降性能与系统对污染物的去除效果。

（3）化学生物絮凝强化一级处理

化学生物絮凝强化一级处理是集上述两者的优点而成的一种强化一级处理技术，由混合池、化学生物絮凝池、沉淀池组成，混合和絮凝均采用气动方式，回流污泥投加在化学生物絮凝池入口端。

（4）酸化水解池

酸化水解池的作用是使难降解有机物转化为易于生物降解，同时降低污水的色度。为维持酸化水解池内的污泥浓度，需回流二沉池的沉淀污泥。

10.2.1.3　城市污水的二级处理

生物处理单元是二级处理系统的核心单元，它的主要作用是去除污水中呈胶体和溶解状态的有机污染物及氮磷等无机污染物。通过二级生物处理，可以去除污水中 $85\%\sim95\%$ 的 BOD 和 SS，出水浓度均可降至 $20\sim30mg/L$。现行主流的生物处理技术，如活性污泥法、生物膜法等，已在本书第 2 章进行了详细描述。

10.2.1.4　城市污水的三级处理

深度处理为在处理过程中或在二级处理后增加净化单元，进一步去除难降解有机物、氮磷等营养盐、SS、色度、臭气、细菌、病毒等的处理工艺，以适应各种再生水用户的要求。主要采用的处理方法包括混凝沉淀、砂滤、臭氧氧化、活性炭吸附、离子交换、高级氧化，以及膜分离单元等。

（1）活性炭吸附法

废水处理中常用的吸附剂有活性炭、合成的聚合物、沸石、硅藻土等。活性炭是在水处理中应用最为广泛的吸附剂。活性炭是一种多孔性物质，而且易于自动控制，对水量、水质、水温变化适应性强，因此活性炭吸附法是一种具有广阔应用前景的污水深度处理技术。按照活性炭的粒径的不同，活性炭可分为粉末活性炭（PAC）和颗粒活性炭（GAC）。活性炭对分子量在 $500\sim3000$ 的有机物有十分明显的去除效果，可经济有效地去除嗅、色度、重金属、消毒副产物、氯化有机物、农药、放射性有机物等。此外，还可在活性炭上固定微生物形成生物活性炭（BAC），发挥生化和物化处理的协同作用，提高活性炭的吸附容量，延长活性炭的使用寿命，增强对水中有机物的降解能力。

（2）膜分离法

膜分离技术是以高分子分离膜为代表的一种新型的流体分离单元操作技术。它的最大特点是分离过程中不伴随有相的变化，仅靠一定的压力作为驱动力就能获得很高的分离效果，是一种非常节省能源的分离技术。根据膜孔径的大小可将膜分离法分为微滤、超滤、反渗透、纳滤等（表 10-3）。微滤主要用于分离 $0.2\sim1.0\mu m$ 的颗粒、细菌和大分子物质。超滤用于去除大小在 $0.002\sim0.2\mu m$ 之间的大分子，对二级出水的 COD 和 BOD 去除率大于 50%。反渗透可分离相对分子量在数百 Dalton 以下的分子及离子，多用于降低矿化度和去除总溶解固体，对二级出水的脱盐率达到 90% 以上，COD 和 BOD 的去除率在 85%

左右，细菌去除率达 90% 以上。纳滤介于反渗透和超滤之间，可分离相对分子量为数百至 1000 Dalton 的分子，其显著特点是具有离子选择性，对二价离子的去除率高达 95% 以上，对一价离子的去除率较低，为 40%～80%。

典型膜技术可去除水中的特殊成分　　　　　　　　　　　　　表 10-3

成分	微滤	超滤	纳滤	反渗透
可生物降解性有机物		√	√	√
硬度			√	√
重金属			√	√
硝酸盐			√	√
优先有机污染物		√	√	√
总溶解性固体			√	√
总悬浮物	√	√	√	√
细菌	√	√	√	√
原生动物孢囊	√	√	√	√
病毒			√	√

（3）高级氧化法

工业生产中排放的高浓度有机污染物和有毒有害污染物，种类多、危害大，有些污染物难以生物降解且对生化反应有抑制和毒害作用。而高级氧化法在反应中产生活性极强的自由基（如·OH 等），使难降解有机污染物转变成易降解小分子物质，甚至直接生成 CO_2 和 H_2O，达到无害化目的。

1）湿式氧化法

湿式氧化法（WAO）是在高温（150～350℃）高压（0.5～20MPa）下利用 O_2 或空气作为氧化剂，氧化水中的有机物或无机物，达到去除污染物的目的，其最终产物是 CO_2 和 H_2O。

2）湿式催化氧化法

湿式催化氧化法（CWAO）是在传统 WAO 工艺中加入适宜的催化剂使氧化反应能在更温和的条件下和更短的时间内完成，也因此可减轻设备腐蚀、降低运行费用。使用的催化剂一般分为金属盐、氧化物和复合氧化物 3 类。目前，考虑经济性，应用最多的催化剂是过渡金属氧化物如 Cu、Fe、Ni、Co、Mn 等及其盐类。采用固体催化剂还可避免催化剂的流失、二次污染的产生及资金的浪费。

3）光化学催化氧化法

目前研究较多的光化学催化氧化法主要分为 Fenton 试剂法、类 Fenton 试剂法和以 TiO_2 为主体的氧化法。Fenton 试剂是通过 H_2O_2 和 Fe^{2+} 盐生成·OH，可有效地处理含油、醇、苯系物、硝基苯及酚等物质的废水。类 Fenton 试剂法将紫外光、氧气、电、超声波等引入 Fenton 试剂，增强了氧化能力，节约了 H_2O_2 的用量，具有设备简单、反应条件温和、操作方便等优点，在处理有毒、有害、难生物降解有机废水中极具应用潜力。光催化法是利用光照某些具有能带结构的半导体光催化剂如 TiO_2、ZnO、CdS、WO_3 等诱发强氧化自由基·OH，使许多难以实现的化学反应能在常规条件下进行。

4）电化学氧化法

电化学氧化又称电化学燃烧，是环境电化学的一个分支。其基本原理是在电极表面的电催化作用下或在由电场作用而产生的自由基作用下使有机物氧化。除可将有机物彻底氧化为 CO_2 和 H_2O 外，电化学氧化还可作为生物处理的预处理工艺，将非生物相容性的物质经电化学转化后变为生物相容性物质。该方法能量利用率高，低温下也可进行，设备相对较为简单，操作费用低，易于自动控制无二次污染。

（4）臭氧法

臭氧具有极强的氧化性，可与许多有机物或官能团发生氧化反应，有效地改善水质。臭氧能氧化分解水中各种杂质所造成的色、嗅，脱色效果比活性炭好，还能降低出水浊度，起到良好的絮凝作用，提高过滤滤速或者延长过滤周期。

10.2.2 污水回用与资源化

（1）再生水利用

污水深度处理的目的一是达到水域环境标准，恢复水环境，二是生产再生水供不同用水对象使用。再生水有效利用在水循环、水资源的调配中占重要位置，是城市可依赖的水资源，同时还是保护和恢复水环境、维持健康水循环的重要途径。再生水利用的主要对象包括：

1）工业冷却水

工业冷却水在运行过程中，因为蒸发、排污等各方面的原因会损失一部分，这时就需要进行补水，保证循环冷却水的水量和水质。污水经过深度处理后可用作循环冷却水的补水。循环冷却水对于水质的要求不高，主要的要求是微生物少、腐蚀性低和结垢性低。循环冷却水的温度和成分非常适合微生物生长，而微生物的世代周期短，其大量繁殖会给冷却水系统造成严重危害。另外，冷却水中的真菌种类多，会产生结垢和腐蚀，腐蚀之后的产物又会产生结垢。除此之外还有藻类，这些都会影响循环冷却水系统的运行。经过二级脱氮除磷处理后的污水再通过深度处理进一步去除其中的有机物和硬度，并加强药剂防腐和杀菌除藻等，可达到工业循环冷却水的回用标准。

2）景观用水

景观用水包括城市水系补充用水以及绿化隔离带和园林灌溉用水。再生水补充河湖水系和园林灌溉用水，既达到优水优用、节约用水的目的，又美化了环境。

3）城市中水

中水可用于冲厕、洗车、道路与绿地浇洒用水、消防用水、施工用水以及融雪用水等。通过收集居民洗涤水和冲洗用水，经过去污、除油、过滤、消毒、灭菌处理，输入中水道管网，可供冲厕所、洗汽车、浇草坪、洒马路等非饮用水之用。

4）农业用水

农业用水是城市污水回用的大用户，主要包括大田作物、花卉和林地的灌溉。污水回用于农田灌溉时，不仅能给农业生产提供稳定的水源，而且污水中的氮、磷、钾等成分也为土壤提供了肥力，既减少了化肥用量，又增加了农作物产量，而且通过土壤的自净能力可使污水得到进一步净化，尤其污水回用可控制农村地区无节制地超采地下水。但如果污水水质不能满足要求，则会破坏土壤结构，使农药以及重金属在作物和土壤中积累，降低农产品质量及产量。回用污水中污染物的限度要以作物种类及生长阶段以及水文地质条件等为依据,其水质必须符合现行国家标准《农田灌溉水质标准》GB 5084。

(2) 出水余温热能交换利用

与剩余污泥中有机能源相比,污水处理出水的余温热能潜能巨大,是化学能的 9 倍。测算表明,只需交换 4℃温差便可获得 1.77 kWh/m³ 的电当量,而进水 COD 为 400mg/L 的污水在完成脱氮除磷后,产生的剩余污泥经厌氧消化并热电联产(CHP),最多仅能产生 0.20 kWh/m³ 的电当量。污水处理出水集中式热交换并直接并入城市供热/冷网或原位干化污泥,不仅可以避免分散式热交换的水力不稳定、易腐蚀和堵塞等缺点,而且可以降低水源热泵设备的投资。

(3) 纤维素回收

污水中的纤维素的难以生物降解,但若在生物处理前进行分离回收,不但可以作为一种可利用的资源,还可节省后续生物处理曝气能量。纤维素主要来源于厕纸,约占进水 SS 的 35%、COD 的 20%~30%。被回收的纤维素可用作沥青、混凝土添加材料,亦可用于制造玻璃纤维、包装箱等,可产生一定的经济价值。污水纤维素回收很容易实现,可在沉砂池后安装筛网分离。例如,荷兰应用的旋转带式过滤机(RBF,筛网孔径约 0.35mm)可使被分离物中的纤维素含量高达 79%,并成功用作沥青添加剂进行弹性步道铺设。

(4) 高值类藻酸盐(ALE)回收

ALE 是一种非常值得回收的高值生物材料,它的性能可与大型海藻天然形成的藻酸盐媲美。ALE 是污泥具有凝胶特性的重要结构,回收后可用作各类防水/防火材料、增稠剂、乳化剂、稳定剂、胶粘剂、上浆剂、种子包衣等。好氧颗粒污泥(AGS)剩余污泥中的 ALE 含量高达 20%~35% VSS,明显高于絮状污泥(9%~19% VSS)。

(5) 污泥干化焚烧与磷回收

1) 污泥干化焚烧

污泥直接干化焚烧在污泥稳定和能源回收等方面优势明显。污泥焚烧前需对机械脱水污泥进一步脱水或干化,以达到能自持燃烧的临界含水率(一般为 50%~70%)。当前最有效便捷的手段是对脱水污泥进行热干化,以污水处理出水的余温热能热交换产生的热源作为热干化的输入能源可以实现低碳运行甚至碳中和。污泥高温焚烧后完全变为无机灰分,污泥体积可减至 5%~10%,不含任何有机质与致病菌,可以去除金属后提磷,最后用作建筑材料。需要说明的是,污泥在焚烧前首先要对所含 ALE 进行提取,也就是说有机高值资源回收应先于污泥焚烧。这会降低污泥有机质含量,进而影响污泥自持燃烧。为此,可采取进一步降低污泥含水率或提高污泥燃烧热值的策略。例如,添加废弃锯末、粉碎秸秆等有机固废来改变污泥流变特性,增强污泥疏水性,从而提高污泥脱水性能,同时增加污泥有机质含量。

2) 焚烧灰分磷回收

为应对全球已经出现的磷危机,从污水或动物粪便中回收磷似乎是目前现实且可能的一种选择。因此,将污水脱氮除磷转向磷回收势在必行。从污水中回收磷的方法一般以鸟粪石法为主。近年来,从厌氧消化污泥中回收蓝铁矿 $[Fe_3(PO_4)_2 \cdot 8H_2O]$ 的研究越来越多。然而蓝铁矿形成需要有污泥厌氧消化系统和足够铁源,且蓝铁矿与消化污泥的有效分离也是一个工程技术难题。由于污水中约 90% 的磷负荷最后都在生物处理过程中转移至剩余污泥，污泥焚烧灰分中磷含量可占灰分质量的 $3.6\%\sim13.1\%$。焚烧灰分回收磷的成本相较于从污水和污泥中回收磷的成本更低，且磷回收效率高。因此，污泥焚烧灰分磷回收应该是未来可持续污水处理的发展趋势。另外，为获得相对纯净的磷产品，焚烧灰分化学提磷过程一般需要先分离所含金属离子（Cu^{2+}、Zn^{2+}、Pb^{2+}、Cr^{2+}、Cd^{2+}、Hg^{2+}、Al^{3+}、Fe^{3+} 等）。被分离的部分金属离子（如 Al^{3+}、Fe^{3+} 等）可与海水淡化卤水相结合，用于生产絮凝剂/混凝剂。

10.2.3 典型城市污水处理厂实例

10.2.3.1 全国城镇污水处理规模

根据住房和城乡建设部发布的《城乡建设统计年鉴》，全国城镇污水处理厂数量逐年增长。1978 年全国城镇污水处理厂仅为 37 座。1978—1995 年间，污水处理厂数量增长较慢，截至 1995 年，污水处理厂数量为 141 座。进入 1995 年后，污水处理厂数量开始大幅增长，2010 年污水处理厂数量为 1444 座，2010 年后增长速率逐渐放缓。截至 2021 年，全国污水处理厂数量增至 2827 座，总处理能力为 20767 万 m^3/d。

10.2.3.2 国内工程实例

（1）新概念再生水厂——河南某污水处理厂

1）概况

河南某污水处理厂总占地面积约为 150 亩，主要服务包括城区的污水处理和城区周边污泥、畜禽粪便等有机质处理。本工程内容涉及处理规模为 20000m^3/d 的污水处理中心一座（远期 40000m^3/d），处理规模为 50 t/d 的生物有机质中心一座（远期 100t/d）。出水水质主要指标达到《地表水环境质量标准》GB 3838—2002 地表水Ⅳ类标准，总氮执行《城镇污水处理厂污染物排放标准》GB 18918—2002 一级 A 标准。

污水处理主体工艺为初沉发酵池＋多段 AO 的低碳氮比脱氮除磷工艺＋反硝化深床滤池＋臭氧消毒。出水在厂内湿地进一步循环净化后调配到受纳河流上游，为其补充生态基流，并为厂内灌溉和冲厕提供再生水，实现水资源的可持续利用。为降低污泥处理的难度及农作物资源化利用，将县城的秸秆、畜禽粪便、水草等协同污泥处理。采用干式厌氧发酵技术，产生的沼气可转化为电能，供厂区内部利用，大幅提高了能源自给率。另外，产生的有机肥也可为厂区内预留地的果树和蔬菜提供养分。厂区布置设计充分融入海绵城市的理念，使雨水在厂内得到消纳、净化。人工湿地、人工浮岛、中水活化湿地、清水型生态系统等多种水质净化措施相结合，使水质在厂内得到净化。

2）设计工艺流程与水质

具体工艺流程为污水→粗格栅及提升泵站→细格栅及曝气沉砂池→初沉发酵池→厌氧池＋多级 AO→二沉池→反硝化深床滤池→臭氧消毒→出水监测（图 10-10）。该工程设计水质见表 10-4。

睢县第三污水处理厂设计进出水水质　　　　　　　　　　　　表 10-4

项目	BOD₅	COD	NH₃-N	TP
设计进水	≤250mg/L	≤400mg/L	≤30mg/L	≤5mg/L
设计出水	≤10mg/L	≤40mg/L	≤2.5mg/L	≤0.5mg/L
处理效率	96.0%	90.0%	91.7%	90.0%

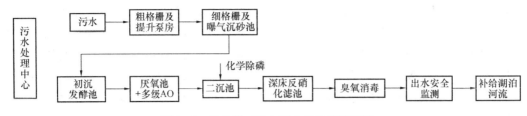

图 10-9　睢县第三污水处理厂工艺流程图

3）运行情况

2020 年，该污水处理厂累计处理污水 700 余万 m³，日均处理量为 1.9 万 m³，负荷率达到 95％以上。各项出水指标稳定，累计向河流供给 590 余万 m³ 中水作为生态基流和景观补水，实现了水资源的再利用。累计利用沼气发电量为 80 余万 kWh，满足了全厂近 50％的电能使用。由于采用了先进的水处理工艺，并有效利用了沼气发电，1m³ 水的处理电耗为 0.17kWh，较传统污水处理厂降低了 30％左右。累计处理污泥 5500t，产出有机肥约 4500t，实现了污泥的资源化、无害化处置和利用。

4）特色

该污水处理厂功能丰富，不但包括常规厂区必备的水处理、污泥处理等工艺建筑物及构筑物，还配置设计美观的办公管理用房、宿舍和生活配套用房，以及水环保展厅。在实现污水净化、污泥转化的前提下还实现了环境友好。污水处理厂的景观设计以"融、汇"为理念，强调现代元素与自然景观的融合，具体包括：现代元素如太阳能板、风力发电机等与自然景观如草坪、花园等相结合；自然湿地与清水型生态系统、潜流湿地、尾水处理系统等相互补充；人工浮岛等为生物提供生态栖息地。该设计旨在实现能源自给与回收、资源循环，公众教育等功能的实践与研究，成为具备科研、科普、生态农业、科技观光、艺术欣赏等功能的独特新概念污水处理厂。

（2）中国最大规模膜法再生水厂——北京某再生水厂

1）概况

北京某再生水厂主体采用 A^2/O 工艺，设计处理规模为 100 万 m³/d，出水执行国家二级排放标准。2014 年开始进行提标改造，改造后出水主要用于景观环境用水、工业用水，少部分用于城市杂用水。原处理工艺难以满足上述用水需求，因此需要对原有工艺进行改进，在优化原有生化处理段的同时增加深度处理单元。污水处理工艺为：进水+格栅间+进水提升泵+曝气沉砂池+初沉池+生物池+二沉池+反硝化滤池+硝化滤池+超滤膜+臭氧氧化+次氯酸钠消毒。污泥处理工艺为：污泥浓缩+预脱水+热水解+厌氧消化+板框脱水+厌氧氨氧化。

改造工程从 2014 年 1 月至 2016 年 6 月实施建设，2016 年 8 月完成通水运行，其中升级改造深度处理单元采用超滤膜系统。升级改造后，厂区出水满足《城市污水再生利用 景观环境用水水质》GB/T 18921—2002 和《地表水环境质量标准》GB 3838—2002 中Ⅳ类水体的要求（除 TN），其他主要出水水质指标见表 10-5。

北京某再生水厂改造后主要出水指标　　　　　　　　　　　　表 10-5

指标	BOD$_5$	COD	NH$_3$-N	TN	TP	pH
出水浓度（mg/L）	6	30	1	10	0.3	6～9

2）工艺流程

该再生水厂处理规模为 100 万 m³/d。考虑改造难度、可实施性、运行费用等因素，将现有污水处理设施进行升级改造，采用改进型"A²/O（填料）"工艺，新增深度处理单元，改造后整体工艺路线为"A²/O＋反硝化生物滤池＋超滤膜"。超滤膜处理单元对非溶解态污染物具有极高去除率，可以最大化地去除 SS，保证最终出水浊度要求。改造后工艺流程见图 10-10。

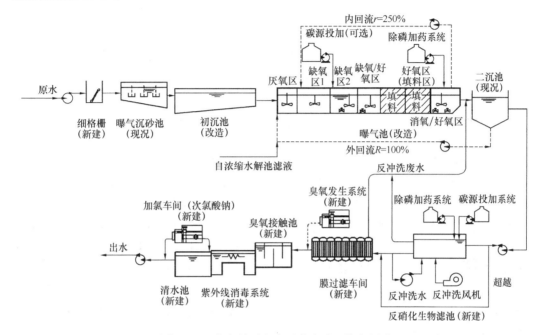

图 10-10 北京某再生水厂改造后工艺流程图

3）膜系统设计

针对 100 万 m³/d 的处理规模和有限的占地面积，该再生水厂升级改造工程中采用超大型膜组件。单支膜组件面积为 70m²，单套膜组器由 180 支＋4 支（空位）膜组件集成，单套设计产水量可达 12500m³/d，是目前国内最大的超滤膜组器之一。该系统由进水、膜过滤、反冲洗、化学清洗及中和、压力检测等单元组成。膜系统性能测试结果显示，跨膜压差平均值范围在 38～44kPa≤50kPa（设计跨膜压差值），平均回收率在 90.4%～91.7%≥90%（设计平均回收率），系统膜通量平均值为 41.57 L/(m²·h)≥41.34 L/(m²·h)（设计名义膜通量），平均出水浊度为 0.2 NTU，满足再生水厂改造后出水浊度指标要求。改造完成后，超滤膜系统处理吨水耗电量约为 0.1kWh/m³，运行稳定，具有可观的经济效益和社会效益。

4）特色

该再生水厂围绕"提质增效、经济运行"理念，推进"智慧型、生态（资源）型、学习型"再生水厂建设，打造全流程智慧化、全要素资源化、全方位生态化的未来水厂，实现智慧、稳定、安全、节能、高效的智慧未来再生水厂运营管理模式。其中，全流程智慧化是指通过生产调度系统、精确除砂/泥龄/曝气/除磷/脱氮/排泥控制系统、专家系统及数字水厂建设，实现再生水厂全流程智慧化控制，运用物联网、云计算、大数据等新一代信息技术,打造生产、运行、维护、调度和巡视等全方位、全流程、各环节高度信息互通、反应快捷、管理有序、高效节能的全国最大的智慧化再生水厂。全要素资源化指:通过沿气热电联产项目,实现沼气 100%全利用,污水区能源自给率达 50%以上,泥区及水区一期鼓风机用电自给率达 100%,全面提高生产余热利用率。采用环保、低碳的水源热泵技术为厂区提供冬季供暖和夏季制冷。每年生产高品质再生水 2.9 亿 m³,节约新鲜水处理电耗 8600 万 kWh,减少二氧化碳排放约 5 万 t。污泥产品资源化利用量为 10 万 t/a,增加生物固碳量 5000t/a。全方位生态化是指采用低碳环保的生物处理+化学和生物处理+活性炭吸附工艺,实现再生水厂臭气的全收集、全处理、全达标排放。依据水厂特点和地理位置,构建"海绵再生水厂",建设"蓝绿交织、水城共融"的新生态,打造厂区环境与周边城市景观融合发展案例,形成城市与再生水厂共生、共享、共融的全新生态新格局社区。

10.3 水污染控制工程社会实践案例

10.3.1 选题的过程及方法

通过社会实践调研可以对社会现状形成更加清晰且深刻的认知,将课本理论知识与实际相结合,有助于提升学生发现问题、提出问题以及解决问题的能力,从而提高综合能力,培养创新意识和工匠精神。此次社会调研选取与城市水污染问题密切相关的污水处理厂作为调研对象。根据前期资料调研发现,西安市某污水处理厂主流污水处理工艺出现了具有高效自养脱氮效果的厌氧氨氧化现象,该现象在现有污水处理厂中鲜有报道。因此本社会调研以《水污染控制工程社会实践——以西安市某污水处理厂为例》为题进行开展。调研方法以实地观察为主,通过对污水处理厂实地观察以及专业技术人员的讲解学习可以获得直接的、生动的感性认识和真实可靠的第一手资料。在此基础上,通过文献资料查阅和与专家学者的交流,获取有关厌氧氨氧化原理与技术的进一步信息,进而对西安市某污水处理厂出现厌氧氨氧化现象进行系统分析与总结,调研流程如图 10-11 所示。

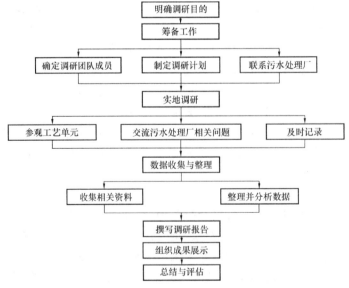

图 10-11 污水处理厂社会实践调研流程图

10.3.2　调研准备

需要做好充足准备以保障调研过程的顺利开展，因此针对此次调研提前拟定好调研目的、调研时间、调研内容、调研形式及参加人员，并提前联系污水处理厂相关负责人员。在资料准备方面，提前搜集污水处理工艺以及厌氧氨氧化相关工艺资料；提前准备好话筒、音响、相机、雨伞以及饮用水等物品；提前与污水处理厂相关负责人或领导对接，安排相关技术人员对污水处理流程进行讲解，若当日无法完成全部调研内容，需做好相关食宿安排。

10.3.3　调研过程

在做好前期相关准备工作的前提下，与负责技术人员约定好调研时间进行污水处理厂的实践调研活动。首先在工程师的带领下参观污水处理厂的整体工艺流程，主要为粗格栅—细格栅—沉砂池—生物池—二沉池—滤池—接触消毒池。调研期间，技术人员讲解了不同污水处理单元的相关设计参数及其在污水处理过程中发挥的作用。由于生物池经过改造实现罕见的主流厌氧氨氧化功能，因此工程师重点介绍了厌氧氨氧化的原理及其在该污水处理厂中发挥的脱氮效用。调研活动开始前，学生已准备好部分问题，并和现场调研期间发现的问题一并向工程师及相关负责人提出。

10.3.4　调研文稿处理

调研报告——以西安市某污水处理厂为例

1. 调研背景

近年来，城市污水中氮素污染物的去除以及越来越严格的氮排放标准已成为困扰人们的一大难题。目前，通过硝化/反硝化的常规生物脱氮（BNR）被广泛应用，并作为许多生活和工业废水处理设施实现脱氮的有效方法，但该过程需要消耗大量的能源。城市污水中的有机物含有大量的化学能，若能将有机物进行产能回收则可实现污水处理厂能源的自给自足。将污水处理厂建成集水资源再生、能源回用及资源回收的多功能可持续水厂成为全球污水处理厂的发展目标。目前，基于厌氧氨氧化工艺的新型生物脱氮技术已成为一种有吸引力的能源与资源高效管理的解决方案。

厌氧氨氧化工艺是荷兰代尔夫特大学的 Mulder 和 Van de Graaf 在一个中试反硝化流化床中发现的一种新型经济高效的生物脱氮技术。其基本原理是：在厌氧条件下厌氧氨氧化菌（Anaerobic Ammoniumoxidizing Bacteria，AnAOB）利用亚硝态氮作为电子受体，将氨氮氧化成 N_2 的自养生物的转化过程。与常规的生物脱氮方法相比，其优势在于不需要曝气，充分降低充氧电耗；无需有机碳源，节约了外加碳源所需的运行费用；不涉及异养型的反硝化菌，降低了剩余污泥产量，且温室气体 N_2O 产量少。

厌氧氨氧化对反应底物浓度有严格的要求，需要前置亚硝化使一部分氨氮转化为亚硝态氮，为厌氧氨氧化的发生提供前提，即部分亚硝化-厌氧氨氧化（Partial Nitrification-Anammox，PN/A）工艺。当前也有学者提出了基于反硝化的部分反硝化-厌氧氨氧化（Partial Denitrification-Anammox，PDN/A），并认为该工艺会提供更可靠的亚硝态氮来源，与 PN/A 工艺相比具有更高的可行性，从而有望在实际污水处理厂中全面实施。在全球范围内，厌氧氨氧化污水处理工程已达百余座，已建成的基于厌氧氨氧化的工艺大多应用于侧流高氨氮废水的处理，例如污泥消化液等，但主流厌氧氨氧化工艺仅在新加坡樟宜污水处理厂、奥地利 Strass 污水处理厂被发现。尽管已经进行了广泛的研究，但实现城市污水主流工艺的厌氧氨氧化处理仍是一个很大的挑战。目前大规模应用的报道较少，仍需要对厌氧氨氧化进行大量研究，从而提出可操作的具体应用方案。

厌氧氨氧化技术是一种利用厌氧微生物代谢作用将污水中的有机物转化为氨氮和亚硝酸盐的生物处理技术，它具有以下特点：

（1）处理效果稳定：相比于传统的好氧生物处理技术，厌氧氨氧化技术受环境条件的影响较小，通过控制反应器的温度、pH 等参数可以在一定程度上保证处理效果的稳定。

（2）能耗低：厌氧氨氧化的反应器不需要增加耗能设备，如曝气机等，因为其是在没有氧气的情况下进行的，节省了能耗成本。

（3）抗负荷冲击能力强：在处理高浓度耐性生物时，厌氧氨氧化技术具有更好的适应性和抗负荷冲击能力。

（4）需要较少的化学物质：相比于传统的好氧生物处理工艺需要大量添加化学物质，厌氧氨氧化技术所需的添加剂很少，减少了化学物质对环境的影响。

2. 调研目的

通过对西安市某污水处理厂的调研参观，联系理论知识，更加深入地理解和掌握专业知识，扩大专业知识范围。将所学的理论知识与实践相结合，深入地接触专业知识的实际运用。熟悉处理厂工艺流程、总体布置及处理构筑物的类型、构造特点、运行和维护。将书本理论和实际联系，进一步培养分析问题的能力。

3. 调研内容

调研内容主要为西安市某污水处理厂的污水处理工艺流程，各污水处理单元运行方式及其在污水处理过程中的作用，厌氧氨氧化原理和在西安市某污水处理厂的实际应用，以及污水处理过程中的常见问题与解决方案。

4. 调研结果

（1）西安市某污水处理厂简介

该污水处理厂于 2008 年正式建成投入运行。主要接纳和处理西安市区域的生产废水和生活污水，服务面积 45km²，服务人口 50 万人。该污水处理厂出水经消毒后排入漕运明渠，然后进入渭河。该厂建成后极大地改善了西安市周围水体环境，对治理水污染、保护当地流域水质和生态平衡具有十分重要的作用，同时对改善西安市的投资环境，实现西安市经济社会可持续发展具有积极的推进作用。

（2）污水处理厂工艺流程

该污水处理厂分两期建设，一期工程于 2008 年建成通水，2009 年正常生产运行，处理规模 25 万 m³/d。扩建一期工程于 2011 开工建设，2012 年正式运行，建成规模 12.5 万 m³/d。扩建二期工程于 2015 年开工建设，同年试运行。该污水处理厂目前总处理规模达到 50 万 m³/d，主要采用 A²/O 生物处理工艺，出水经漕运明渠排至渭河。一期污泥采用重力浓缩后机械脱水工艺，扩建一期污泥采用板框压榨深度脱水工艺，扩建二期污泥采用隔膜压榨深度脱水工艺。污水处理厂主要产生臭味的区域设置臭气收集系统，臭气经生物除臭系统进行净化处理。该污水处理厂进出水水质及工艺流程分别如表 10-6、图 10-12 所示。

西安第四污水处理厂进出水水质　　　　　　表 10-6

主要指标	COD (mg/L)	BOD$_5$ (mg/L)	SS (mg/L)	NH$_3$-N (mg/L)	TN (mg/L)	TP (mg/L)	pH /
一期工程进水水质	380	190	260	34	45	4.2	6～9
扩建一期进水水质	400	200	300	34	45	4.5	6～9
升级改造工程进水水质	450	250	400	34	50	5	6～9
扩建二期进水水质	450	250	400	34	50	5	6～9
出水水质	<50	<10	<10	<5	<15	<0.5	6～9

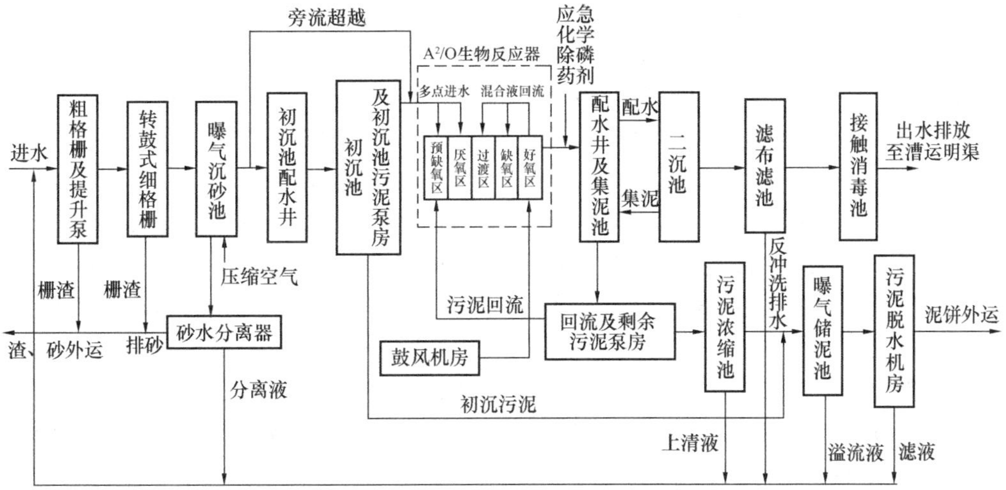

图 10-12　西安市某污水处理厂工艺流程图

1）粗格栅间：一期工程粗格栅选用液压移动抓爪式格栅清污机，共 3 台，参数为：格栅宽度 1.7m，栅条间隙 20mm。扩建工程粗格栅选用回转式固液分离机，共 3 台，参数为：格栅宽度 1.7m，栅条间隙 20mm。主要用来去除可能堵塞水泵机组及管道阀门的较粗大悬浮物，并保障后续处理设施正常运行。

2）提升泵房：一期工程进水潜污泵共 8 台，参数为：$Q=2605\text{m}^3/\text{h}$，$H=19.5\text{m}$，$N=180\text{kW}$（大潜污泵 5 台）；$Q=1421\text{m}^3/\text{h}$，$H=19.1\text{m}$，$N=100\text{ kW}$（小潜污泵 3 台）。扩建工程大潜污泵 5 台（4 用 1 备），小潜污泵 3 台（2 用 1 备）。

3）细格栅间：一期工程细格栅选用阶梯式格栅除污机，共 6 台，参数为：格栅宽度 1.6m，栅条间隙 6mm。另外设置一台人工格栅。扩建工程细格栅选用转鼓式格栅除污机，共 3 台，参数为：栅渠宽度 1.84m，栅条间隙 6mm；转网式细格栅，共 3 台，参数为：栅渠宽度 1.84m，网孔直径 5mm。另外设置一台人工格栅。通过细格栅对污水中悬浮杂质进行进一步的拦截。

4）曝气沉砂池：一期工程曝气沉砂池分为两格，长 42m，每格宽度为 4.7m，有效水深为 3.2m。停留时间 5.6min。扩建工程曝气沉砂池分为两格，长 38m，每格宽度为 4.8m，有效水深为 2.0m，停留时间 7min。曝气沉砂池通过水的旋流运动，主要去除污水中的无机颗粒。

5）初沉池：一期工程采用平流式沉淀池，分 2 组，共 12 座，每座池体参数为：有效长度 45.71m，宽度 12m，有效水深 4.0m。表面负荷 1.92m³/（m²·h），水力停留时间 t ＝1.94h。扩建工程一期采用辐流式初沉池 2 座，每座直径为 40m，池边水深 3.5m。表面负荷 2.70m³/（m²·h），水力停留时间 t＝1.30h。扩建工程二期采用辐流式沉淀池 2 座，每座直径为 32m，池边水深 3.5m，表面负荷 3.18m³/（m²·h），沉淀时间 0.83h。废水经初沉后，约可去除 50％的可沉物、油脂和漂浮物、20％的 BOD，从而降低后续生物处理单元的负荷。

6）生物反应池：一期工程及其升级改造的生物反应池共 2 座，每座分为 2 组；每组生物池厌氧区长 46.6m，总宽 20.3m，有效水深 6m；缺氧一区长 46.6m，总宽 10.2m，有效水深 6m；缺氧二区长 84.2m，宽 9m，有效水深 6m；好氧区分为 4 格，每格长 84.2m，宽 9m，有效水深 6m。扩建工程一期及其升级改造采用倒置 A^2/O 生物反应池 1 座，分为 2 组；每组生物池选择区分为 4 格，单格长 7.45m，宽 7.3m，有效水深 6m；缺氧区分为 5 格，单格长 15.2m，宽 15m，有效水深 6m；厌氧区分为 3 格，单格长 15.2m，宽 15m，有效水深 6m；好氧区（含填料区，有效容积约 6120m³）分为 5 格，每格长 90.65m，宽 9m，有效水深 6m。扩建工程二期的生物反应池由预缺氧区、厌氧区、过渡区、缺氧区及好氧区组成，共设 2 组（合建），单组按 62500m³/d 规模设计。主要设计参数为：混合液污泥质量浓度 3.8g/L；有效水深 6.0m；污泥负荷 0.086kg BOD₅/（kg MLSS·d）；水力停留时间 14.62h（预缺氧区 0.78h、厌氧区 1.17h、过渡区 0.78h、缺氧区 4.29h、好氧区 7.60h）；污泥龄 15 d；单位需氧量 1.41kg O_2/kg BOD₅；污泥回流比 50％～100％；混合液回流比 100％～300％。通过生物反应池对污水中有机物进行降解和吸收，降低有机物含量的同时实现脱氮除磷。

7）二沉池：一期工程采用中进周出的辐流式沉淀池，共 8 座，每座直径为 45m，池边水深 3.5m。表面负荷 0.90m³/（m²·h），沉淀时间 3.89 h。扩建工程一期采用中进周出的辐流式沉淀池，共 4 座，每座直径为 45m，池边水深 4.63m。表面负荷 0.90m³/（m²·h），沉淀时间 5.14h。扩建工程二期采用 4 座直径 50m 的周进周出的辐流式沉淀池，池边水深 4.5m，表面负荷 0.86m³/（m²·h）。二沉池的作用是泥水分离使经过生物处理的混合液澄清，同时对混合液中的污泥进行浓缩。

8）滤布滤池：滤布滤池 1 座，总平面尺寸为 $L×B$＝35.8m×33m，总深 H＝5.72m，分为 10 组，地下式钢筋混凝土结构，总处理能力 50 万 m³/d，单组处理能力 5 万 m³/d。二沉池出水 SS 约为 50mg/L，经过滤布滤池的过滤作用进一步降低出水中悬浮物等杂质。

9）接触消毒池：一期工程及其升级改造的接触消毒池 1 座，分为 2 组，参数为：总长度 60.6m，总宽度 32.8m，有效水深 3.3m。接触时间大于 30min。扩建工程的接触消毒池 1 座，地下式钢筋混凝土结构，平面尺寸 90m×21.2m，有效水深 4.19m。总处理能力 25 万 m³/d，接触时间大于 30min。

（3）污水处理厂改造及厌氧氨氧化的发现

2012 年，该污水处理厂一期改造工程完成，并在厌氧及缺氧区投放了填料（图 10-13）。经过近一年的运行后发现，一期出水总氮浓度要显著低于二期的出水总氮浓度，平均出水总氮仅为 5mg/L。厌氧及缺氧区填料生物膜呈现微红色，而红色是厌氧氨氧化的特征颜色，这可能表明是厌氧氨氧化菌的富集。沿程监测还观察到缺氧区氨氮浓度明显降低。取

图 10-13 厌氧氨氧化填料

缺氧区填料进行厌氧氨氧化活性实验发现，厌氧氨氧化活性高达 52mgN/(L·d)，因此可以初步判定发生了厌氧氨氧化反应。再通过微生物高通量测序、同位素示踪和宏基因组测定，进一步证实了该污水处理厂工程应用过程中出现了较为稳定的主流部分厌氧氨氧化，达到了高效脱氮的效果。主流工艺实现厌氧氨氧化在该污水处理厂的发现填补了国际上在常温生产性装置研究的空白，属于国际厌氧氨氧化研究中的重大发现。

（4）西安市某污水处理厂改造的意义

新加坡樟宜 20 万 m³/d 污水处理厂的厌氧氨氧化发生在 30℃的热带高温条件下，能否发生在 30℃以下温度还不能确定。而西安 25 万 m³/d 规模的某污水处理厂的总氮等指标达到了基本相同的去除效果。荷兰的厌氧氨氧化颗粒污泥中试仍然要在稳定性上下功夫，其 DEMON 工艺可控性存在不足，厌氧氨氧化的脱氮贡献也不清楚。新加坡樟宜污水处理厂厌氧氨氧化对整体脱氮的贡献率将近 30%，而在该污水处理厂达到了约 15%，这主要是受温度和泥龄的影响，还有优化的空间。

西安市某污水处理厂项目提供了厌氧氨氧化技术发展阶段的一个案例。同时对比国内和国外的污水处理工艺，我国要满足一级 A 和准Ⅳ类标准，一般需要采用 MBR 和反硝化滤池工艺，而国际上只要采用比较传统的活性污泥的变形工艺就能达到。该污水处理厂项目提供了一个可能性，就是在传统污水厂处理进行一级 A 的提标改造，出水水质可以达到准 Ⅳ 类标准。我国 50% 以上的污水处理厂进水 COD 小于 150mg/L，存在着碳氮比低的情况，不利于传统生物脱氮，而该污水处理厂的成功案例表明，在 COD 为 100mg/L、总氮 40mg/L 的情况下，出水总氮可达到 5mg/L 以下，这对低碳源污水的提标改造有重要的指导意义。

（5）结论

1）厌氧氨氧化是一种相对新型的污水处理技术，在实际应用中还有很多需要优化和改进的空间。调研能够更深入地了解该技术的运行效果、适用范围、经济效益等方面的信息，为进一步优化和推广该技术提供依据。

2）厌氧氨氧化技术能够高效地去除污水中的总氮等污染物，从而实现了对水环境的保护和改善。调研能够更加深入地了解该技术的处理效果和优点，为更加有效地应用该技术提供参考。

3）随着环保意识的普及，污水处理产业正逐渐成为环保产业中的重要分支。调研能够更好地了解相关企业的生产经营情况，为促进环保产业的发展提供参考。同时也能深入了解厌氧氨氧化技术及其应用，可以更好地引导和增强人们对环保和水质保护的意识，推进环保领域的可持续发展。

4）未来的污水处理厂处理技术将会更加注重低碳、节能和先进环保理念与技术的应用。相比传统的曝气活性污泥法，厌氧氨氧化工艺可以有效降低能耗和操作成本，并且能够将污水中的有机物和氨氮等污染物高效处理，减少环境污染。厌氧氨氧化工艺未来还可以借助智能化的手段，对反应过程进行精确监测和控制，提高处理效率和质量。厌氧氨氧化工艺产生的污泥可以通过进一步处理和利用，实现资源的循环利用，降低废弃物的排放和环境污染。

综上所述，随着未来水厂的发展，厌氧氨氧化技术将会越来越重要，能为环保领域的可持续发展做出更大的贡献。

本章参考文献

[1] 张自杰．排水工程（下册）[M]．5 版．北京：中国建筑工业出版社，2015．

[2] 高廷耀，顾国维，周琪．水污染控制工程（下册）[M]．4 版．北京：高等教育出版社，2014．

[3] 李圭白，张杰．水质工程学（上下册）[M]．2 版．北京：中国建筑工业出版社，2013．

[4] 郝晓地，等．蓝色水工厂：框架与技术 [J]．中国给水排水，2023，39(4)：1-11．

[5] 郑祥，程荣，李锋民．中国水处理行业可持续发展战略研究报告（再生水卷Ⅱ）[M]．北京：中国人民大学出版社，2022．

第11章 如何选题和开展调研
——海绵城市社会实践

本章从背景与内涵、建设途径、技术措施、规划与评估方法等方面介绍了以海绵城市建设为主题的社会实践开展所涉及的核心要素。结合社会实践选题和调研一般程序，阐述了海绵城市社会实践的选题过程、制定调研计划、实施调研过程、撰写调研报告等方面的要点。

11.1 海绵城市概述

11.1.1 海绵城市建设背景

城市化是指人类社会发展过程中，农业人口不断向城市聚集、城市人口比例不断攀升及由此引起的社会、经济和地域空间结构不断变迁的复杂过程。2011年，我国城镇化率首次超过50%，标志着我国从一个农业大国迈入一个城市化的工业大国。在城市化的地区，气候效应主要通过下垫面的性质来体现。城市地区拥有更大的热容量和表面粗糙度，这些物理特性进一步改变城市地区的能量、动量和水汽交换，进而影响到局地和区域的气候。城市化水文效应通过局部小气候和下垫面条件的改变引发水文循环过程的改变，与城市化程度较低时相比，辐射能量会随着日照时数的减少而减少，进而减少蒸散发量。温度升高会增加蒸散发，但是受制于城区较小的植被覆盖和水面面积，以及土壤及潜水蒸发的通道被大量不透水路面阻隔，可能减少实际蒸散发量。超采地下水会降低地下水水位，造成含水层疏干，使得土壤中的潜水及水分蒸发困难。城市化发展会增加地面硬化面积，限制降水下渗的可能性，径流量显著增大，继而导致出现城市洪涝等严重的灾害。植被覆盖面积的减少，植物根系对污染物的拦截、削减以及对土壤的束缚能力降低，显著提高了降雨对地表的侵蚀冲刷能力，造成水体泥沙沉淀物和污染物增加。

综上所述，城市化导致地面不透水增加、径流传播路径改变、用水量增加等城市水问题，气候、水文、环境三方面效应相互独立又相互影响，具体表现如表11-1所示。

城镇化带来的各种影响　　　　　　　　　　　　　　　　　表11-1

因素	影响	成因
降雨	极端降雨事件增加	城市热岛效应；雨岛效应；气溶胶效应
蒸散发	蒸发量逐渐减少	不透水面积增加；温度、风速、空气湿度等控制蒸发的因子有所改变
径流	洪涝灾害；排水系统的管网化建设、城市河湖泵站以及蓄水池等多种水利设施投入加大	不透水面积增加；城市汇流路径的连通性破坏；城市河网水系的萎缩

续表

因素	影响	成因
水生态系统	水环境污染、河流生态退化	径流污染增加，水土流失严重；植被覆盖减少，对污染物的消解和拦截作用降低；河流缩窄变短、湖泊河网衰退消亡
水资源	城市水资源短缺、供水能力不足	城市人口急剧增加，用水量、人为用水浪费、水环境污染、水质恶化等

　　我国传统城市建设模式在应对内涝洪灾和水安全问题时却存在明显不足，无法有效缓解和改善城市水生态问题，呈日趋恶化之态。这主要归咎于传统城市工程管道式灰色排水基础设施、防洪规划和排水工程规划的落后及雨水资源合理利用意识的薄弱。我国传统城市排水基础设施采取的是工程式管道方式，依赖钢筋水泥现代技术建立起的保护模式。然而，在城市高速发展的今天，滞后的城市排水系统无法应对越来越严重的城市暴雨灾害，暴露了我国传统城市排水系统存在建设之初的标准过低、改建成本巨大，以及对雨污混合污染问题的忽视等不足，内涝、污染、水环境等问题接踵而至。从相关规划编制来看，我国城市普遍缺少雨洪控制利用相关专项规划，仅在排水规划、防洪规划、环境保护规划等中有所涉及。在进行城市排水规划时，也没有确立雨水是资源以及要先合理利用再排放的指导思想。由此可见，我国城市的雨水资源利用意识薄弱，对天然雨水资源的利用率低，大量雨水资源被直接排走，与我国水资源紧缺形成突出矛盾。

　　在我国新型城镇化建设和水生态环境恶化的时代背景下，海绵城市作为人与自然和谐共存，发挥城市水生态服务功能，引导城市可持续发展的有效途径，被专业领域学者提出和推广，并成为解决城市雨洪综合管理的指导方针和战略目标。

11.1.2　海绵城市的内涵

　　海绵城市指在城市开发建设过程中采用源头削减、中途转输、末端调蓄等多种手段，通过渗、滞、蓄、净、用、排等多种技术，实现城市良性水文循环，提高对径流雨水的渗透、调蓄、净化、利用和排放能力，维持或恢复城市的"海绵"功能。即通过城市规划、建设的管控，从"源头减排、过程控制、系统治理"着手，采用多种技术措施，统筹协调水量与水质、生态与安全、分布与集中、绿色与灰色、景观与功能、岸上与岸下、地上与地下等关系，有效控制城市降雨径流，最大限度减少城市开发建设行为对原有自然水文特征和水生态环境造成的破坏，使城市能够像"海绵"一样，在适应环境变化、抵御自然灾害等方面具有良好的"弹性"，实现自然积存、自然渗透、自然净化的城市发展方式，有利于达到修复城市水生态、涵养城市水资源、改善城市水环境、保障城市水安全、复兴城市水文化的多重目标。海绵城市已发展为一种理念，重点解决城市涝灾与城市水环境恶化等问题，实现饮用水水源、污水、生态用水、自然降水、地表水等统筹管理、保护与利用，确保社会水循环与自然水循环相互贯通。

11.1.3　海绵城市的发展历程

　　我国海绵城市发展历程如图 11-1 所示。在我国，最早提出海绵城市这个概念是在2012 年 4 月的"低碳城市与区域发展科技论坛"中。之后，在 2013 年 12 月 12 日，中央城镇化会议上首次正式提出要建设海绵城市，就此拉开了我国海绵城市建设的序幕。随后，国务院迅速做出反应，将其纳入重点工作日程。2014 年 10 月，住房和城乡建设部发

图 11-1 我国海绵城市发展历程

布了《海绵城市建设技术指南》；2015 年 1 月，财政部、住房和城乡建设部、水利部三部门联合下发了《关于组织申报 2015 年海绵城市建设试点城市的通知》，10 月，国务院办公厅印发了《关于推进海绵城市建设的指导意见》，该文件指出，通过海绵城市建设，到 2020 年，城市建成区 20％以上的面积要将 70％的降雨就地消纳和利用；到 2030 年，城市建成区 80％以上的面积达到这一要求。2017 年 3 月，住建部印发关于加强生态修复城市修补工作的指导意见。同年 9 月，海绵城市研究专家联合发布《海绵城市建设的顶层设计》。2018 年 5 月，海绵城市及水生态交流峰会在福州市召开，会上发布了《2018 中国海绵城市建设白皮书》。"十四五"期间，财政部、住房和城乡建设部、水利部决定开展系统化全域推进海绵城市建设示范工作，并于 2021—2023 年之间通过竞争性选拔确定部分示范城市。这些文件既有政策层面的，也有技术层面的，对海绵城市建设目标、具体操作都做出了明确详实的规定，可见国家建设海绵城市的决心之大、力度之大，也体现了海绵城市建设的必要性和重大意义。

海绵城市不仅是一个工程，更是一种城市建设理念，既可以指导一个公园甚至庭院设计，也可以指导一个城市或者城市群建设。从"海绵城市"提出至今，无论是国家政策层面，还是行业技术层面，都给予了非常大的支持。

11.2 海绵城市的建设途径和技术

海绵城市由低影响开发雨水系统、城市雨水管渠系统及超标雨水径流排放系统组成，海绵城市建设应统筹这三套系统（图 11-2）。低影响开发雨水系统可以通过对雨水的渗透、储存、调节、转输与截污净化等功能，有效控制径流总量、径流峰值和径流污染。城市雨水管渠系统即传统排水系统，应与低影响开发雨水系统共同组织径流雨水的收集、转输与排放。超标雨水径流排放系统，用来应对超过雨水管渠系统设计标准的雨水径流，一般通过综合选择自然水体、多功能调蓄水体、行泄通道、调蓄池、深层隧道等自然途径或人工设施构建。以上三个系统并不是孤立的，也没有严格的界限，三者相互补充、相互依存，是海绵城市建设的重要基础元素。

海绵城市建设技术途径需综合采用"渗、滞、蓄、净、用、排"等技术措施，有效控制城市降雨径流，最大限度地减少城市开发建设行为对原有自然水文特征和水生态环境造成的破坏。"渗"指利用各种屋面、路面、绿地，从源头收集雨水，让雨水渗入地下，如绿色屋顶、透水路面等。"滞"指通过微地形调节，让地面不平整来减缓雨水汇集速度，降低灾害风险，如雨水花园、植草沟等。"蓄"指把降雨储蓄起来，削减峰值流量，调节径流雨水时空分布，为雨水利用创造条件，如塑料模块蓄水、地下蓄水池。"净"指通过土壤、植物等，对雨水进行净化，改善城市水环境。"用"指将收集起来的雨水进行利用，如浇洒道路、绿化灌溉、消防。"排"指雨水经城市管网、城市防洪排涝（超标雨水径流排放）等设施，排入污水处理厂、河流或湖泊。

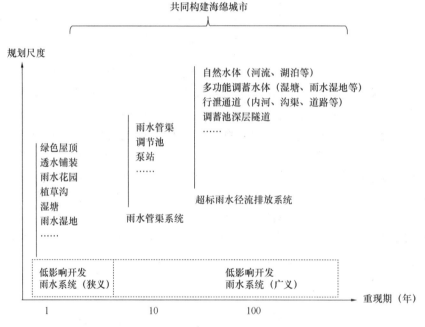

图 11-2　海绵城市建设三套系统

低影响开发（LID）设施一般具有渗透、调节、储存、传输、截污、净化等几种主要功能。在实际工程应用中，需结合区域水文地质条件及水资源状况，以及经济指标分析，按照因地制宜和经济高效的原则选择适宜的 LID 技术及其组合方式。各类 LID技术又包含若干不同形式的 LID 设施，如透水铺装、绿色屋顶、生物滞留池、下沉式绿地、雨水湿地、渗透塘、渗井、湿塘、干塘、蓄水池、调节塘、植草沟、渗管/渠、植被过滤带、雨水初期弃流设施等。不同 LID 设施按功能作用、控制目标和经济型比选如表 11-2 所示。

低影响开发设施比选一览表　　　　　　　　表 11-2

LID 单项设施	功能					控制目标			经济型	
	雨水集蓄利用	地下水补给	峰值流量削减	雨水净化	传输	径流总量	径流峰值	径流污染	建造费用	维护费用
透水砖铺装	○	●	◉	◉	○	●	◉	◉	低	低
绿色屋顶	○	○	◉	◉	○	●	◉	◉	高	中
下沉式绿地	○	●	◉	◉	○	●	◉	◉	低	低
简易型生物滞留池	○	●	◉	◉	○	●	◉	◉	低	低
复杂型生物滞留池	○	●	◉	◉	○	●	◉	◉	中	低
渗透塘	○	●	◉	◉	○	●	◉	◉	中	中
渗井	○	●	◉	◉	○	●	◉	◉	低	低
湿塘	●	○	◉	◉	○	●	◉	◉	高	中
雨水湿地	●	○	◉	◉	○	●	◉	◉	高	中
蓄水池	●	○	◉	○	○	●	◉	○	高	中
雨水罐	●	○	◉	○	○	●	◉	○	低	低
调节塘	○	○	●	◉	○	○	●	○	高	中
调节池	○	○	●	○	○	○	●	○	高	中
传输型植草沟	◉	○	○	◉	●	◉	○	◉	低	低
干式植草沟	○	●	○	◉	●	◉	○	○	低	低
湿式植草沟	○	○	○	●	●	○	○	◉	中	低
渗管/渠	○	◉	○	○	●	◉	○	◉	中	中
植被缓冲带	○	○	○	●	—	○	○	◉	低	低
初期雨水弃流设施	◉	○	○	●	—	○	○	●	低	中
人工土壤渗滤	●	○	○	●	—	○	○	◉	高	中

注：●——强，◉——较强，○——弱。

　　雨水管渠系统，即传统的城市雨水管网系统，由道路街沟（偏沟）、边沟、雨水口、雨水管（暗渠）、明渠、检查井、泵站、出水口、调节池等传统构筑物组成，是城市雨水系统的重要部分。雨水管渠系统通过城市内某地块的雨水管道、明渠等设施，将收集的雨水汇入雨水主干管或明渠，最后将雨水输送至末端排放口。我国的排水系统一般分为四大类别，包括合流制排水系统、实际形成"雨污合流"的分流制排水系统、合流制改造过程中形成的处于过渡阶段的排水系统、城市建设过程中形成的比较特殊的排水系统等。很多城市不只存在一种排水系统类型。不同城市区域的地理自然特征、水文地质条件不同，排水系统具有一定的区域特征。如华北、西北等地长期的污水渗漏不仅会导致地下水污染，还会导致路面基础塌陷。小城市排水系统基础条件薄弱、建设管理水平不足、资金欠缺，以及大城市地上与地下空间（如地铁）、历史建筑等限制性条件使合流制系统的改造遇到瓶颈。

　　超标雨水径流排放系统是指应对发生超标暴雨或极端天气下发生特大暴雨情况时的蓄排系统。超标雨水径流排放系统的设计重现期在 20～100 年之间，根据城镇类型、内河水位变化和积水影响程度等分析，综合以上因素选择适合该城镇的设计重现期。对比于国外发达国家，我国内涝防治设计重现期的标准明显不足。超标雨水径流排放系统设施可分为"排放设施"与"调蓄设施"，如行泄通道（内河、沟渠、道路等）、多功能调蓄水体（雨水湿地、湿塘等）、调蓄设施（调蓄池、深层隧道、下沉式绿地、下沉式广场、下凹式绿地等）、自然水体（湖泊、河道等）等。设施在形式上包括灰色和绿色设施，具体也有非设计设施和设计设施之分。非设计设施是由自然条件形成的，设计设施由工程师合理设计而成。在实际应用中，通常将多种措施进行组合，共同发挥作用。当降雨超过小排水系统能力时，仅部分雨水能被雨水管渠系统输送，其余未进入雨水管渠的雨水与雨水管渠中可能溢出的雨水共同形成地表径流。此时，通过超标雨水径流排放系统的地表、地下排蓄设施进行控制，避免内涝发生。

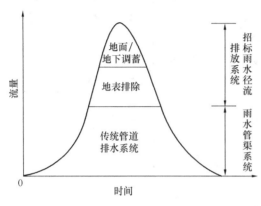

图 11-3　雨水管渠系统与超标雨水径流排放系统的关系

雨水管渠系统和超标雨水径流排放系统主要在形式、目标和设计标准方面有所不同。超标雨水径流排放系统与雨水管渠系统之间既相对独立，又密切关联，如图 11-3 所示。当遇到特大暴雨时，仅依靠雨水管渠系统的排水能力不足以应对特大暴雨，需要超标雨水径流排放系统协助排水。采用地面或地下输送、临时存储等方式缓解城市内涝现象，能减少强降雨径流对财产和生命安全造成的损害，使城市内的重要设施能正常运行，确保出行安全。超标雨水径流排放系统能在不依赖于雨水管渠系统的情况下正常工作，这足以取代雨水管渠系统进行工作。但是在强降雨期间，考虑经济的前提下，超标雨水径流排放系统不能由雨水管渠系统取代。超标雨水径流排放系统应合理设计，以免增加雨水管渠系统的建设和维护费用。

11.3　海绵城市建设规划与评估

11.3.1　海绵城市规划

在进行海绵城市规划时，首先我们要分析建设城市在水生态、水环境、水资源、水安全等方面存在的问题，确定建设目标和要求，然后将城市总体规划和城市水系、绿地系统、排水防涝、道路交通专项规划相衔接，并将有关要求和内容纳入相关专项（专业）规划。海绵城市的系统规划如图 11-4 所示。

海绵城市规划目标、指标体系包括水生态、水环境、水安全、水资源、制度建设等方面。海绵城市建设专项规划应作为城乡建设规划体系的组成部分，并应统筹城市涉水相关专项规划，协调衔接用地竖向、绿地系统、道路交通、城市街区等各类专项规划。为促使海绵城市将其各项功能得到最大限度的有效发挥，必须因地制宜的做出合理规划，并选择

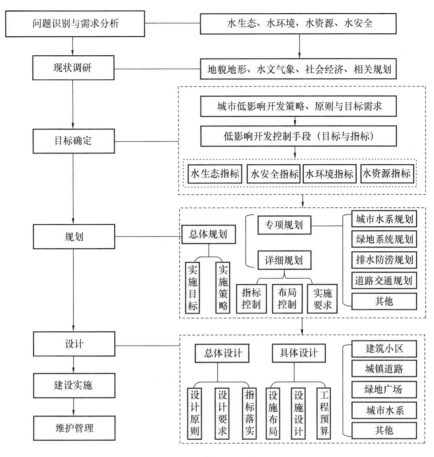

图 11-4　海绵城市系统规划图

出最优实施方案。关于海绵城市的科学合理的规划设计，要求必须把握以下几个原则：

第一，基于"问题与目标"导向。开展海绵生态城市建设，首先，需要系统地梳理城市建设中所存在的水生态、水资源、水安全等多重问题，然后划分出主次关系，并制定合理目标，进而构建核心目标和次要目标结合的多重目标雨水处理系统。

第二，基于区域整体达标。国家及相关管理部门均对城市建设雨水排放问题提出相应要求，提出制定雨水排放管理的规章制度，要求明确区域排放总量，避免违规超排。这就要求我们在开展海绵城市规划设计时，必须合理划分雨水分区，并建立各职能部门协同管控的制度及考核标准。

第三，基于生态优先、绿色优先。在构建海绵城市建设的过程中，应着重对城区原有生态环境的保护，本着尊重和顺应自然的理念，优先采用绿色基础设施建设。在出现不可回避的问题时，也要大力争取灰色基础设施建设与之相结合的最佳手段，最大限度减少对生态环境的影响破坏，努力争取做到建设开发前后，城市的水文特征基本稳定不变。

最后，基于全生命周期的经济效益综合评价。构建海绵型城市工程，因其牵涉项目众多，所涉资金也势必相对庞大，故需综合考量运营成本及建设成本，做到在侧重环保性的前提下，对规划融资、建设施工、验收评估以及运营维护等各个环节进行全生命周期的经济效益综合分析。

11.3.2　海绵城市建设评估

　　根据《海绵城市建设评价标准》GB/T 51345—2018，海绵城市建设评估的核心指标有：年径流总量控制率及径流体积控制；源头减排项目实施有效性，主要包括建筑小区、道路、停车场及广场、公园与防护绿地等场所；路面积水控制与内涝防治；城市水体环境质量；自然生态格局管控与水体生态性岸线保护；地下水埋深变化趋势；城市热岛效应缓解。具体内容与要求如表 11-3 所示。

海绵城市建设评价内容与要求　　　　　　　　　　表 11-3

序号	评价内容	评价要求
1	年径流总量控制率及径流体积控制	不得/不宜低于"我国年径流总量控制率分区图"所在区域规定下限值，及其对应的径流体积
2	源头减排项目实施有效性—建筑小区	（1）年径流总量控制率及控制体积同上； （2）径流污染控制：新建项目年径流悬浮物削减率≥70%，改扩建项目年径流悬浮物削减率≥40%；或达到相关规划的管控要求； （3）径流峰值控制：雨水管渠及内涝防治设计重现期下，新建项目外排径流峰值流量不宜超过开发建设前原有径流峰值流量；改扩建项目外排径流峰值流量不得超过更新改造前原有径流峰值流量； （4）新建项目硬化地面率≤40%；改扩建项目硬化地面率不应大于改造前原有硬化地面率，且≤70%
2	源头减排项目实施有效性—道路、停车场及广场	（1）道路：应按照规划设计要求进行径流污染控制，对具有防涝行泄通道功能的道路，应保障其排水行泄功能； （2）停车场与广场：同建筑小区
2	源头减排项目实施有效性—公园与防护绿地	（1）新建项目控制的径流体积不得低于年径流总量控制率90%对应计算的径流体积，改扩建项目经技术经济比较，控制的径流体积不宜低于年径流总量控制率90%对应计算的径流体积； （2）应按照规划设计要求接纳周边区域降雨径流
3	路面积水控制与内涝防治	（1）灰色设施和绿色设施应合理衔接，应发挥绿色设施滞峰、错峰、削峰等作用； （2）雨水管渠设计重现期对应的降雨情况下，不应有积水现象； （3）内涝防治设计重现期对应的暴雨情况下，不得出现内涝
4	城市水体环境质量	（1）灰色设施和绿色设施应合理衔接，应发挥绿色设施控制径流污染与合流制溢流污染及水质净化等作用； （2）旱天无污水、废水直排； （3）控制雨天分流制雨污混接污染和合流制溢流污染，并不得使所对应的受纳水体出现黑臭；或雨天分流制雨污混接排放口和合流制溢流排放口的年溢流体积控制率均不应小于50%，且处理设施悬浮物（SS）排放浓度的月平均值不应大于50mg/L； （4）水体不黑臭：透明度>25cm，溶解氧>2.0mg/L，氧化还原电位>50mV，氨氮<8.0mg/L； （5）不应劣于海绵城市建设前的水质；河流水系存在上游来水时，旱天下游断面水质不宜劣于上游来水水质

序号	评价内容	评价要求
5	自然生态格局管控与水体生态性岸线保护	（1）城市开发建设前后天然水域总面积不宜减少，保护并最大限度恢复自然地形地貌和山水格局，不得侵占天然行洪通道、洪泛区和湿地、林地、草地等生态敏感区；或应达到相关规划的蓝线绿线等管控要求； （2）城市规划区内除码头等生产性岸线及必要的防洪岸线外，新建、改建、扩建城市水体的生态性岸线率≥70%
6	地下水埋深变化趋势	年均地下水（潜水）水位下降趋势应得到遏制
7	城市热岛效应缓解	夏季按6～9月的城郊日平均温差与历史同期（扣除自然气温变化影响）相比应呈现下降趋势

海绵城市建设效果应从项目建设与实施的有效性、能否实现海绵效应等方面进行评价。海绵城市建设评价内容与要求考核内容为：年径流总量控制率及径流体积控制、源头减排项目实施有效性、路面积水控制与内涝防治、城市水体环境质量、自然生态格局管控和水体生态性岸线保护。考查内容包括：地下水埋深变化趋势和城市热岛效应缓解。另外，海绵设施的维护管理部门应制定相应的运行维护管理制度、岗位操作手册、设施和设备保养手册及事故应急预案，并定期修订。

11.3.3 海绵城市监测

实地监测是评价考核海绵城市建设的重要手段之一，能为当地海绵城市建设方案的优化提供数据支持，也可为全国海绵城市建设积累基础数据。2015年，住房和城乡建设部办公厅发布了《海绵城市建设绩效评价与考核指标（试行）》，评价考核指标和要点分为水生态、水环境、水资源、水安全、制度建设及执行情况、显示度，共6大类18项指标。各项指标需制定持续性、系统化的监测评估方案，综合运用在线监测、大数据分析、模型模拟等先进技术记录、展现海绵城市的运行情况，形成一系列可复制、可推广的海绵城市建设体系。考核应全面评价建设区域海绵城市创建效果，考核指标应全面严谨、科学合理、概念明晰、可实施性强，便于指导考核方案的制定。随着监测评估工作的实际开展，该手段也被不断地修改完善，海绵城市建设核心指标的监测方案制定要点如表11-4所示。

海绵城市建设核心指标的监测方案制定要点　　　　　　表11-4

序号	考核指标	监测指标	监测断面（点位）	监测频率	监测仪器
1	年径流总量控制率	降雨量、管渠流量（流速）、液位	各排水分区总排口；排水分区典型地块排放口及关键管网节点；单项设施进出口	雨汛期连续监测，自动监测时间建议为5～15min/次	小型气象站（含雨量计功能）、流量计、液位计
2	路面积水控制与内涝防治	径流流量、积水点面积及代表水深	流量监测点与年径流总量控制率监测点基本一致；重要积水点具体位置可通过历史资料分析、易涝点模拟或是通过1～2场暴雨实地观测来确定	根据历史暴雨情况，有可能造成内涝的降雨均需监测	小型气象站（含雨量计功能）、液位计、监控摄像仪、录像仪或航拍设备等

续表

序号	考核指标	监测指标	监测断面（点位）	监测频率	监测仪器
3	地表水环境质量	常见的监测指标包括水温、pH、DO、SS、COD、氮、磷、藻细胞密度等，黑臭水体评价指标还应包括透明度、色度、ORP 等	设置河流出、入境断面；研究区域内地表水，应根据功能及污染状况，设置监测断面若干；参考《地表水和污水监测技术规范》等进行断面、点位确定	降雨季节性差异明显地区，可分为常规监测和洪水期监测。确保小、中、大各种典型降雨及降雨前后均有可用数据	采样仪器可选择便携式多参数分析仪、水质自动采样器，或实现水质在线监测
4	地下水环境质量及地下水埋深变化趋势	常见的监测指标包括水温、pH、总硬度、COD_{Mn}、NH_3-N、氯化物、硝酸盐、氟化物、铁、锰、总大肠杆菌群、地下水水位等	研究区域内已有地下水井时，利用现有水井实施监测；无地下水井时，应结合水文地质资料凿井监测；点位布设可参考《地下水环境监测技术规范》HJ 164、《地下水监测工程技术规范》GB/T 51040	须考虑地表-地下水排泄补给关系，可参考《地下水环境监测技术规范》，且最少不低于每年 2 次（丰水期、枯水期）	采样仪器可选择便携式多参数分析仪，或实现水质在线监测
5	城市面源污染控制	根据下垫面污染物积累特征与冲刷特性选择监测指标，常见的监测指标包括 pH、DO、SS、COD、氮、磷等	上述年径流总量控制率监测点＋合流制管渠溢流进入城市内河水系的排放口及其受纳水体水质监测断面（点位）	按实际降雨场次进行监测	有条件地区建议安装多参数水质在线监测仪，以掌握径流水质水量动态变化关系
6	自然生态格局管控与水体生态岸线保护	城市开发前后天然水域面积；城市蓝线绿线长度	根据河湖水系专项规划所划定的河湖水系保护线（蓝线），对拟开展生态岸线恢复的重大工程进行生态岸线恢复情况的监测工作	查阅相关规划、文件和设计方案，每半年实施一次调研	遥感成像仪；全站仪
7	城市热岛效应缓解	城市建成区与周边郊区气温变化	城市建成区与周边郊区 6～9 月的日平均气温变化	参考《地面气象观测规范 空气温度和湿度》GB/T 35226	气象站；高精度测温仪

11.4　海绵城市建设社会实践的开展

11.4.1　选题的过程及方法

选题是最重要的，不同调查主题的其他程序和方法大同小异，选题要"直戳要害"，突出针对性。那么，如何进行海绵城市社会实践的选题呢？

选择针对海绵城市科研课题的过程，实质上是一个现状分析、价值评估和可行性论证的过程。要合理选择一个研究课题，至少必须做好三件事情：一是要了解问题的研究状况，二是要分析问题的研究价值，三是要考虑解决问题的可能性。

（1）了解问题的研究状况

科学研究本质上是探求未知的活动。要探求未知，就得先明了已知。因此，科研选题一定要先对已有的研究基础进行分析。既要找出已知因素，如已解决的问题、已形成的共识和已验证的方法，又要找出未知因素，即现有研究的缺陷在哪里，还有哪些问题需要解决。只有对已知条件和未知条件都心中有数，才能合理确定一个选题，正确把握研究方向。

（2）分析问题的研究价值

科研选题需要坚持价值最大化原则。也就是说，要尽量选最有意义的题目来做。课题研究主要具有三种价值：认识价值、实践价值和工具价值。一个课题如果能在三方面都具有重要作用，自然是最好不过了。如果不能兼顾三种价值的话，应将海绵城市的实践运用放在首要地位，尽可能地将海绵城市带来的效益最大化，因此实践价值应是放在首位的。

（3）解决问题的可能性

课题研究应有可行性。课题研究的可行性分析主要包括如下几个方面：第一，人力条件。项目的领导以及团队应该有较强的职业素养与科研能力，发挥其专业特长，投入时间去挖掘问题的解决方法。第二，资料条件。研究者个人及所在单位是否能提供有效的资料，做如此庞大的课题，需要查阅大量的文献以及资料，查询和获得资料是否方便。第三，前期研究。自己或合作者原来对这个问题有无研究，有何理论或经验成果，在同行中所处的地位，等等。第四，其他条件。有无研究所需的仪器、量表或统计测试的工具，有无对应特殊问题的机制，等等。只有在各方面都具备较好的条件，才能保证课题研究顺利进行并取得预期成果。

（4）选题应贴合实际

首先，选题应制定调研计划，即选题的目的、对象、内容和方案；其次，实施调研活动，对所调研的课题进行访谈、做问卷调查、监测和讨论等一系列活动；最后，撰写调研报告，将所得的调研结果进行整理、统计、分析和讨论（图11-5）。总之，确定一个项目，需要知己知彼，既应对问题研究的状况和价值进行充分的了解和分析，又应理性地估量自己的主客观条件，这样就容易找到一个适合自己的有意义的教育科研课题。

（5）确认选题方向

海绵城市社会实践的选题方向应围绕着"为什么建?""怎么建?""效果怎么样?""如

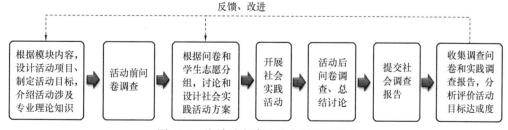

图 11-5　海绵城市建设社会实践流程图

何运行维护?"等问题来开展。另外,比如海绵城市的建设路径用到了什么建设设施,各有什么功能,对整个海绵城市建设过程中起到了什么作用? 应用了什么技术,是否具有先进性,有没有什么需要改进的地方? 思考在海绵城市建成后,是否缓解了热岛效应? 是否对于城市排水系统的进行了优化? 居民的生活环境是否提高? 水生态、水环境、水资源、水安全效益是否彰显? 下面是一些代表性的选题方向:

① 调研城市的城市病及成因。

② 海绵城市的建设做法。

③ 海绵城市的建设成效。

④ 海绵城市关键指标监测方法。

⑤ 海绵城市建设项目运维管理。

⑥ 典型低影响开发设施的设计要点。

11.4.2　调研准备

在选准课题后,就要开展调研准备工作,调查要"脚沾泥土",确保真实性。

根据试点城市区域的规划定位,在对自然资源、社会经济状况、环境生态状况、水文地质状况等综合状况充分调研的基础上,分析现状综合径流系数、雨水收集利用空间以及排水系统存在的主要问题,建立相应的水文、水力计算模型,确定现状年径流总量及可调蓄空间;根据城市年径流总量控制目标,确定海绵城市建设重点任务,进而制订系统性和针对性的径流总量控制方案,分析确定径流总量控制的重点工程、实施计划。

(1) 明确小组分工

展开调研前,任务进行小组分工是首要需求。先进行分组,确定好人员安排,挑选三个负责人,第一组负责人带领组员对调研区域分块展开调研,调研方式有对周边居民进行访谈,做问卷调查等。第二组负责人带领组员对互联网、新闻报道以及搜索的有关文献,进行整理。第三组负责人带领组员将所调研的数据整理成报告形式,最后全员进行分析讨论、评价等。

(2) 预期成果形式

调研的预期成果主要包括:宣讲会、讲座、专业培训、调研报告、文体演出、建立实践基地、拍摄的 DV 等。

(3) 细致开展调查

展开调查方式的选取。首先,社会实践要从实践中发现问题,深入基层"耳闻"、沉到一线"目睹"、走进现场"心领"、投身实际"神会",以此来获取宝贵的第一手资料。然后,要善于听取不同群体的声音,广泛开展调研,这样才能取真经、学实招。最后,我们围绕试点建设,从设计、施工、材料设备选用等环节紧迫需求入手,建立研究调研。在海绵城市建设调研中,不仅要调查多个建设设施的建设成效,现场调研海绵城市建设的成效、管理、监测、运维等,还要主动向周围群体访谈,了解实情。访谈周边居民,了解海绵城市建设前后的效果对比,是否真正对生活环境的影响有改变、排水系统是否运行、储水设施的作用是否明显等;访谈技术人才,了解海绵城市建设的蓝图和技术等专业问题;访谈行政部门主管,了解排水系统的运维与管理,遇到突发措施如何应急;访谈专家学者,了解行业动态、相关研究。选择不同类别的调研对象,对全面了解实情、丰富材料内容、提升材料质量至关紧要。

调查方式包括：走访、问卷、现场采访、人员介绍、个别交谈、亲临实践、会议、图片、照片、书报刊物、统计报表、影视资料、文件、集体组织等。

（4）系统分析问题

这是开展分析判断、提出对策建议的重要基础。要努力做侦察员、当信息员，既要了解国内外的宏观情况，也要了解海绵城市建设的具体情况；既要了解政策性、环保性问题，也要了解行业性、技术性问题；既要了解普遍性问题，也要了解特殊性问题。要努力做研究员、当内行人，力争看得懂、会分析、能判断。

11.4.3　调研过程

根据前面的选题以及调研准备来展开调研过程，选取海绵城市的建设成效为选题，通过访谈调查、问卷调查、文献调查等形式展开调研。

（1）访谈调查

访谈调查内容以及对象在上文已述，现对访谈具体步骤详细讲解：

1）访谈调查应具有明显的直接性。访谈一般都到实地进行，通过亲身地看和听来了解情况，进行研究，例如对海绵城市的建设过程、技术路线进行访谈，对核心技术人员、管理人员以及周边居民进行访谈。

2）访谈调查通常是专题进行，具有明显的专题性，而且还需要列好提纲。

3）访谈调查通常都需要得到对方的接待，而这一般需要使对方也得到一定的获益，因而具有互利性。

（2）调查问卷法

当问卷设计好之后，就要开始分发和回收工作了。这一步在整个调查过程中至关重要，通常要遵循下面的步骤才能取得好的效果：

1）确定分发对象和分发方式。要选择合适的分发对象，这个合适既指调查对象是适合于本调查的，也指调查对象有意愿参与调查，能够提供真实有效的问卷。选择合适的分发对象是提高问卷的填写质量和最后调查效果的一个重要因素。

2）联系分发对象。选择好分发对象后，最好事先通过电话、邮件等方式跟分发对象提前联系，确定被调查者的意向和时间安排。

3）分发问卷。可以采用邮件的方式，将网站提供的调查地址发送出去。在邮件中最好说明调查的目的，不要批量发送邮件；也可以在自己网站的首页的醒目位置链接在线调查的地址，使网站访问者可以填写调查问卷。

（3）文献调查法

文献调查法通查需要遵循以下步骤才能取得较好的成果：

1）文献真实性的检验是很重要的一项工作，通常的检定方法是看作者，应排除有疑问的作者。

2）文献可用性鉴定，是指检查文献的属性，特别是对数据性文献资料，要检查数据测量尺度、分组状态是否与调查内容要求相适应。如果需要原始数据，还应事先了解清楚所需支付的费用，以防超出支付能力。文献的可用性检验，还包括对文献的时效性、完整性的考察。

3）文献真实性和可用性的检验，是根据调查目的而对将要采用的文献可利用价值的考虑。高质量的文献资料的基本特点是真、新、全、准。

（4）集体讨论

当选取两到三种调查形式后，召开团队人员会议，主要用来发现在调查时可能出现的问题，比如在访谈调查中怎么联系参与海绵城市建设的政府、企业、核心技术人员等？需要注意什么？在海绵城市建成后民众的幸福度展现等；在开展调查问卷时，集体表决问卷调查的形式，并就如何发放调查问卷问题等开展讨论；在文献调查时，讨论搜集什么期刊文献、报纸刊物、新闻媒体等，从什么渠道搜集信息，怎么整理。

11.4.4   调研文稿处理

通过调查搜集来的原始资料，大多是分散零乱的。调查的目的是要使资料能够集中地反映事物的特征，揭示问题的本质。因此必须对原始资料进行整理、分析，使之合理化、系统化。整理，就是通过对原始资料的严格审查、科学分类，采取汇总计算、绘制图表等方法，使其系统化、条理化、科学化，成为能反映事物本质特征的资料。分析，就是运用诸如统计分析、系统分析、典型分析、定性定量分析、矛盾分析、阶级分析、比较分析、结构功能分析等方法，认识事物的矛盾，找出事物内部联系和发展规律，形成正确的概念和判断，找出解决问题的方法。资料的整理，最好是一边调查，一边整理。这样既节省时间又使自己对调查资料有明确的了解，以便对下一步调查工作作恰当的调整和部署，同时还可以不断加深对资料的认识，便于以后的分析。由于资料的补充和审查可能涉及调查对象，因此，整理工作最好在调查对象的实地进行。这样，调查资料中的一些疑难问题，可以及时追问解答，资料中的错误也能及时得到避免。

（1）访谈调查文稿处理

对海绵城市建设的政府、企业、核心技术人员、周边居民等的采访，可通过对话的形式来展现，一般来说，访谈文稿的处理工作需要遵循以下几个步骤：

1）起个好题目。一个好的标题，可以瞬间拉住读者的眼睛，使其在无数的稿件中可以驻留更长的时间。标题要新颖而且要切题，可以选择一些大家知道的、通俗易懂的古诗词或者流行语，切莫选择太偏僻生硬的词语。

2）多用叙事的写作方法。写调查文稿，不同于写日志可以大肆地表达内心的想法和观点。新闻稿件是要求记者把事情的来龙去脉表述清楚，至于新闻中的当事人的做法是否正确，则无权自主评论。需要评论的地方，也应该采访相关专家学者，让他们给出比较中肯的意见，而且写稿件时，也不能面面俱到，必须有所取舍。

3）热处理，冷推敲。如果通过一天的调研，脑海中还没有完整的思路，也应该选择"热处理、冷推敲"的方式，以最快时间写好调研文稿，等自己心情静下来后再慢慢推敲。这样做的好处：一是可以趁热打铁，把刚采访过的点滴回忆出来并写下来；二是追求调研的时效性，不拖沓，不延误。

4）做自己的第一读者。写好稿件了，不代表着就万事大吉了！还得经过反复推敲和仔细琢磨。完成写稿任务后，应该首先自己当自己的第一读者，以一种客观的、公正的、挑刺的眼光去审视文章，遇到不恰当不合适的内容，就大刀阔斧进行删减，千万不要只图字数而不舍得提炼。要记住一点，凡是能删减的内容，都是废话，都是不需要的！

（2）统计分析调查问卷

当网上问卷回收后，就要开始进行统计和分析工作了。一般来讲统计分析工作应该遵从下列步骤：

1）筛选数据。由于在线调查的结果数据已经编码，因此省去了传统问卷的数据编码过程。这时需要设置一些条件对数据进行筛选操作，比如剔除空白和无效问卷，另外还应该根据具体使用的统计分析方法来分类和筛选数据。

2）分析数据。分析数据除了利用网站所提供的一些基本工具之外，还可以利用常用统计软件，如 Excel、SPSS 等进行深层次的统计分析。为了更好地进行分析，需要了解基本的统计知识和常用统计软件的使用方法。

3）撰写报告。当数据分析完毕后，最好形成一份数据分析报告，这样可以作为调查报告的一部分，也是最核心的一部分。报告需要图文结合，既要有图表，又要有详细的文字分析。要使用通俗易懂的语言或图表进行描述，繁琐高深的公式和过程不应该经常成为最终研究报告的一部分，因为这些复杂的公式对于大多数报告阅读者而言没有任何意义。

（3）文献调查报告处理

1）谋篇布局"搭架子"。在动笔撰写调研报告前，要提炼主题、安排材料、确定先写什么、后写什么，搭好"架子"，才可能在写作时运筹帷幄、有条不紊。一是选好题，即选择好调研报告的主题，宜从大处着眼、小处着手，选择迫切需要解决的社会热点问题，从自身擅长的领域着手，选准切口。二是定好位，确定调研报告的目标，即明确调研报告要解决什么问题，这样才能有的放矢。三是立好项，就是围绕确定的主题来谋划或构架整篇调研报告，整体分几部分，每部分又有几个层面，样样做到心中有数。

2）去粗取精"定料子"。调研得来的材料是未经整理的，就像一盘"粗沙"，有些材料并非报告所需，因此就要有"沙里淘金"的"定料"功夫，去粗取精、去伪存真。一是"精"，要精当，做到重点突出、详略得当，把笔墨重施在与主题关系密切的内容上，删去可有可无的字、句、段，使整个材料层次分明、简明扼要。二是"准"，要围绕主题选准材料，注意抓住那些"一碰就响"的情况、"一针见血"的问题和"一目了然"的典型来展开，使文章的论证直击要害、准确有力。三是"新"，要新颖，有独创性，不人云亦云。要对现有的素材反复筛选、综合提炼，选择新的角度，挖掘新的主题，做到"人无我有，人有我优"，使调研报告独树一帜。

3）精雕细琢"盖房子"。框架搭好了，材料选齐了，就差写作成文了。撰写过程中，有三点值得注意：一是问题分析必须"透"。必须透过现象看到本质，找准简单表象背后所蕴含的复杂内容。比如，对调研对象所发的"牢骚"等，就要进行分析和思考，找寻他们想要传达的真实意图。二是语言表达力求"简"。撰写调研报告，语言表达要简洁、明快，有一说一，不说"多余话""题外话"和"重复话"。可以结合实际选择一些生动而又意蕴深厚的民间俗语、业务术语、部门行话以及相关的比喻和例子等，增强报告的生动性和吸引力。三是报告内容务必"实"。虚假的报告内容是没有任何实用价值的，报告中所体现的情况、采用的数据必须真实准确，提出的观点、展开的论述必须符合事实，提出的对策必须符合逻辑、切实可行，这样的报告才算是成功的。

（4）调查报告的写作要求

1）尊重海绵城市建设实效，切忌先入为主。

2）要抓住本质，不能面面俱到。

3）要点面结合，以点带面。

4）表达方式灵活多样。

　　(5) 海绵城市社会实践相关选题总结

　　1) 海绵城市的建设策略

　　沣西新城的海绵城市建设通过绿色生态本底——生态海绵保育，河湖水系本底——湿地海绵修复，构建都市绿网——城市海绵建设三个方面进行高点定位，以水定城，构建生态城市框架。以城市雨水系统为核心，完善海绵城市规划体系，海绵城市、防洪、内涝、排水等各类规划，形成了一套涵养城市片区到流域的海绵城市规划编制体系。

　　通过五大核心策略推动全地域海绵城市建设。策略一，对源头管控，出流管制，分散净化消纳雨水。海绵城市的目标是对径流总量、峰值、水质管控。按照海绵城市目标，以城市为对象形成核心策略，结合地块的空间条件将指标分解至建筑地块、市政道路、绿地等不同用地类型。同时考虑不同之间、源头与末端之间的指标联动与分担，从源头分散滞蓄、净化及消纳雨水。策略二，"灰绿交融，分级调蓄，蓄排结合防治内涝"，在空间上，优化绿地布局，从小区绿地、道路林带、街旁绿地、城市公园构建多级的生态滞留空间。在竖向上，顺应自然地形，根据"源头地块→管网或生态排水沟渠→生态滞蓄空间→城内水系或调蓄枢纽→城外水系"的顺序排放雨水。构建四级体系的全域海绵城市框架，第一级建筑与小区，源头消纳，控制面源污染，雨水资源适度回用；第二级，市政道路与广场，最大限度控制路面雨水及削减面源污染；第三级，街头绿地与城市公园，协助净化周边地块雨水；第四级，中央绿廊雨洪调蓄枢纽，提升城市综合防灾自净能力。策略三，"流域协同，近远兼治，系统治理水体污染"，从流域治理的角度，治理水体污染、跨区域联动、封堵排污口、污水厂提标改造、清淤、生态修复人工湿地等方式，水岸共治。策略四，"蓝绿交融，水岸相融，防洪生态双重保障"，对河流水系、滩面进行生态修复，提升防洪标准，基于"防洪与防涝"考虑，在城市绿地与城市内河，外围滩面与城市外河进行双重保障。策略五，"活水开源，三水融合，破解北方缺水困局"，利用雨水、再生水回补地表水、涵养地下水，同时利用地表水对景观水体、内部水系进行合理补充，实现城市水资源空间分布均衡与循环更新，解决缺水问题。

　　2) 海绵城市的建设成效

　　海绵城市的源头建设采用低影响开发雨水系统，利用各种屋面、路面、地面、绿地，从源头收集雨水，让雨水渗入地下，如将传统屋顶、传统硬质铺装、传统小区绿地改为绿色屋顶、透水铺装、雨水花园；在中途建设采用雨水管渠系统，通过微地形调节，如做一些凹地，来减缓雨水汇集速度，降低灾害风险，如对传统排水、传统泵站排水改为雨水管渠、植草沟、调节池进行雨水收集，最后中央雨洪调蓄；对于超标雨水，在末端建设超标雨水排放系统，储蓄降雨，降低峰值流量，调节时空分布，为雨水利用创造条件，如塑料模块蓄水、地下蓄水池。通过调蓄池进入深层隧道、行泄通道（内河、沟渠、道路等）、多功能调蓄水体（湿塘、雨水湿地等），最后进入自然水体，河道湖泊等。经过三大途径实现城市良性水文循环，对水生态、水环境、水资源、水安全效益逐步彰显。水安全保障明显提升，2~3 年一遇降雨，区域 10 处历史积涝点全部消除。水环境质量持续改善，渭河、沣河等地表水水质稳定（Ⅳ类），逐年向好，地下水水质"稳中有升"。水生态效应日益凸显，渭河、沣河滩面生态治理，打造新渭沙、泾河湾、太平湖、斗门等湿地，有效改善水系环境面貌。非传统水资源高效利用，渭河、沣河污水处理厂再生水供应规模达 2.5 万 m^3/d，改善用水"供需"格局。城市绿色产业不断催生，环保新技术、新材料企业入驻，生态效益突出的亲水项目得到实施，带动城市文旅产业发展与地块升值。群众"金口碑"不断提升，精品民生工程的落地，雨洪枢纽重点项目的实施，显著改善了人居环境，让百姓切身感受到海绵效益。最终，使得海绵城市以自然之道，还自然之身，海绵城市让我们与自然更亲近，城市和自然，灰色和绿色和谐共存。

（6）社会实践开展收获和体会

1）水污染治理的重要性：包括全球水资源短缺，对水污染进行治理，改善水体生物的生存环境，保护水中生物，保护生态平衡，有利于人类长远的发展等方面。

2）资源节约、循环利用：资源的综合利用是解决资源短缺、缓解资源紧张的重要手段，节约资源、"废物"再资源化，可提高经济效益、实现资源优化配置和可持续发展。

3）推进海绵城市发展进程：缓解城市内涝，在城市内部形成良性水循环，保持城市水土，海绵城市建设是实现城市化和自然生态系统协调发展的有效途径。

4）团队合作精神得到强化：认识到团队合作的重要性、在完成一个项目或任务时需要分工明确、相互协作，明确每个人的任务、责任。意识到每个成员间互补互助、协同合作的必要性，充分调动团队的积极性。

海绵城市社会实践调查问卷样表

调查问卷

尊敬的受访者：

您好！非常荣幸邀请您参与到我们的研究工作中，希望您合作填写一份关于"洪涝灾害"调查问卷。感谢您花费宝贵时间填写这份问卷，谢谢您给予的支持！

（备注：本问卷均为单选题）

1. 您的年龄？

  A. 18～35 岁　　　B. 36～45 岁　　　C. 46～60 岁　　　D. 60 岁以上

2. 您的文化程度？

  A. 本科　　　B. 研究生　　　C. 其他

3. 您是：

  A. 在校学生　　　B. 已工作

4. 您的家乡是否发生过洪涝灾害？

  A. 有　　　B. 没有

5. 您认为城市洪涝灾害形成的最主要原因？

  A. 气候变化　　　　　　　　　　B. 人口增长

  C. 　排水系统设计标准偏低　　　　D. 城市开发不合理

6. 您是否了解洪涝的等级划分？

  A. 非常清楚　　　　　　　　　　B. 比较清楚

  C. 一般清楚　　　　　　　　　　D. 不清楚

7. 您所在的小区主要存在的排水问题？

  A. 屋顶漏水问题　　　　　　　　B. 内涝积水问题

  C. 降雨期间污水管道外溢问题　　D. 没问题

8. 社区内雨水资源化利用主要在何处？

    A. 厕所冲洗   B. 喷洒路面、景观绿化

    C. 洗车   D. 没有利用

9. 您认为预防洪涝灾害最应加强哪个方面？

    A. 增强预测预报能力，完善应急预案方案

    B. 加强抢险队伍建设及防汛物资保障

    C. 加快基础设施建设，提高城市抵御极端天气的防灾抗灾能力

    D. 加大培训宣传教育力度

10. 出现暴雨天气，您最希望第一时间获得哪类信息？

    A. 暴雨预警信息   B. 降水实况信息

    C. 内涝积水位置   D. 暴雨科普信息

11. 您了解什么是"海绵城市"吗？

    A. 非常了解   B. 比较了解

    C. 一般了解   D. 不了解

12. 您认为"海绵化"改造在中、小雨时是否解决了城市洪涝问题？

    A. 完全解决   B. 基本解决

    C. 未解决   D. 不了解

13. 您认为哪类措施可以经济而有效地缓解、减轻城市内涝？

    A. 提高排水管道数量和管径

    B. 修建大量雨水调蓄池

    C. 建设雨水花园等生态设施

    D. 因地制宜，综合考虑生态措施、排水管网、湖库调蓄建设

14. 所在地区或了解的相关地区，您对历次洪涝灾害发生前的预警预防措施、发生时的应急救援措施、发生后的恢复重建措施，是否满意？

    A. 非常满意   B. 比较满意

    C. 不满意   D. 不了解

15. 您对社区经海绵城市改造后的景观效果是否满意？

    A. 不满意   B. 无所谓   C. 满意   D. 非常满意

本章参考文献

[1] Zhang，N. and Y. Chen. A Case Study of the Upwind Urbanization Influence on the Urban Heat Island Effects along the Suzhou-Wuxi Corrido[J]. Journal of Applied Meteorology and Climatology，2014，53(2)：333-345.

[2] 马新野. 不同气候带城市化效应的差异和城市扩展对区域气候的影响[D]. 南京：南京大学，2014.

[3] 王文亮. 基于多目标的城市雨水系统构建技术与策略研究[D]. 北京：中国地质大学(北京)，2015.

[4] 中华人民共和国住房和城乡建设部　组织编制. 海绵城市建设技术指南——低影响开发雨水系统构建(试行)[Z]. 2015.

［5］ 车伍，杨正，赵杨，等. 中国城市内涝防治与大小排水系统分析［J］. 中国给水排水，2013，29(16)：13-19.

［6］ 赵杨，车伍，杨正. 中国城市合流制及相关排水系统的主要特征分析［J］. 中国给水排水，2020，36(14)：18-28.

［7］ 中华人民共和国住房和城乡建设部. 海绵城市建设评价标准：GB/T 55345—2018［S］. 北京：中国建筑工业出版社，2018.

第12章 如何选题和开展调研
——河流健康社会实践

随着我国经济发展和人口增加，水资源供需矛盾日益突出，生产部门用水严重挤占河道生态基流量，致使河流的生态环境持续恶化主要解决上述问题，需要深入学习和研究旱区河流生态基流的基础理论及其保障。本章主要内容包括河流生态系统存在的问题、河道生态基流的计算方法、价值和保障措施等。

本章首先介绍了旱区河流生态系统存在的问题和河道生态基流定义和内涵，为后续河道生态基流及其价值的计算方法提供理论基础。其次，阐述了水文学、水力学、栖息地法和整体法等河道生态基流的计算方法及其适用范围、应用条件等。再次，结合现有研究详细阐述了几种目前较为实用的河道生态基流保障措施。最后，描述了河流生态健康评估的社会实践过程，并以渭河干流宝鸡段为例说明。

12.1 河道生态基流的理论与计算方法

12.1.1 旱区河流生态系统存在的问题

旱区的河湖水资源最大的特点是水资源总量有限、季节性变化较大等，如农业、工业等生产部门需水量较大，且引水系统效率不高和生产用水部门经济结构或农业种植结构不合理，水资源利用效率偏低，使得旱区河湖水系水资源供需矛盾异常突出。由于我国前期大力发展经济和人口数量的剧烈增加，严重挤占了河流生态用水，使得河流生态环境遭到破坏，甚至出现萎缩、断流、消失等不可逆转的严重情况。

12.1.1.1 河湖水系生态系统结构完整性遭到破坏

河湖水系生态结构完整性是指其生态要素的完整性，各生态要素交互作用，形成了完整的结构和功能，生态要素主要包括5项，即水文情势时空变异性、河湖地貌形态空间异质性、河湖水系三维连通性、适宜生物生存的水体物理化学特性及生物多样性。

由于旱区水资源的过度开发利用，河流水文、水力学和河道地貌特征发生改变，水坝造成了河流纵向的非连续化，不仅对鱼类的洄游形成障碍，更重要的是改变了营养物质的输移条件，鱼类多样性大幅下降，如渭河流域，目前与20世纪80年代的调查相比，鱼类种类减少了71.6%。水库形成后，使得径流过程发生了变化，动水生境变成了静水生境，泥沙在库区淤积，清水下泄引起下游河道冲刷等，如渭河流域的下游河段，淤泥严重淤积，使得部分河段成为悬河，给周边居民人身安全和财产造成了不可估量的损失。防洪堤防阻碍了汛期主流的侧向漫溢，使主流与河漫滩、湿地、静水区和河汊无法沟通，阻碍了物种流、物质流、能量流和信息流在侧向的连续流动，出现一种侧向的河流非连续性特征。不透水的防护结构也阻隔了地表水与地下水的交换通道。

综上所述，由于生产用水严重挤占河湖来水，河湖水系的预留水量大幅度减少，加上其他因素，如不透水设施的增加，使得旱区河湖水系生态系统结构的 5 项生态要素发生了不可逆转的变化，河湖水系的生态系统结构完整性遭到破坏。

12.1.1.2　河湖水系生态系统服务功能难以发挥甚至丧失

径流变化可为水陆生物提供生命信号、生物栖息地、物质流、能量流、适宜的水力条件等，并借助其连通性与河岸带、地下及河流下游进行物质、能量、信息、物种等交流，帮助河流水陆生物完成生活史的各个阶段（如产卵、孵卵、生长等不同生活史阶段），以此形成了完整的生物链。这个生物链对于河流水质自净、提供原材料、美化环境等提供重要的基础作用。但由于人口数量增加和经济发展使得生产用水量较大，河道剩余水量严重不足，致使水沙平衡、自净能力等生态系统服务功能大幅下降，甚至是出现生态服务功能丧失，如黄河流域在 1972—1996 年间，有 19 年出现断流，平均 4 年 3 次断流，这样河流生态功能完全丧失，造成巨大损失。

针对上述旱区河湖水系生态系统存在的主要生态问题，一些学者提出应预留更多可以改善河湖水系基础生态环境的水量—河流生态基流保障。下文主要讲述河流生态基流的定义和内涵、计算方法及其保障措施等。

12.1.2　河道生态基流的内涵及其定义

12.1.2.1　河道生态基流的内涵

对于一条常年性河流，具有足够的流动水量是维持河流生态环境功能的最基本条件，如果发生河道断流，原有的水生环境遭受严重的破坏，即使再次复水，河流系统也很难恢复到原来的水生生态系统，甚至一些本地物种将从此灭绝。河流断流还将引起周边生态系统的恶化。因此，为了防止河道萎缩或断流，维持河流、湖泊基本的生态环境功能，河道中常年都应保持一定比例的基本流量。

12.1.2.2　河道生态基流的定义

不同学者对河道生态基流作了定义，但是目前为止无统一且被大家认可的河道生态基流定义。结合河道生态基流内涵以及一些学者对河道生态基流的定义，本章也给出了一个河道生态基流的定义，即河道生态基流是为了维持河流最基本的生态环境功能，在一定时间尺度内，河道内持续流动的最小水量（维持河流生态系统运转的基础流量）。

12.1.3　河道生态基流的计算方法

目前为止，河道生态基流的计算方法相对较多，多达 207 种，可以分为 4 大类：水文学法、水力学法、栖息地法和整体法。但不同方法评价方式、所需要的数据类型、适用条件以及优缺点存在差异，因此，使用不同类型方法需考虑计算方法的需求数据类型等。为了能够更好地应用这些方法分析计算河道生态基流，本章对这些方法的使用条件和优缺点作了简单的归纳，如表 12-1 所示。

求解河流生态基流的四类方法分别有各自的代表性方法。其中，水文学法较为常用方法是 Tennant 法和 7Q10 法；常用水力学法的是湿周法和 R2CROSS 法；流速法为栖息地的代表性方法；BBM 法为整体法的代表方法。下文主要介绍这些方法。

12.1.3.1　Tennant 法

Tennant 法也叫 Montana 法，是非现场测定类型的标准设定法。在 1964—1974 年间，Tennant 对美国 3 个州的 11 条河流进行了详尽的野外调查研究。在总共 196 英里长的 58 个横断面上，分析了 38 个不同流量下物理的、化学的和生物的信息对冷水和暖水渔业的影响。实验表明，平均流量的 10%、30%、60% 对评价生物适宜性具有显著的代表性。于是，1976 年 Tennant 便提出了 Montana 法，河流流量推荐值以预先确定的年平均流量的百分数为基础，或者以日平均流量（ADF）的固定比例来表示。由于渭河是属于有水文站点的季节性变化的河流，因而是可以应用该方法进行计算的。方法设有 8 个等级，推荐的基流分为汛期和非汛期，推荐值以占径流量的百分比作为标准。10% 是河道流量的最低下限，如果河道流量低于 10%，则河流生态系统健康得不到保障，生境将严重恶化，河流生态环境功能将遭到破坏。

河道生态基流量研究方法对比

表 12-1

研究方法	评价方式	数据类型	方法描述	适用条件	优缺点
水文学法	水文指标	水文	根据水文指标对河流流量进行设定的一种方法	任何河道	属宏观计算法快速、数据容易满足，不需要现场测量，但标准需要验证，未能考虑高流量以及水质等因素
水力学法	河流水力参数	水力	根据河道水力参数确定河流所需流量	稳定性河道	只需简单现场测量，但体现不出季节性，忽视了水流流速变化，未能考虑河流中具体的物种或生命阶段的需求
栖息地法	流量与生物种群关系	水力、生物	根据河道内指示物种所需的水力条件确定河流流量	河道内生物种群尺度研究	特别适合于"比较权衡"，可将栖息地变化与资源的社会经济效益相比较，但需大量人力物力、操作复杂，不适用于生物数据缺乏会影响结果
整体法	河流生态系统整体性要求	水文、生物	强调河流是一个综合生态系统，从生态系统整体出发，根据专家意见综合确定河道流量	流域尺度研究	生态整体性与流域管理规划相结合；缺点是时间长、资源消耗大，需要跨学科专家组、现场调查、公众参与等

Tennant 法是依据观测资料而建立起来的流量和栖息地质量之间的经验方法。只需要历史流量资料，使用简单、方便，容易将计算结果和水资源规划相结合，具有宏观的指导意义，可以在生态资料缺乏的地区使用。该法通常在研究优先度不高的河段中作为河流流量的推荐值时使用，或作为其他方法的一种检验。由于该法简单易行，便于操作，不需要现场测量，适应任何季节性变化的河流，这种方法不仅适应有水文站点的河流（可通过水文监测资料获得年平均流量，并通过水文、气象资料了解汛期和非汛期的月份），而且还适应没有水文站点的河流（可通过水文计算来获得）。

12.1.3.2　7Q10 法

这种方法在美国采用 90% 保证率下最枯连续 7 天的平均流量作为河流最小流量设计值。该法在 20 世纪 70 年代传入我国，主要用于计算污染物允许排放量，在许多大型水利工程建设的环境影响评价中得到广泛应用。由于该标准要求比较高，鉴于我国的经济发展水平比较落后，南北方水资源情况差别较大，我国在《制订地方水污染物排放标准的技术原则和方法》GB 3839—83 中规定：一般河流采用近 10 年最枯月平均流量或 90％保证率最枯月平均流量作为河流的生态用水。

最小月平均流量法：参照 7Q10 法，以河流最小月平均实测径流量的多年平均值作为河流的基本生态环境需水量。其计算公式为：

$$W_b = \frac{T}{n} \sum_{i}^{n} \min(Q_{ij}) \times 10^{-8} \tag{12-1}$$

式中　W_b——河流基本生态需水量，m^3；

　　　Q_{ij}——第 i 年第 j 个月的月均流量，m^3/s；

　　　T——换算系数，其值为 $31.536 \times 10^6 s$；

　　　n——统计年数，a。

7Q10 法的优点是比较简单，容易操作，劳动强度和工作量小，在我国许多大型水利工程建设的环境影响评价中得到应用。

必须注意的是，虽然这个较低流量值约等于 10 年一遇的枯水年流量值，可近似用于限制污染物排放，但由于简化了河流的实际情况，没有直接考虑生物的需求和生物间的相互作用，某些情况下 7Q10 流量统计值并不符合河流水生生态系统正常运作的需水量。7Q10 法主要针对以排污功能为主体目标的河流，如果用于一般没有排污目标的河流，计算值往往大于一般河流系统实际的生态环境需水量，不符合水能资源最优化利用原则。

最小月平均流量法适合于对河流进行最初目标管理，作为战略性管理方法而使用，或者在争议比较小、优先度不高的地区使用。其最大优点是不需要进行现场测量，在有水文资料和无水文资料的河流都可以应用。但一般用于设定河流低流量，没有考虑到对高流量的要求。将水文学方法应用到某个地区时，需要分析其流量标准是否符合当地河流情况，并结合当地河流管理目标，对流量标准进行调整。

12.1.3.3 湿周法

湿周法利用湿周作为衡量栖息地指标的质量来估算河道内流量的最小值。该法基于这样的假设，即湿周和水生生物栖息地的有效性有直接的联系，保证好一定水生生物栖息地的湿周，也就满足了水生生物正常生存的要求。通过建立河道断面湿周和流量的关系曲线，根据该曲线确定变化点的位置，估算最小需水量的推荐值，如图 12-1 所示。湿周—流量关系可从多个河道断面的几何尺寸—流量关系实测数据经验推求，或从单一河道断面的一组几何尺寸—流量数据中计算得出，也可以借助曼宁公式求得。这种方法一般适用于

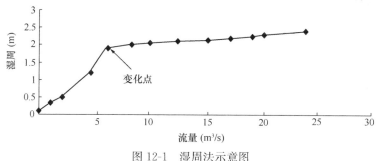

图 12-1　湿周法示意图

宽浅型河道。

通常，湿周随着河流流量的增大而增加，然而，当湿周超过某临界值后，河道流量的迅速增加也只能引起湿周的微小变化。注意到这一河道湿周临界值的特殊意义，只要保护好作为水生物栖息地的临界湿周区域，也就基本上满足非临界区域水生物栖息地保护的最低需求。湿周法要求河床形状稳定，否则没有稳定的湿周—流量关系曲线，也就没有固定的增长变化点。所以湿周法的断面一般选在为单一河道断面的浅滩，因为浅滩是最临界的栖息地，对于流量的变化，这些断面的河宽、水深和流速最敏感。当河流流量较少时，浅滩首先被显露，而且浅滩通常是鱼类和大型无脊椎动物丰富的区域。因此保护好浅滩栖息地也就满足了整条河的要求。

湿周法操作简单，对数据要求不高，需要的费用较低，容易实现。与水文学方法相比，湿周法较多地考虑了生物区栖息地的要求和不同流量下的栖息地状况，而且该法还进行了野外调查，以水力学公式为依据，从而具有一定的理论基础。与栖息地法和综合法相比，湿周法具有快速和使用代价低的优点，而且对数据的时间尺度要求不高，一般短期甚至几天的数据就可以满足其需要。湿周法适用于以食物供应为限制因素的区域，或者当需要一个简单的方法用于最初流域规划标准的建立时。

12.1.3.4　R2CROSS 法

R2CROSS 法是科罗拉多州水资源保护董事会（CWCB）最常采用的一种定量方法，该法以曼宁方程为基础。曼宁公式的表达式：

$$C = \frac{1}{n} R^{\frac{1}{6}} \tag{12-2}$$

式中　C——谢才系数；

　　　n——糙率系数，简称糙率；

　　　R——水力半径。

结合谢才公式（12-3），流量公式（12-4）和湿周公式（12-5），得到基于曼宁公式的流量的计算公式（12-6）。

$$V = C\sqrt{RJ} \tag{12-3}$$

$$Q = Av \tag{12-4}$$

$$R = \frac{A}{X} \tag{12-5}$$

$$Q = A \frac{1}{n} R^{\frac{2}{3}} J^{\frac{1}{2}} = \frac{1}{n} A^{\frac{5}{3}} X^{-\frac{2}{3}} J^{\frac{1}{2}} \tag{12-6}$$

式中　Q——流量；

　　　A——过水断面面积；

　　　X——湿周；

　　　J——水力坡度；

　　　v——水的流速。

R2CROSS 法是基于这样的假设：浅滩是最临界的河流栖息地类型，而保护浅滩栖息地，其他类型的水生栖息地也将得到保护，如水塘和水道也将得到保护。河流水深、流速以及湿周长是反映栖息地质量有关的水流指示因子。R2CROSS 法确定了平均深度、平均流速以及湿周长百分数作为冷水鱼栖息地指数，认为如能在浅滩类栖息地保持这些参数在足够的水平，将足以维护鱼类与水生无脊椎动物在水塘和水道的水生环境。平均水深是过水断面面积与流水面宽度的比值。湿周长是水流与过水断面接触线的长度，满湿周指河流中水位与两岸植被平齐状态下对应的总湿周长，湿周率指湿周长与满湿周的比值。所有河流的平均流速推荐采用英尺/每秒的常数，根据三个水力参数可以推求适宜浅滩式河流栖息地冷水鱼类生存的最小生态流量。起初河流流量推荐值是按年控制的。后来，生物学家又研究根据鱼的生物学需要和河流的季节性变化分季节制订相应的标准。相比历史流量法而言，R2CROSS法不需要历史资料，在没有水文站的河流上同样可以运用，容易获取数据，方法简单，容易掌握和操作。根据研究水域水生生物的水力喜好度（偏爱流速、水深等）确定栖息地生存需求，具有一定的科学性。R2CROSS法综合考虑了水力学、水文学、生物学、地质学方面的知识，是在全世界广为运用的方法之一。R2CROSS法适用于浅滩栖息地类型的河流，其原始的水力参数标准适合高海拔地区的冷水鱼类。但不同生物有不同的流速、水深偏好度，应该根据研究水域的水生生物的特点修正水力参数标准值。

12.1.3.5 流速法

流速法即以流速作为反映生物栖息地的指标，来确定河道内生态需水量。认为满足水生生物适宜的流速要求也就满足了水生生物对栖息地的要求。流速法在一些文献中也称为河道适合生态需水量的估算方法。用流速作为水生生物栖息地指标也是在影响水生生生物的各因子之中的筛选结果。影响水生生物正常生存的几个指标如流速、水深、水温等，流速是一个相当关键的指标。例如江河、湖泊半洄游性的鱼类需要在具有一定流速等生态条件的水域中繁殖。并且河道流速处在水生物适宜的范围时，也能保证水量和水深处于良好的范围。因为：

$$Q = Av \tag{12-7}$$

一般情况下，流速和流量为正相关关系，流量随着流速增大而增大。所以从理论上来讲，适宜的流速就能保证流量处在较好范围。流速和水深的关系不易直接给出，但是，由谢才公式和曼宁公式可得：

$$v = n^{-1} R^{\frac{2}{3}} J^{\frac{1}{2}} \tag{12-8}$$

而当河道为宽浅式河道（水深比河宽小得多）时，式中水力半径 R 可用平均水深代替。一般河道都满足宽浅式河道的要求，所以流速和水深也呈正相关关系。只要选择合适的流速，水深也就能满足水生生物良好生存的需要。在使用流速法测定河道生态基流量时，最重要的是关键物种的选择和适宜流速的确定。关键物种是指一旦灭绝将会引起连锁反应，并导致生物多样性减少和某一生态系统功能的紊乱的物种。受环境因子的影响，鱼类会产生各种变化，以适应环境；同时，作为顶级群落，鱼类对其他类群的存在和丰度有着重要作用。在研究生态需水时，要研究各类生物在生态系统中的不同作用。鱼类作为水生态系统中的顶级群落，鱼类种群的稳定是水生态系统稳定的标志。因此，鱼类可作为河道生态系统稳定的指示物。

选取了河道水生生态系统的关键物种，以及能反映关键物种生态需水的重要指标，就具备了流速法应用的基本前提。流速法以流速作为反映指示物种—鱼类栖息地的指标，来确定河道内生态环境需水量。首先进行鱼类生活习性的调查，确定各种鱼类的喜欢流速范围。因为产卵是鱼类繁殖的关键，所以要结合鱼类产卵对流速的要求，确定一个适宜流速。然后根据水文站实测流量资料，建立各站平均流速和流量关系曲线。最后按照建立的流速和流量关系曲线查取适宜流速对应的流量，该流量即为河道内生态基流量。

12.1.3.6　BBM（Building Block Methodology）法

该法来源于南非，它首先考察河流系统整体生态环境对水量和水质的要求，然后预先设定一个可满足需水要求的状态，以预定状态为目标，综合考虑砌块确定原则和专家小组意见，将流量组成人为地分成 4 个砌块（枯水年基流量、平水年基流量、枯水年高流量和平水年高流量等），即河流基本特性由这 4 个砌块决定，最后通过综合分析确定满足需水要求的河道流量。

BBM 法中的河流流量的组成成分是根据以下原则建立：（1）人工影响的河流应该尽量模拟其原始状态；（2）保留河流的季节性或非季节性状态；（3）更多地利用湿润季节河水，尽量少用干旱季节水量；（4）保留干旱和湿润年的基流季节模式；（5）保留一定的天然湿润季节的洪水；（6）缩短洪水持续时间，但要保证洪水的生态环境功能，例如保证鱼类在洪泛区产卵和返回河道；（7）可以整个消除某些次洪水，但需要完全保留其他洪水量。

这种方法的最大优点是能够与流域管理规划较好地结合；缺点是资源消耗大，时间长，一般至少需要 2a 时间。为此，提出了一个较为快速的方法，即专家小组法，具体过程是组织多学科专家对不同流量状况下的河流进行现场调查，根据专家经验很快确定流量要求。

12.2　考虑经济指标的河道生态基流合理保障水平

对于旱区，通常不仅需要以保护河流生态为目标，而且需要发展经济，那么需要结合经济发展指标对上述以生态保护目标为基础的生态基流计算结果进行修正，确定一个最佳的生态基流保障水平，并将其作为保障目标。本节主要在介绍生态基流的价值和保障损失的基础上，构建了三种河流生态基流合理保障水平概念模型。

12.2.1　河道生态基流价值的计算方法

河道生态基流价值的计算方法主要包括分项加和法、模糊数学法、能值分析法以及当量因子法等；河道生态基流保障的农业损失计算方法主要借助水分生产函数法、作物需水系数法、分摊系数法等构建。

12.2.1.1　分项加和法

分项加和法的主要思路是：首先，结合河道生态基流的概念、定义和内涵以及研究区域的实际情况，辨识河道生态基流功能，并分析各功能之间的关系即河道生态基流价值构成；其次，在已清晰生态基流功能及其价值功能基础上，为各功能选择合适的计算方法，如 C−D 函数法、机会成本法、成本替代法、当量因子法、成果参照法以及其他的计算方法；最后，结合生态基流功能之间的关系，确定研究区域的河道生态基流价值。

（1）河道生态基流功能

水是生态环境系统中最重要、最活跃的因子，是生命的载体，也是物质循环和能量流动的介质。河道生态基流使河道中常年有水，是支持河流生态系统的重要因素，对维持生态系统健康发展起着至关重要的作用。因此，河道生态基流的首要功能是维持河流的基本生态环境功能，包括：①最重要的功能是避免河道断流，保障河流中鱼类、水生植物、微生物和无脊椎动物等物种正常发育和栖息繁殖所需的水量，防止稀有物种消亡。②维持与河道连通的湿地生态系统的正常运转，保障其丰富的水生和陆生动植物资源以及独特的气候环境，如增加局地湿度、空气净化等。③河道生态基流使河流能容纳一定量的污染物，维持水体自净能力，改善河流水质。④河流是流域生态系统中营养物质输移、扩散的主通道，河道生态基流可维持河流的连续性，促进河流中营养物质的流通和循环，而且当河道生态基流流量较大时，还可滋养洪泛区土壤，提高土壤肥力。

河道生态基流还具备自然功能，包括：①河道内保持一定量的生态基流可满足蒸发渗漏需水，维持地表水与地下水之间的流量转换，对于一些已形成地下水开采漏斗的地区，河道生态基流还承担着常年补给地下水的作用，这是河道生态基流的水文循环功能。②河道生态基流冲刷河床，挟带泥沙，保持天然河道结构的完整性，维持河床形态，这是河道生态基流的地质功能，如表12-2所示。

河道生态基流还兼具部分社会功能，包括：①河道生态基流的存在有助于鱼类及其他水生动植物在河流内生长，为人类提供水产品；②河道生态基流可提升流域景观的娱乐性和观赏性；③人类择水而居，城市依河而建，河道生态基流使污染干涸的河流恢复生命力，为河流周边地区注入活力，提高人类生活品质和城市的形象。

河道生态基流功能识别　　　　表12-2

类别	生态基流功能	非枯水期		枯水期	
		是否具备	原因	是否具备	原因
生态环境功能	避免河道断流	○	河流水量丰沛，基本可同时满足河道外的生产生活用水以及河道内的生态基流要求	√	避免河流在枯水期断流，保障河流中水生等物种栖息繁殖所需的水量
	维持湿地生态系统	√	河道生态基流滋养两岸植被，给湿地生物提供赖以生存、繁衍的空间	√	有效缓解河漫滩湿地缺水的情况，维持动植物的正常生长发育
	水质净化	√	河道生态基流对污染物有稀释、扩散、迁移的作用，增加水体自净能力	√	增强水体对污染物的稀释、扩散、迁移和净化能力，改善水体自净功能
	营养物质输移	√	维持河流生态系统中营养物质循环，为水生生物提供生长所需的营养	√	保证河流的连通性，维持河流生态系统中营养物质的循环
	保持土壤肥力	√	河道生态基流在洪水期可使洪泛区土壤保持湿润，变得肥沃	○	枯水期生态基流量小，几乎全在河道内，对周边土壤的润湿作用可忽略
自然功能	水文循环	√	补给地下水，满足蒸发渗漏的需水量，有效促进区域水文良性循环	√	满足蒸发渗漏的需水量，有效促进区域水文良性循环
	地质	√	河道生态基流量较大时，对河流两岸有冲刷和侵蚀作用	○	枯水期水量小，冲击、侵蚀、搬运作用小，可忽略
	输沙	√	河道生态基流可增加河流的输沙能力，减少河道中的泥沙淤积	○	枯水期河流中含沙量小，可忽略

221

类别	生态基流功能	非枯水期		枯水期	
		是否具备	原因	是否具备	原因
社会功能	水产品生产	√	河道生态基流有助于鱼类等水生动植物的生长，为人类提供水产品	√	枯水期生态基流维持河道中生物的繁衍与生存，有利于丰水期生物的快速繁殖和生长
	休闲娱乐景观	√	河道生态基流可维持河道水位和径流量，满足流域景观和娱乐用水	√	可有效增加河道水位和径流量，提升流域景观的娱乐性和观赏性
	提高生活品质	√	河道生态基流使河流恢复生命力，提高人类生活品质	√	枯水期河道生态基流可缓解河流污染干涸的情况，提高人类生活品质

注：√表示具备该功能，○表示不具备该功能。

(2) 河道生态基流价值

由表 12-2 可知，各功能在非汛期和汛期的差异较大，有些功能甚至在非汛期难以发挥。结合生态基流定义、内涵等对其产生功能的原因进行了详细描述。从表 12-2 可以看出，水资源短缺地区各生态基流服务功能发挥着不同的作用，因此，表 12-2 中的河道生态基流功能产生的作用相互独立，彼此之间相互影响程度较小。因此，研究河流的河道生态基流价值通过上述服务功能价值加和便可得到。

12.2.1.2　模糊数学法

河道生态基流不仅与河流生态系统的功能有关，还与流域的其他因素，如土壤、气候、地质等，以及河流水文的动态特征密切相关。由河道生态基流的功能及价值构成分析可知，河道生态基流的主要作用是维持河道内外生态环境需水满足人类对水资源的长久需求。因此，在选择河道生态基流价值的评价参数时，遵循全面性、代表性、独立性、简约性以及可操作性等原则，参考影响水资源价值评价的因素，选取"水量""水质"以及"生态系统服务功能"作为生态基流价值的评价要素，各要素包含的评价因子如表 12-3所示。

生态基流价值的评价指标体系　　　　　　　　　　　　表 12-3

评价要素	评价因子
水量	生态基流量、干旱指数
水质	COD、TN、NH_3-N、TP
生态系统服务功能	生物多样性保护、植被覆盖率、气候调节、稀释净化

(1) 河道生态基流价值评价模型

设河道生态基流价值的评价要素集为 U，且 $U = \{X_1, X_2, X_3, \cdots, X_m\}$；设域 V 为河道生态基流价值的评价等级，且 $V = \{$高，偏高，一般，偏低，低$\}$。河道生态基流价值可以根据以下模型来进行综合评价：

$$B = \omega \circ R \qquad\qquad (12\text{-}9)$$

式中　B——河道生态基流价值综合评价结果；

$\boldsymbol{\omega}$——单要素权重分配矩阵；

R——单要素评价矩阵组成的综合评价矩阵，即 $\boldsymbol{R}=\begin{bmatrix}R_1R_2R_3\cdots R_m\end{bmatrix}^T$；

$\circ$——模糊矩阵的复合运算符号，一般取算子"$\wedge$"或"$\vee$"。

1）单要素评价矩阵

单要素评价矩阵 $\boldsymbol{R}$ 的计算方法为：

$$R = \omega \times \boldsymbol{\mu} \tag{12-10}$$

式中 ω——单要素中各评价因子的权重，无量纲；

$\boldsymbol{\mu}$——各评价因子的隶属度矩阵，通过各自的隶属度函数确定，无量纲。

2）权重分配矩阵

在河道生态基流价值综合评价中，权重反映各单要素对综合评价结果的贡献；在单要素评价中，权重反映的是不同评价因子的影响。权重集的建立有多种方法，通常使用专家咨询法或层次分析法。

（2）河道生态基流价值计算模型

引进合适的价值向量实现河道生态基流价值的货币化，其"标量值"由相应的隶属度"向量结果"求得，因此河道生态基流价值计算模型为：

$$W = B \times S \tag{12-11}$$

式中 W——河道生态基流价值，亿元；

S——河道生态基流价值向量，无量纲。

一般来说，价值的货币表现形式是价格，价值低的资源或商品，其市场价格亦低；反之，其价格亦高。因此，河道生态基流价值综合评价的"向量结果"的确定必须与价格相协调，确定价值向量按以下方法。

1）河道生态基流价值上限

由于目前尚没有关于河道生态基流价值上限的直接计算方法，所以拟先计算水资源价格上限，再根据水资源价值和河道生态基流价值之间的关系对结果进行调整，得到河道生态基流价值上限。

① 水费承受指数

水费承受指数是反映用水户为了获得水商品以及接受水服务所支付费用（水费）的承受能力的一个指标，可按式（12-12）计算。

$$WCI = CW/AI \tag{12-12}$$

式中 WCI——水费承受指数，无量纲；

CW——水费支出，元/m³；

AI——实际收入，元/m³。

② 水资源价格上限

用式（12-13）计算达到最大水费承受指数时的水资源价格，即水资源价格上限：

$$PU = MWCI \times AI/QW - CP \tag{12-13}$$

式中 PU——水资源价格上限，元/m³；

$MWCI$——最大水费承受指数，无量纲；

QW——用水量，亿 m³；

CP——单位供水成本及正常利润，元/m³ 或亿元。

③ 河道生态基流价值上限。

根据水资源价值和河道生态基流价值之间的关系，以及水资源价格上限 PU，计算河道生态基流价值上限 PU^*。

2）确定价值向量

既然河道生态基流价值上限为 PU^*，则实际河道生态基流价值应在（PU^*，0）之间。河道生态基流会产生不尽相同的区位价格，其原因是河道生态基流所处的具体地理位置不同，使其具有区域性特征。可以根据实际情况，如采用线性关系或非线性关系，按一定的间隔关系将河道生态基流价值区间进行划分，得到价值向量。本书采用的是等差间隔，与之相应的河道生态基流价值向量应为：

$$S = (PU^*, P_1, P_2, P_3, 0)^\top \tag{12-14}$$

式中，$P_1 = 3PU^*/4$，$P_2 = PU^*/2$，$P_3 = PU^*/4$

12.2.1.3　能值分析法

结合河道生态基流价值的内涵和构成，针对能值分析法的计算模式重新划分了功能构成，两者之间的差异较小，主要是生态服务功能称谓上的变动。在水资源生态经济系统能值网络、水体能值转换率和水资源对社会经济贡献率的研究成果基础上，依据生态经济学能值价值理论，分别给出水资源经济、社会、生态环境价值的能值计算方法，用水资源的生态经济价值近似估算河道生态基流的价值。

（1）经济价值的能值

水资源经济价值的能值计算分为工业、农业生产系统水资源价值两大部分。在工业、农业生产系统中，水作为一种生产要素参与贡献到工业、农业经济活动中，可通过水资源工业、农业生产贡献率乘以工业、农业生产系统产出能值计算其相应水资源经济价值，计算方法：① 分析工业、农业生产系统内外主要能量流、物质流、货币流及水资源与工业、农业生产的关系，根据能量流、物质流和货币流的原始资料数据核算工业、农业生产系统主要投入、产出物质、能量的能值，构建工业、农业生产系统能值分析表；② 根据工业、农业生产系统能值计算结果，计算工业、农业生产过程的水资源贡献率和能值价值，具体计算过程见表 12-4。

工业、农业生产系统水资源贡献率和能值价值计算　　　　　表 12-4

编号	项目	单位	含义	计算
A	取用水量	m³	工业、农业取用水量	
B	取用水能值	sej	工业、农业取用水能值	
C	部门总投入能值	sej	工业、农业生产系统生产投入能值	
D	部门总产出能值	sej	工业、农业生产系统生产产出能值	
E	水资源能值贡献率	%	水资源对工业、农业生产的能值贡献率	B/C
F	系统水资源能值价值	sej	水资源对工业、农业生产总能值贡献量	E×D
G	系统水资源货币价值	元	水资源对工业、农业生产总货币贡献量	E/EDR
H	单方水能值价值	sej/m³	工业、农业生产单方水的能值价值	F/A
L	单方水货币价值	元/m³	工业、农业生产单方水的能值价值	G/A

注：EDR 为系统能值/货币比率。

（2）社会价值的能值

水资源社会价值为水资源对维持生命健康和社会精神文明需求的满足程度和效益，包括劳动力恢复价值、休闲娱乐价值和科学研究价值等。

1）劳动力恢复价值

劳动力恢复价值以水资源维持正常劳动力价值的贡献份额计算，将生活用水这一水资源作为一种要素投入产出过程，产出项实质为劳动力恢复，以人均可支配收入代替，通过水资源生活贡献率乘以生活产出能值再乘以恩格尔系数计算水资源的劳动力恢复价值，计算步骤类似工业、农生产系统水资源价值，具体计算过程见表12-5。

水资源生活贡献率和能值价值计算 表 12-5

编号	项目	单位	含义	计算
A	人均生活年投入总能值	sej	生活过程年投入能值	
B	人均可支配收入能值	sej	人均可支配收入相当的能值	
C	人均年用水量	m^3	年人均生活用水量	
D	人均年用水能值	sej	年人均生活用水能值	
E	恩格尔系数	%	食品支出占消费支出比重	
F	水资源能值贡献率	%	水资源对生活的能值贡献率	D/A
G	水资源生活能值价值	sej	水资源对生活的总能值贡献量	B×D×E
H	水资源生活货币价值	元	水资源对生活的总货币贡献量	G/EDR
L	单方水能值价值	sej/m^3	生活单方水的能值价值	G/C
M	单方水货币价值	元/m^3	生活单方水的能值价值	H/C

注：EDR 为系统能值/货币比率。

2）休闲娱乐价值

休闲娱乐主要表现为旅游收入，根据《2000 年入境旅游者抽样调查综合分析报告》中的调查数据分析，旅游资源中自然山水风光占众多旅游资源的比重为 24.6%，又假定自然山水风光旅游中 1/2 吸引力来自水体，则水体旅游收入应占 12.3% 的旅游收入份额。因此休闲娱乐能值价值等于研究区旅游年收入乘以 12.3% 再乘以 EDR。

3）科学研究价值

参照 Meillaud 等学者的方法计算，在中国期刊文献数据库以水为关键词检索研究时段内发表的学术论文，以平均每篇 6 页计，计算每年年平均论文页数，学术论文的能值转换率为 $3.39×10^{15}$ sej/P。计算得到学术论文总能值，可将其作为水体科学研究价值。

（3）生态环境价值的能值

水生态系统的价值体现多种多样，水资源价值的生态环境包括保护生物多样性价值、净化水质价值、气候调节价值以及输送价值等。

1）保护生物多样性价值

根据已有研究可知，平均每个物种的太阳能值为 $1.26×10^{26}$ sej/种，计算区域内水生生物物种总数、生物活动面积占全球面积（地球表面积 $5.21×10^{14}$ m^2）的比例，即可计算得到生物多样性保护价值等于单个物种太阳能值乘以物种总数再乘以比例。

2）净化水质价值

在计算河段上、下游分别选取代表断面，选取最能代表水体功能的污染物指标，假定上游断面水体污染物含量为 A，下游断面水体污染物含量为 B，上下游断面之间无其他污染物排入河道，则上下游水体能值之差即为水体净化污染消耗的能值，可定义为水体净化水质能值价值。

3）气候调节价值

水体气候调节功能主要表现在水体蒸发对大气温度、湿度的影响，由此认定水体蒸发能量即为水体气候调节能量，即可将水体蒸发能值认作气候调节价值。水体蒸发能量等于水体蒸发量乘以蒸发潜热，蒸发潜热与温度有关，水体蒸发能值等于水体蒸发能乘以蒸汽的能值转换率，最终得到气候调节能值价值。

4）水体输送价值

水体输送价值主要表现为河流有输沙功能，河流输沙时，沙子随水体的流动而向下游流动，最终流到大海，河道泥沙的淤积得以避免，洪水发生的频率也得以减少，因此运用机会成本法估算输沙功能价值，就等于河流泥沙的淤积量与河流泥沙每吨的清除成本的乘积，水体输送能值价值等于输沙功能价值再乘以能值/货币比率。

（4）河道生态基流价值

水资源生态经济价值是水资源经济、社会、生态环境三方面价值的统一。因此，汇总经济、社会、生态环境的各分项价值即可得到水资源的生态经济价值，单方水的生态经济价值可通过系统总价值除以总用水量得到，即河道生态基流价值。

12.2.1.4　当量因子法

本研究借助当量因子法构建了河道生态基流的价值，也就是说，采用河流生态基流价值系数与河道生态基流对应的水面面积的乘积，计算方法如下所示：

$$TEV_{\mathrm{E}} = S \times VC = S \times C_{\mathrm{crop}} \times C_{\mathrm{T}} = \frac{1}{7} \times S \times T_{\mathrm{a}} \times T_{\mathrm{b}} \times C_{\mathrm{T}} \qquad (12\text{-}15)$$

式中　TEV_{E}——河道生态基流价值，亿元；

　　　　S——河流生态基流的水面面积，hm^2；

　　　VC——河流生态基流的价值系数，元/hm^2；

　　C_{crop}——农田生态系统服务功能单位面积粮食价格，元/hm^2；

　　　　T_{a}——粮食平均产量，kg/hm^2；

　　　　T_{b}——粮食平均价格，元/kg；

　　　　C_{T}——河流生态基流生态功能当量因子之和。

其中，河道生态基流对应的水面面积计算主要包括：根据河流河道的几何特征，将整个河段划分为 N 个河段（含河流 $N+1$ 断面），收集各子河段 i 的水文和水力资料，对各子河段的河流流量与水面宽度的水力学关系进行拟合，进而根据水面宽和河长确定各子河段的河道生态基流对应的水面面积，并将所有子河段的河道生态基流对应水面面积加和得到整体河道生态基流对应水面面积，计算方法如式（12-16）所示。

$$\begin{aligned}
S &= \sum_i^N S_i = \frac{1}{2} \times \sum_i^N (W_i + W_{i+1}) \times L_i \\
&= \frac{1}{2} \times \sum_i^N [f_i(Q) + f_{i+1}(Q)] \times L_i
\end{aligned} \qquad (12\text{-}16)$$

式中 S_i——第 i 个子河段河道生态基流对应的水面面积，hm^2；

   W_i——第 i 个子河段断面的水面宽度，m；

   L_i——第 i 个子河段的长度，km；

$f_i(Q)$——第 i 子河段流量与第 i 子河段断面的水面宽度的水力学拟合曲线。

12.2.2 河道生态基流保障的农业损失研究

12.2.2.1 河道生态基流保障的缺水量

水资源短缺地区典型河流的水资源主要用于农业灌溉，本书将农业灌溉引水后河流水资源定义为河道剩余水量。因此，河流生态基流保障目标的盈亏量主要是指河流剩余水量与河流生态基流保障目标值之间的差值，因此，河流生态基流保障目标的盈亏量计算方法如式（12-17）所示。

$$W = \begin{cases} W_P = W_R - W_{EBCT} \geqslant 0 \\ W_L = W_R - W_{EBCT} < 0 \end{cases} \tag{12-17}$$

式中 W_P、W_L——分别指河流生态基流保障目标的盈、亏量，亿 m^3；

   W_R——研究河流引水后的剩余水资源量，亿 m^3；

W_{EBCT}——河流生态基流保障目标需水量，亿 m^3。

12.2.2.2 农业灌溉缺水量

由于水资源短缺地区的水资源供需矛盾尖锐，生态基流需水量难以满足。为了保障河道生态基流需要限制农业灌溉用水量，因此，河道生态基流亏损量即为灌区农业灌溉用水减少量，计算方法如式（12-18）所示。

$$W_{AL} = W_L \times \mu \tag{12-18}$$

式中 W_{AL}——因保障河道生态基流的农业灌溉缺水量，亿 m^3；

   μ——辅助系数，一般情况下缺水地区取 1，当灌区的农业用水充足时，可以取值 [0，1)，无量纲。

12.2.2.3 河道生态基流保障的农业损失

目前为止，河道生态基流保障的农业经济损失的计算方法主要包括单方水效益法、水分生产函数法以及作物需水系数法，其中，单方水效益主要依赖改进型 C-D 生产函数法和能值分析理论等进行计算。三种河道生态基流保障的农业损失计算方法如下：

（1）单方水效益法

河道生态基流保障的农业灌溉用水减少必然会造成农业损失。基流保障的农业损失主要是指单方农业用水效益和农业缺水量的乘积，如式（12-19）所示。

$$L_{AL} = W_{AL} \times v \times \eta \tag{12-19}$$

式中 L_{AT}——河道生态基流保障的农业损失，亿元；

   η——灌溉水利用系数，无量纲。

其中，农业用水灌溉效益和单方农业灌溉用水效益普遍采用改进的 C-D 生产函数计算，首先是结合研究区域内的农业生产投入元素以及生产总值，构造农业生产的改进 C-D 生产函数，如式（12-20）所示，进而对已构建成功的 C-D 生产函数关于农业用水求导，得到单方农业灌溉用水效益，如式（12-21）所示，最后结合单方农业灌溉用水效益和农业灌溉用水总量得到农业灌溉用水效益，如式（12-22）所示。

$$Y = A_0 \times (1+\lambda)^t \times I^\alpha \times W^\beta \tag{12-20}$$

$$v = \frac{\partial Y}{\partial W} = \beta \times \frac{Y}{W} \tag{12-21}$$

$$EV_A = v \times W_A \times \eta \tag{12-22}$$

式中　v——单方农业灌溉用水效益，元/m³；

$\quad Y$——研究区域内的农业生产总值，亿元；

$\quad A_0$——常量，无量纲；

$\quad \lambda$——科学进步技术系数，无量纲；

$\quad t$——时间序列，年；

$\quad I$——其他输入元素，如人力、化肥、农机以及薄膜等生产资料；

$\quad \alpha$——生产元素的输出弹性系数，无量纲；

$\quad \beta$——水资源的输出弹性系数，无量纲。

农业生产系统能值分析是以能值作为量纲研究农业系统生产过程中投入以及产品产出过程中的能值流，综合分析能量流和物质流的动态流动过程及它们之间的相互关系，在此基础上，将农业生产过程中的农业用水能值投入量和总能值投入量之比定义为农业用水效益分摊系数。具体公式如式（12-23）所示。

$$\delta = \frac{E_A}{E_{AT}} \tag{12-23}$$

式中　δ——农业用水效益分摊系数；

$\quad E_A$——在农业生产过程中所消耗的水量的能值，sej；

$\quad E_{AT}$——农业系统生产过程中投入所有元素的能值之和，sej。

农业用水效益是指农业用水效益分摊系数和研究区域内农业的生产总值的乘积，如式（12-24）所示；单方农业用水效益则是指农业用水效益和农业用水总量的比值，如式（12-25）所示。

$$V = Y \times \delta \tag{12-24}$$

$$v = \frac{V}{W_A} \tag{12-25}$$

式中　V——农业灌溉用水效益，亿元；

$\quad Y$——农业生产总产值，亿元；

$\quad v$——单方农业灌溉用水效益，元/m³；

$\quad W_A$——农业灌溉用水量，亿 m³。

（2）水分生产函数法

针对河道生态基流保障造成的农业灌溉用水短缺问题，采用定性分析的方法分析灌溉用水短缺可能产生的影响，并估算河道生态基流保障造成的农作物产量损失。考虑农业灌溉用水不足对农作物产量的影响，Stewart 等人提出了水分生产函数模型，如式（12-26）所示：

$$q_m^j - q^j = k_y q_m^j \left(\frac{ET_j - ET_a}{ET_j} \right) \tag{12-26}$$

式中　q_m^j——无水分胁迫下作物最大产量，t/hm²；

$\quad j$——作物种类，无量纲；

$\quad q^j$——作物实际产量，t/hm²；

k_y——作物产量响应系数，无量纲；

ET_a——作物实际蒸散发值，mm；

ET_j——潜在蒸散发值，mm。

式（12-26）中，$ET_j - ET_a$为单位面积实际用水短缺量，对应的农业产量损失量为$q_m^j - q^j$。令W_s/S_j代表单位面积农业用水短缺量，其中，S_j作为作物种植面积（hm²），可以得到单位面积农作物产量损失，其计算方法如式（12-27）所示：

$$q_s^j = k_y q_m^j \frac{W_s}{ET_j S_j} \tag{12-27}$$

作物在不同的生长阶段，灌溉用水缺水量产生的农业产量损失也会不同。其中，相加模型将作物总产量损失值确立为各阶段作物产量损失之和，在半湿润与半干旱等地区的籽粒产量计算中适用，计算方法如式（12-28）所示：

$$q_s^j = q_m^j \sum_{k=1}^{n} \left[k_{ky} \left(\frac{W_{ks}}{ET_{ky} S_j} \right) \right]_k \tag{12-28}$$

式中 n——作物总生长阶段，无量纲；

k——作物生长阶段，无量纲；

k_{ky}——k阶段作物产量响应系数，无量纲；

W_{ks}——k阶段控制断面上游农业用水短缺值，亿 m³；

ET_{ky}——k阶段作物需水量或潜在蒸散发，mm。

通过河道生态基流保障的作物产量损失和作物价格的乘积可得到河道生态基流保障的农业损失，计算方法如式（12-29）所示：

$$v^j = q_s^j Q^j \tag{12-29}$$

式中 v^j——河道生态基流保障的作物j经济损失，亿元；

q_s^j——作物j的产量损失，t；

Q^j——作物j在研究水平年的市场价格，元/t。

灌区农户和管理局在河道生态基流保障中受损，为了维护灌区的利益，应对其进行补偿。根据计算得到的作物产值损失，确定对灌区的生态补偿值。

（3）作物需水系数法

作物需水系数主要存在两种定义：①作物全生育期内的蒸发蒸腾水量与收获的干物质量或产量之比；②该地区作物蒸发蒸腾量与同时期的水面蒸发量的比值。一般情况下，作物需水系数在南北方计算方法差异较大，北方多采用定义①，南方多采用定义②。

利用作物需水系数将农业灌溉用水缺失量和农作物产量损失值联系起来，计算因河道生态基流保障而引起的作物产量损失，用作物产量损失值和现行作物价格乘得到产值损失量，即为农业生态补偿量，如式（12-30）所示；用农业补偿量分别除以面积和农业灌溉缺水量表示单位面积农业补偿量和单方水价值，如式（12-31）所示。

$$Q_L = \frac{W_L}{K_C}; Y_{EC} = Q_L \times P_C \tag{12-30}$$

$$y_{EC} = \frac{Y_{EC}}{A} \tag{12-31}$$

式中 Q_L——农业灌溉缺水引起的产量损失值，kg；

K_C——作物需水系数，一般由实验获取，m³/kg；

Y_{EC}——河道生态基流保障引起的农业生态补偿量，10^8 元；

P_C ——典型农作物的现行价格，元/kg；

y_{EC}——研究区域单位面积上的农业生态补偿量，元/hm²。

12.2.3　河道生态基流的其他计算方法

随着河道生态基流价值及其保障损失研究成果的逐渐增多，一些学者开始结合其价值变化规律及其保障的可接受损失构建计算河道生态基流的概念性模型。主要包括以下 3 种计算方法：（1）不考虑农业灌溉引水的河道生态基流计算方法；（2）基于可接受经济损失的河道生态基流计算方法；（3）基于河流系统服务价值最大化的河道生态基流计算方法，如下所示：

12.2.3.1　不考虑农业灌溉引水的河道生态基流

不考虑农业灌溉引水的河道生态基流是指农业用水部门不引用河流水资源情况下河道生态基流。

本书主要以流量历时曲线法确定不考虑农业灌溉引水的河道生态基流：首先，确定研究不同频率下的河流来水量，如图 12-2 所示；其次，结合国家政策以及流域管理部门要求的河道生态基流保障率，确定要求保障率下河流径流；最后，确定河流生态流量，计算方法如式（12-32）所示。

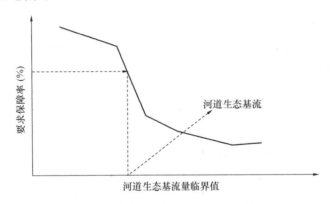

图 12-2　水资源短缺地区河道生态基流

$$Q_E \leqslant Q_{90\%, no} \tag{12-32}$$

12.2.3.2　基于可接受经济损失的河道生态基流

一般情况下，河流生态基流很难得到优先保障，因为这将不可避免地造成农业经济损失，水资源所有者不愿放弃农业灌溉用水效益保障河道生态基流。本书将河道生态基流保障的补贴资金（区域政府部门补贴资金）定义为可接受和不可接受农业经济损失的分界值，当农业经济损失小于或等于补贴额度时，为可接受农业经济损失，否则为不可接受农业经济损失，如式（12-33）所示。

$$L_{AEL} = \begin{cases} L_A, L_{AEL} < C_E \\ L_{UA}, L_{AEL} > C_E \end{cases} \tag{12-33}$$

式中　L_{AEL}——河道生态基流保障的农业经济损失，亿元；

L_A ——河道生态基流保障的可接受农业经济损失，亿元；

L_{UA} ——河道生态基流保障的不可接受农业经济损失，亿元；

C_E——河道生态基流保障的政府补贴额度，亿元。

可接受经济损失随河道生态基流临界值变化过程一旦完成，就可以用于不同水资源管理情景下的维持河流生态基流计算。因此，河道生态基流保障可接受经济损失与河道生态基流需水量之间的关系（见图 12-3），如式（12-34）所示：

$$P_A = f_p(Q_{EBF}) \tag{12-34}$$

式中　f_p——河道生态基流保障的可接受经济损失及其需水量之间的函数关系，无量纲。

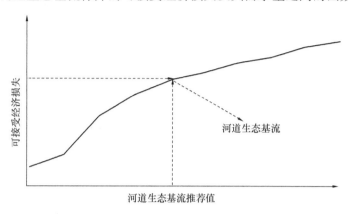

图 12-3　水资源短缺地区河道生态基流

水资源管理者作为河道生态基流保障的决策者，会根据典型河流水生态环境、经济及当地政府的政策法规等实际情况确定某个河道生态基流保障的可接受经济损失为最佳决策点，则此时的最佳决策点对应的河道生态服务功能需水量即为河道生态基流，如图 12-3 所示，计算方法如式（12-35）所示：

$$Q_{EBF,i} = Q_{REBF} \tag{12-35}$$

式中　$Q_{EBF,i}$——水资源管理者认为某个河道生态基流保障的可接受经济损失为合理决策点时的河道生态基流，m^3/s；

Q_{REBF}——河道生态基流，m^3/s。

12.2.3.3　基于河流系统总价值最大化的河道生态基流

基于河流系统服务功能总价值最大化目标的河道生态基流计算方法建立步骤主要包括：首先，将河流系统服务功能划分为河流经济服务功能（经济供水量）和生态服务功能（河道生态基流用水量），并分别计算两类不同用水效益或价值；其次，将两种类型的用水价值或效益加和，并将其随河道生态基流变化的特征绘制于图中；最后，河流系统服务功能最大总价值对应的生态服务功能即为河道生态基流，计算过程如下所示：

河流系统服务功能的总价值是河流经济服务功能效益（经济用水效益）与河流生态服务功能价值（河道生态基流价值）之和，如式（12-36）所示：

$$TEV = TEV_S + TEV_E \tag{12-36}$$

式中　TEV——河流系统服务功能总价值，亿元；

TEV_S——河流经济服务功能效益（经济用水效益），亿元；

TEV_E——河流生态服务功能价值（河道生态基流价值），亿元。

经济服务功能和生态服务功能两者之间的矛盾关系为：经济服务功能的需水量越大

（经济用水量），河流生态服务功能（河道生态基流用水量）的用水量越小。因此，在河流流量变化不大的情况下，任何用水部门（经济用水或生态用水）水量的变化都会导致另一用水部门水量的变化，会引起河流系统服务功能总价值的变化。当河流经济服务功能或生态服务功能需水量达到一个定值时，河流系统服务功能总价值达到最大值（图 12-4 中 P 点表示），此时，河流生态服务功能的需水量即为河道生态基流（图 12-4），如式（12-37）所示。

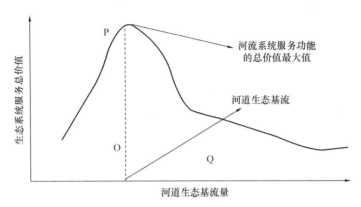

图 12-4　河流系统服务功能的总价值变化与河道生态基流

$$TESV_E = f(Q_{EBF}) \tag{12-37}$$

式中　$TESV_E$——河流系统服务功能总价值，亿元；

　　　f——河流系统服务功能总价值和河道生态基流之间的函数关系，无量纲；

　　　Q_{EBF}——河道生态基流，m^3/s。

当河流系统服务总价值达到最大值时，河道生态服务功能需水量即为河道生态基流（图 12-4），即：

$$Q_{EBF}(\max(TESV_E)) = Q_{REBF} \tag{12-38}$$

同样，河流经济服务功能与生态服务功能之间水量的变化会改变河流系统服务功能的总价值，同时，河流系统服务功能的总价值也会受到单位河道生态基流价值的影响。但是，单位河道生态基流价值与单位经济用水的价值相差较大，不同用水部门的单位经济用水的价值也存在显著差异。

典型河流的河道生态基流计算结果与单位经济用水、单位河道生态基流价值的关系存在必然的联系，随着经济用水效益和河道生态基流价值大小的变化会产生如下 3 种情况，[见式（12-39）]。①如果单位经济用水效益总是大于单位河流河道生态基流价值，则河流生态系统服务功能价值就是全部经济用水的效益，此时的河流生态基流为 0；②若单位经济用水效益总是小于单位河道生态基流价值，则此时的河道生态基流为河流流量（图12-4 中 O 点表示）；③单位河道生态基流价值随着河道生态基流变化也会发生复杂情况：当河道生态基流变化时，单位河道生态基流价值出现大于或小于单位经济用水价值的情形时，河流系统服务功能总价值将达到最大，此时河流系统服务功能总价值最大对应的河道生态服务功能需水量，即河道生态基流（图 12-4 中的 Q 点表示），如式（12-39）所示。

$$Q_{EBF} = \begin{cases} 0, 假如\ v_E > v_{EBF} \\ Q_{EBF.O}, 假如\ v_E < v_{EBF} \\ Q_{REBF}, 刚开始\ v_E \leqslant v_{EBF}, 到一定阶段\ v_E > v_{EBF} \end{cases} \quad (12-39)$$

式中　$Q_{EBF.O}$——O点对应的生态服务功能需水量即为河道生态基流，m^3/s；

v_E——单位经济用水价值，元$/m^3$；

v_{EBF}——单位河道生态基流价值，元$/m^3$。

12.3　河流生态基流保障措施基础理论

12.3.1　河流生态基流保障措施概述

为了改善旱区河湖水系的生态环境，以达到生态环境健康发展，首先要更新观念。改变长期以来只强调农业、工业和城市生活需水，忽视河流生态系统本身的生态环境需水的观念。今后，在研究水资源供需问题、水资源配置问题时，除了考虑经济和生活需水外，还必须同时考虑河道的生态基流。

12.3.2　河流生态基流的主要保障措施

旱区河流生态基流保障率偏低的主要原因是生产用水量过大、水资源利用效率偏低、经济发展结构或农业种植结构不合理、域内缺水。针对这些主要问题，本节主要提出了以下主要的河流生态基流保障措施：加强节水措施、水资源生态调度、域外调水，针对这些措施需有长效的辅助措施（生态补偿）。

12.3.2.1　水资源合理利用与节约

（1）农业的合理用水与节水

据水利部门统计资料，渭河流域内有效灌溉面积 $104.17 \times 10^4 hm^2$，达到节水灌溉标准的节灌溉面积 $19.27 \times 10^4 hm^2$，占有效灌溉面积的 18.49%，农业灌溉节水潜力巨大。其中，宝鸡峡灌区作为陕西省最大的灌区，主要从渭河干流林家村断面引水，该段河流的河道生态基流保障程度偏低，因此，本小节主要以其为例说明节水在生态基流保障中的重要性。

1）采用先进的灌溉方法

目前宝鸡峡灌区 95% 以上的灌溉面积仍采用传统的地面灌溉（畦灌、沟灌、淹灌等），造成用水的严重浪费。应结合农业种植结构调整，大力推进先进节水灌水方法的应用。国内外较为先进的喷灌、滴灌、微灌、膜孔灌等节水灌溉方法的节水效果都在 50% 以上，其中滴灌可达 70%~80%，而且增产效果在 20% 以上。

2）减少灌溉输水损失

目前，宝鸡峡灌区渠系水利用系数很低。从渠首引入的水量有相当一部分，甚至大部分没有被有效利用，通过渠道和建筑物等的渗漏白白浪费掉了，同时，这些跑漏掉的水又是造成水土流失和面源污染的原因之一。因此，采取措施减少输水损失是节约灌溉水源的重要途径。为了减少输水损失，在技术上应主要采取以下措施：

① 灌区更新改造

大多的农田灌溉工程是 20 世纪 50 年代和 60 年代修建的，建筑材料及机电设备日趋老化，加之保养不善以及人为的破坏，使渠道及建筑物漏水、跑水严重，机井和扬水站等效率降低，灌溉效益锐减。为此亟需加强建筑物和设备的维修养护，重视用新的技术装备对灌区进行更新改造，调整灌排渠系布局，增建必要的建筑物、量水设施，以及通信调度等搞好工程配套，才能充分利用水源，提高灌溉效益。国际上很多国家都把老灌区的更新改造作为水利工作的一项重要任务。

② 渠道防渗

由于土壤的渗透性较大，故土质渠系输水时的渗漏损失常常很严重，对渠道进行衬砌防渗，是提高渠系水利用系数的有效措施，常常能收到显著的节水效果，据研究资料，浆砌防渗可减少水分损失 $50\%\sim60\%$，使渠系水利用率达到 $0.6\sim0.7$；混凝土与塑料防渗可减少水分损失 $67\%\sim74\%$，使渠系水利用率达到 $0.7\sim0.9$，华北地区采用渠道防渗后，渠系水利用系数平均可提高到 0.7 以上。目前，宝鸡峡灌区干渠衬砌率为 75%，支渠衬砌率为 60%，尚需进一步做好渠道衬砌防渗工作。

③ 管道输水

以管道代替明渠输水，不仅减少了渗漏，而且免除了输水过程中的蒸发损失，因此比渠道衬砌节水效果更加显著，在国外的灌溉系统中日益广泛地被采用。而目前，渭河流域暗管输水面积仅占有效灌溉面积的 7.7%。

(2) 城市节约用水

工业用水是城市用水的重要组成部分，一般占城市总用水量的 $40\%\sim60\%$，工业节水是城市节水的重点。工业节水的主要措施有：①合理调整工业布局和工业结构，限制高耗水项目，淘汰高耗水工业和设备；②进一步提高工业用水重复利用率；③加强节水技术开发和节水设备的研制，使工业水平由技术型向工业节水型转变；④运用经济手段推动节水的发展，鼓励和支持工业且也进行节水技术改造，强化企业内部用水管理。

城市生活节水是在满足城市建设和人民群众生活用水的前提下，最大限度地减小水资源的浪费，节水措施有：①改造供水体系和改善城市供水灌网，有效减少渗漏；②加强生活节水器具的推广；③积极推行分系统供水，即饮用水和生活杂用水分系统管路供水。

(3) 城镇污水资源化

城镇污水资源化不仅可以减少向河道的排污量，改善生态环境质量，而且还可以弥补水资源的短缺，节约宝贵的清水资源，解决生态环境用水不足。污水资源化最简单最常见的方法是农田或城市灌溉；其次是各类杂用水用途，如灌溉公园、花园、进入中水道系统冲刷厕所、冲洗马路、清洗街道等。

12.3.2.2　工程性措施保障河流生态基流

工程性措施主要是指结合水利工程或水库控制水量的分配，加强河流生态用水的下泄，控制水资源利用效率偏低的部门用水。

如渭河干流宝鸡段林家村水库，通过控制渠首下泄量保障林家村（三）站的河道生态基流。从 2016 年开始，经过省政府和渭河流域管理部门协商，决定通过增加林家村渠首水库的流量下泄量把该断面的河道生态基流保障值提升为 $5\mathrm{m}^3/\mathrm{s}$，由于不考虑农业灌溉用水的河道生态基流保障值为 $12.61\mathrm{m}^3/\mathrm{s}$，本小节主要研究河道生态基流保障目标从 $6\sim12\mathrm{m}^3/\mathrm{s}$ 的区间。因此，只要河道生态基流保障目标值确定后，可通过控制林家村渠首水库的流量下泄量实现。

12.3.2.3 外流域调水保障河流生态基流

有时段，尤其是非汛期在不引河流水资源的情况下，来水量仍达不到生态基流需水量，那么此时需要考虑从外域调水满足生态基流。如渭河宝鸡市区段生态基流缺水已是不争的事实，在合理配置水资源以及节水的同时，为改善河道的生态环境以及保证该流域经济的可持续发展，应从水资源丰富的流域调引适当的水量，向渭河补水。按照"先节水后调水，先治污后通水，先环保后用水"的原则，在考虑上述节水、治污措施之后，根据有关前期工作，提出调水方案。目前提出的调水方案主要包括：引汉（江）入渭（河）、引乾（佑河）济石（砭峪水库）、引红（岩河）济石（头河）、引洮（河）入渭（河）、利用引洮一期工程向渭河补水、南水北调西线工程向渭河补水。

12.3.2.4 河流生态基流保障的辅助措施

辅助措施主要是指河道生态基流保障的生态补偿机制。本节主要对河道生态基流保障补偿机制中的补偿主客体、补偿标准以及补偿方式进行阐述，如下所示。

（1）河道生态基流保障的补偿主、客体界定原则

2016年国务院办公厅印发了《关于健全生态保护补偿机制的意见》，该意见明确规定了补偿主客体界定原则，即"谁开发谁保护，谁破坏谁恢复，谁受益谁补偿，谁排污谁付费"的原则。

（2）河道生态基流保障的农业生态补偿量

河道生态基流保障不仅会造成损失，同时也会给公众带来效益。这些效益可以抵消农业损失，作为受损农户可妥协的补偿量。

支付意愿是指在流域范围内，当前生活水平下人们对河道生态基流价值增量愿意支付的资金。一直以来，河道生态基流价值认可度较低，但随着社会经济发展以及居民生活水平提升，社会公众的支付意愿会增强。本节主要结合皮尔生长模型确定社会公众对河道生态基流保障的支付意愿，计算方法如式（12-40）所示：

$$P_A = \frac{1}{(1 + e^{-(\frac{1}{En} - 3)})} \qquad (12\text{-}40)$$

式中　P_A——对河流生态基流保障的价值增量的支付意愿，%；

　　　En——某个研究区域内的恩格尔系数，%。

基于河道生态基流价值增量的生态补偿量主要是指支付意愿和河道生态基流价值增量的乘积，生态补偿量的计算方法如式（12-41）所示：

$$C_{ebfp} = P_A \times TEV_A \qquad (12\text{-}41)$$

式中　C_{ebfp}——河道生态基流保障的实际农业补偿量，元/m³。

（3）河道生态基流保障的补偿途径

河道生态基流保障会对用水部门造成损失，需对受损方补偿。依据2016年中央一号文件《关于落实发展新理念加快农业现代化实现全面小康目标的若干意见》、2017年8月中央全面深化改革领导小组第三十八次会议审议通过的《生态环境损害赔偿制度改革方案》等有关生态补偿的政策，参考美国、巴西等国外补偿成功经验以及我国新安江流域补偿模式、京津冀水源涵养补偿模式，提出以下补偿途径：

1）资金补偿

将河道生态基流保障损失作为生态补偿额度确定的依据，但其均为理论值，实践中的

资金补偿通常难以达到补偿主体期望。考虑到补偿主体与对象双方"讨价还价"达成协议的补偿标准要比根据理论价值估算确定的补偿标准更加可行。因此，具体的补偿标准可由受损者与补偿者两方代表协商确定，从而达到保障河道生态基流与维护用水户利益的双向激励效果。对农业生产损失进行现金补偿，有利于激励他们科学制定合理的灌溉计划，节约农业灌溉用水量；对灌溉管理局的水费收入损失进行补偿，有利于其引导下级各单位积极开展河道生态基流保障工作。

2）政策补偿

针对河流生态基流保障，可在投资项目、产业发展和财政税收等方面给予一定的优惠政策，利用制度资源和政策资源进行政策补偿。如渭河干流宝鸡段属西北干旱地区，目前该地区农业以种植业为主，种植结构为"粮食作物＋经济作物＋其他"。其中，粮食作物主要有小麦、玉米等，经济作物主要有棉花、油菜、大豆等。粮食作物用水是"农业用水大户"，耗水量多、收益低；经济作物耗水量少、收益高。因此，在确保地区粮食自给率和粮食消费水平的前提下，适当压缩粮田面积用于发展经济作物和其他作物，如瓜果、蔬菜等，可减少农业灌溉用水量，且其产生的效益可以弥补河道生态基流保障对灌区农户造成的农业损失，从而有利于河道生态基流的保障和补偿。因此，应加强对地区农业的关注力度，制定一些针对性的农业优惠政策，如采取低息或无息贷款的方式支持农业发展，鼓励农户在规划作物布局时，通过粮改经等方式调整作物种植结构，从而实现对灌区农户基流保障的政策补偿。

3）实物补偿

在河道生态基流保障中，通常灌区农户遭受的损失最多，且其收入来源主要依赖于农耕，因此，可对其给予种子、化肥、粮食等实物补偿，特别是低保户，原本生活困难，河道生态基流保障造成的农业生产损失更是雪上加霜，对其应特别关注。

4）智力补偿

由于农民的文化水平比较低，管理和技术水平比较落后，因此，可以向灌区农户提供各种学习相关种植技术的机会，开展智力服务与教育，提供无偿技术咨询及指导，提高其自身的生产技能；在当地培养大量的管理人才和技术人才，输送各种专业人才，提高农户的管理水平与生产技能，增强其自身的"造血机能"；提供先进的农业高新技术等，推动地区经济更大发展。此外，受河流生态环境保护的影响，农村剩余劳动力增多，可以开展多层次、多形式的职业技能培训和掌握技能，扩大就业渠道，推动当地农民城镇化进程等。

5）项目补偿

目前我国一些地区灌溉设施不足、灌溉方式落后，人为水资源浪费严重，应结合一些提升水资源利用效率的项目给予补偿。如某灌区因工程、技术、管理等多方原因，致使灌区灌溉水利用系数偏低，水资源利用率不高，水资源浪费现象严重。在灌区农业灌溉需水量一定的条件下，如果能够提高水资源利用率，则灌区就能够减少农业引水量，从而有利于保障河道生态基流。因此，加强该地区农田水利设施投入，提高水资源利用率，降低农业生产成本，提高农产品的竞争力，也是实施河道生态基流保障补偿的一种有效方式。

12.4　河流生态健康评估的社会实践
——以河流生态基流保障水平为例

本节主要以河流生态基流保障水平评估河流生态健康，因此，社会实践内容为调研河流生态基流保障相关内容，调研工作流程如图 12-5 所示。

12.4.1　选题的过程及方法

河流生态健康评估的社会实践选题最为重要。选题需要有意义、针对目前存在的突出问题且具备可行性。那么，如何进行河道生态基流保障社会实践的选题呢？

选择针对河道生态基流保障科研课题的过程，实质上是一个现状分析、价值评估和可行性论证的过程。要合理选择一个社会实践课题，至少必须做好三件事情：一是要了解河道生态基流保障的研究现状；二是河道生态基流保障的重要意义；三是河道生态基流保障需要做哪些重要内容及其可行性。

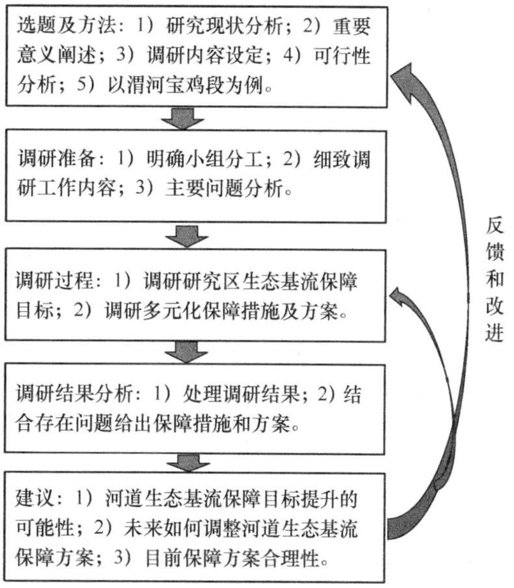

（1）河道生态基流保障措施的研究现状

河道生态基流保障是河流生态健康的基础。河道生态基流保障存在一些研究成

图 12-5　河道生态基流保障调研工作流程图

果，主要包括非工程性和工程性措施，非工程性措施有生态补偿、增强保障技术、改善种植结构和加强使用节水措施等，工程性措施主要包括工程性调水、生态调度等。然而，这些保障措施针对不同区域或不同条件的适用性存在差异，那么，想要深入了解适合水资源短缺地区的典型河流生态基流保障措施，则需要进一步对其周边环境、用水方式、水资源利用效率等进行调研，从而确定合适的保障方案。

（2）河道生态基流保障的重要意义

科学的选题需要对社会发展或者对增进人类福祉有重要的意义。河湖生态基流是指为了维系河流、湖泊等水生态系统的结构和功能，需要保留在河湖内符合水质要求的流量（水量、水位）及其过程。保障河湖生态流量，事关江河湖泊健康，事关生态文明建设，事关高质量发展，对我国经济转型及增进人类社会福祉有着重要意义。

（3）河道生态基流保障的调研内容及其可行性分析

确定合适的调研内容是河道生态基流保障调研任务成功的基础。河道生态基流保障的选题方向应包含为什么需要保障河道生态基流？保障目标是什么？怎样保障？保障方案是什么？等一些问题来开展。有以下代表性选题方向：

为什么要保障河道生态基流或其能为人类提供哪些好处？

河道生态基流保障水平偏低的原因是什么？

河道生态基流有哪些保障目标及其可提升空间？

目前都有哪些河道生态基流保障措施？

目前都有哪些河道生态基流保障方案？

课题研究应有可行性，可行性分析具体内容可见 11.4.1 节第（3）点。

本节以渭河干流宝鸡段为例进行说明，渭河流域是黄河流域的最大支流，发源于甘肃省渭源县鸟鼠山，流经陇东高原、天水盆地、关中平原，至潼关港口入黄河，涉及甘肃、宁夏、陕西三省（区）。渭河干流关中段地区人口密集，农业发达，资源丰富，科技、教育实力雄厚，是陕西省的政治、经济、文化中心。渭河干流宝鸡段是指林家村—魏家堡水文站之间的河段。

12.4.2　调研准备

结合对渭河干流宝鸡段的自然资源、社会经济状况、环境生态状况以及水文地质状况等综合状况充分调研的基础上，确定河道生态基流保障目标，分析其保障存在的问题，并在此基础上给出渭河干流宝鸡段河道生态基流保障措施及其保障方案。

（1）明确小组分工

在调研河道生态基流保障情况之前，首先需要对所有参与人员分组，并制定每个小组的具体任务，以调研团队总计 10 人为例。结合工作量以及需要调研和查阅内容对参与河道生态基流保障的任务目标的人员进行分组，具体的分组情况如表 12-6 所示，并明确了每个小组具体任务。

分组及其任务安排　　　　　　　　　　　　　　　　　　　　　表 12-6

分组	人员安排	任务安排	室内外
第一组	8 人	野外调研，包括目前生态保护目标、生态基流保障目标、水资源管理（水资源使用优先度）、引水工程、灌区用水以及作物种植结构等概况	室外
第二组	1 人	搜索相关参考文献：河道生态基流保障目标及措施相关文献	室内
第三组	1 人	搜索数据：查阅河流断面水力参数、水文数据等	室内
合组	10 人	整理数据，编制调研文稿，共同探讨，提出建议：河道生态基流进一步保障的可行性建议	室内

第一组需要外出调研，有以下注意事项：

1）熟悉野外调研目的地和路线；

2）携带必需的实验和其他物品；

3）外出需遵守纪律和注意安全。

（2）细致开展调查

明确分工小组之后，需要针对任务安排进行细致的调研工作。细致的调研工作主要分为三大部分：1）需要对居住在周围的居民进行叙述式问卷调查，调查对河道生态基流保障的支付意愿以及对河道生态基流保障状况是否满意；2）和河流主管部门的专业人才交流，主要了解目前的河道生态基流保障情况，主要采用哪些保障措施？具体的保障方案是什么？3）调研包括水库运行、泄水、主干渠系等情况，水电站用水、运行周期、水资源管理结构以及引水情况，另外也需要对灌区的作物种植结构、用水方式以及水资源来源等做深入的调研等。

（3）问题分析

这一步主要是在细致展开调研工作的基础上进行，这也是此次调研结果的重中之重，能够深刻体现学生把握问题的能力。需要系统分析的问题主要包括以下几个方面：1）分析不同类型（包括年龄、职业等）人群愿意支付多少现金保障河道生态基流，为其多元化补偿打基础，以恢复河流基本生态环境健康；2）通过和专业人才的交流，了解目前的保障措施及保障方案，下一步需要在哪些方面继续，结合自己的见解系统分析目前保障措施运用及其保障方案的实施是否存在纰漏，是否需要全部修正或者部分修正；2）结合水库、渠系主干、灌区种植结构以及用水方式和来源等调研结果，结合部分国家标准和河流主管部门的专业人才交流结果，判断是否具备进一步保障河道生态基流的可能性。

12.4.3 调研过程

除了问卷调查支付意愿等，此次的调研结果主要分为 2 个部分：研究区域存在的主要问题；河道生态基流保障措施及保障方案。

12.4.3.1 存在的主要问题

渭河干流宝鸡段处于林家村—魏家堡断面之间，但是渭河林家村断面水生态环境和区域经济发展仍然存在一些问题，调研结果：

（1）渭河上游来水量减少，水资源供需矛盾加剧。

渭河上游来水量减少也是宝鸡段水资源供需矛盾的主要原因之一，加之魏家堡水电站和宝鸡峡灌区的持续稳定的引水量，直接使得渭河干流林家村断面河道预留水量减少，尤其是枯水期，水资源供需矛盾加剧，挤占河道生态基流用水量，对河流基础生态环境造成不可逆转的破坏。

（2）水资源供需矛盾异常尖锐，河道生态基流被挤占。

渭河干流宝鸡段为林家村断面到魏家堡断面，该段河流水资源的主要功能是为宝鸡峡塬上灌区和魏家堡水电站提供用水，两者的引水量可占河道来水量的 70% 左右，非汛期占 90% 以上（通过引水后林家村（三）站径流资料和（合）站径流资料的百分比获取）。因此，分别做了渭河干流宝鸡段林家村断面非汛期余水量和适宜河道生态基流推荐值的对比图以及平水年、枯水年及特枯水年等 3 个典型年的河流剩余水量和适宜河道生态基流推荐值的对比图，如图 12-6 和图 12-7 所示。

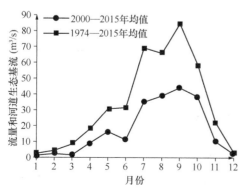

图 12-6　2000—2014 年和 1974—2014 年
引水后多年平均月径流量

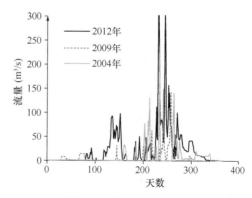

图 12-7　2012 年、2004 年和 2009 年
引水后的河道剩余水量

1971 年林家村断面引水工程建成以后，宝鸡峡渠首大量引水以满足灌区农业灌溉需水量。从图 12-7 和 12-8 可以看出，1974—2015 年渭河干流宝鸡段河道剩余水量偏少，非汛期的剩余水量在很多情况下是难以满足河流最基本生态环境需水量，如水质净化需水量，这样会造成河流基本水生态环境恶化。宝鸡峡塬上灌区地表水多采用大水漫灌方式，水资源利用效率偏低，加之渭河干流宝鸡段行政区域内人口数量增加和气候剧烈变化，农业灌溉用水和水电站引水会进一步挤占河道生态基流，使得河流水质恶化，水生生物多样性下降，尤其是多种具有经济价值、重要生态指标作用及观赏价值的鱼类；也有可能会造成河流水沙失衡的安全隐患，河流水环境生态安全遭到了严重的威胁。

因此，为了能够恢复渭河干流宝鸡段河流基本生态服务功能，迫切需要限制农业灌溉用水或提高水资源效率以保障河道生态基流。

（3）宝鸡峡灌区引水后河流水质恶化严重

近年来，渭河干流陕西段河流的水质问题在政府部门和流域管理部门正向干扰下得以改善，其中，渭河干流宝鸡段的水资源主要用于宝鸡峡塬上灌区农业灌溉。该段河流水资源大量被引用，河流河道中剩余水资源量大幅度减少，且由于该段固定排污口排放污染物量变化不大，非点源污染物虽有控制，但也有不少污染物进入水体，剩余水资源量难以对进入水体的污染物进行自净（包括非点源污染物），使得河流水质逐步恶化，影响河流水环境安全。

渭河干流宝鸡段林家村断面的污染物主要为 COD 和氨氮，两种污染物在 75％和 90％保障率纳污能力需要的河流流量如图 12-8 所示。

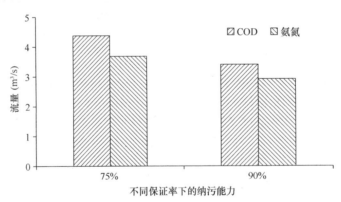

图 12-8　两种污染物在 75％和 90％保障率纳污能力需要的河流流量

但如图 12-6 和图 12-7 所示，宝鸡峡塬上灌区引水后渭河干流宝鸡段林家村断面非汛期河流剩余水资源量难以达到 3m³/s，仅依靠河流水资源的自净能力很难净化水质，长此以往，渭河干流宝鸡段水质呈现恶化趋势。因此，为了能够将水质维系在一个良好状态，迫切需要保障该段河道生态基流以满足水质净化能力的需水量。

（4）水生生物多样性急剧下降

鱼类作为河流水生生态系统中的顶级群落，对河流其他种群生存和丰度有重要影响，本节主要以鱼类多样性代替水生生物多样性。20 世纪 80 年代陕西省动物研究所调查了渭河鱼类有 78 种，其中上游、中游以及下游分别为 23 种、27 种、54 种；徐宗学等 2012—2013 年调查渭河流域的鱼类有 51 种；2016—2017 年沈红保等人对渭河陕西省段的鱼类进行了调查，调查到的鱼类有 49 种，其中上游、中游以及下游分别为 15 种、22 种、32 种。

从 1984—2017 年的 34 年间，渭河陕西段鱼类减少了 36 种；水生生物多样性下降了 60％左右；渭河陕西段鱼类生物量下降了 40％左右。另外据调查，渭河中游和下游的鱼类分别下降了 5 种和 22 种，现存鱼类主要是缓流型鱼类和非洄游性鱼类，急流型鱼类和洄游类鱼类为主要消亡鱼类种群。其主要原因为水资源大量减少，且在渭河干流宝鸡段破坏了渭河干流陕西段的水文连通性，另外大脉冲型洪水数量级减少也是鱼类生物量减少的主要原因。

宝鸡峡塬上灌区使用地表水主要采用大水漫灌方式，水资源利用效率偏低，加之灌区的作物种植多为需水量较大的旱作物，主要包括冬小麦和夏玉米。加之冬小麦的浇灌时节刚好处于非汛期，此时来水量较小，且需水量较大，使得河流在非汛期的河道生态基流保障水平偏低。农作物种植结构相对不合理，水资源使用不合理造成该段河流的河道生态基流难以保障。

12.4.3.2 河道生态基流保障目标及其保障措施和方案

通过查阅相关文件、与专业人员交流和实地调查，可以得到渭河干流宝鸡段林家村断面的河道生态基流保障目标及对应保障措施：

（1）河道生态基流保障目标

2006 年陕西省提出了林家村断面最小下泄流量为 2m³/s，满足保障率为 90％的要求。2016 年陕西省水利厅在《陕西省基于生态流量保障的水量调度方案》中规定林家村断面最小下泄流量为 5.4m³/s，同时提出在"十三五"期间，当上游拓石水文站来水 25m³/s 及以上时，林家村断面下泄流量为 5～8m³/s；当上游拓石水文站来水小于 25m³/s 时，通过宝鸡峡灌溉系统调节保障河道生态基流为 5m³/s，保障率不低于 90％。在《渭河流域重点治理规划》中要求林家村断面非汛期（11～次年 6 月）的河道生态基流低限值达到 10m³/s。

渭河干流宝鸡段林家村断面的河道生态基流保障目标现阶段为 5m³/s。

（2）河道生态基流保障措施及其方案

通过查阅相关资料，目前的河道生态基流保障措施主要包括工程性和非工程性保障措施，如图 12-9 所示。

渭河干流宝鸡段林家村断面目前的保障措施主要包括：①工程性措施，采用水闸放水的措施；②生态补偿，减少农业灌溉引水和水电站引水，对产生损失的农户和水电站部门进行补偿。

12.4.4 调研结果处理及河道生态基流保障建议

12.4.4.1 调研结果处理及处理步骤

此次调研主要处理的内容包括：①河道生态基流保障目标提升的可能性；②补偿量是否合理？③河道生态基流保障方案是否合理？接下来应该怎么做？可以得到以下内容和如何处理调研成果：

结合调研结果可以看出，目前引水渠系和宝鸡峡灌区确实存在水资源利用效率偏低的情况，农作物种植结构不合理，且水生生物多样性还是存在偏低的情况，需要进一步提升河道生态基流保障目标，且通过提升水资源利用效率可以达到目标；需要做的工作是：①结合调研成果分析和确定水资源利用效率可以提升的范围；②系统地分析和确定可以节

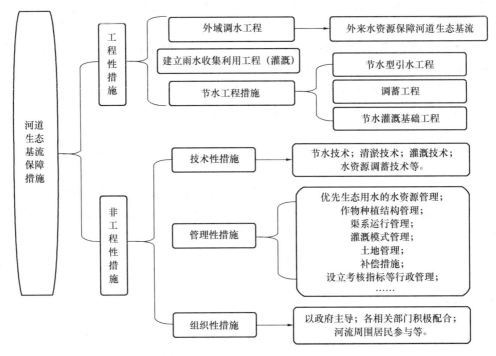

图 12-9 河道生态基流保障措施

约的水资源量；③分析河道生态基流保障水平可提升范围。

结合调研的保障方案：生态补偿＋生态调度。生态补偿成为了关键核心，所以需要判断生态补偿是否合理，首先结合保障目标和农作需水系数等资料，确定初始补偿额度，并结合居民支付意愿，进而确定最终的补偿量，判断补偿的合理性。需要处理的文稿为：①计算针对农业经济损失的初次生态补偿量；②系统分析调查问卷，确定多元主体对河道生态基流保障的支付意愿，进而确定最终河道生态基流保障生态补偿量；③判断当前的补偿金额是否合理。

河道生态基流保障方案主要采用生态补偿和生态调度的方式，难以从根本上解决水资源利用效率偏低的问题，需从节水措施和管理措施方面进一步论证是否可以达到预期目标，即河道生态基流保障措施达到多元化且具有可行性。

12.4.4.2 渭河干流宝鸡段河道生态基流保障的建议

主要是结合存在问题的调研结果给出合理的建议，如用水不合理性、灌区农作物种植结构不合理、渠系淤泥阻水及部分区段的渠系老化严重等问题。

渭河干流宝鸡段林家村断面的河道生态基流保障水平偏低的主要原因是水力发电和农业灌溉引水量偏大，加之水资源利用效率偏低。通过阶段性努力，已经对水电站和农业灌溉引水做了一定的优化，其生态基流保障水平已达到目前所需要的水平。然而，水资源利用效率偏低和灌区用水结构存在的问题未得到有效解决，因此，可以在这两方面做进一步努力，使得河流生态基流保障水平更上一层，河流生态健康向前更进一步。

调查问卷 1：生态基流保障支付意愿

河道生态基流保障的补偿意愿社会实践调查问卷样表

调查问卷 1

尊敬的受访者：

您好！非常荣幸地邀请您参与到我们的研究工作中，希望您合作填写一份"河道生态基流保障的生态补偿意愿"调查问卷。感谢您花费宝贵时间填写这份问卷，谢谢您给予的支持！

（备注：本问卷均为单选题）

1. 您的年龄？

   A. 18～35 岁　　　　　　　　　B. 36～45 岁

   C. 46～60 岁　　　　　　　　　D. 60 岁以上

2. 您的文化程度？

   A. 研究生　　　　　　　　　　B. 本科

   C. 专科　　　　　　　　　　　D. 高中及以下

3. 您是：

   A. 在校学生　　　B. 已工作

4. 您的职业？

   A. 工人　　　B. 教师　　　C. 医生

   D. 农民　　　E. 商人　　　F. 其他

5. 您是否了解生态基流保障对人类社会生存和发展经济的贡献？

   A. 非常清楚　　　　　　　　　B. 比较清楚

   C. 一般清楚　　　　　　　　　D. 不清楚

6. 您是否了解河流生态基流保障产生的经济损失？

   A. 非常了解　　　　　　　　　B. 比较了解

   C. 一般了解　　　　　　　　　D. 不了解

7. 您是否愿意为河道生态基流保障提供支持资金？

   A. 非常愿意　　　　　　　　　B. 比较愿意

   C. 一般愿意　　　　　　　　　D. 不愿意

8. 若您愿意，保障一立方的河道生态基流需要支付 1.2～5.6 元，您愿意支付多少？

   A. 1.2 元及以下　　　　　　　B. 1.3～5.5 元

   C. 5.6 元及以上

9. 若您不愿意以现金形式补偿，您是否愿意以其他形式补偿？

   A. 实物

   B. 以个人体力或智力参与保障工作

   C. 其他

调查问卷 2：河道生态基流保障社会实践

河道生态基流保障社会实践调查问卷样表

调查问卷 2

尊敬的受访者：

您好！非常荣幸地邀请您参与到我们的研究工作中，希望您合作填写一份："河道生态基流保障"调查问卷。感谢您花费宝贵时间填写这份问卷，谢谢您给予的支持！

（备注：本问卷均为单选题）

1. 您的年龄？

    A. 18～35 岁　　　B. 36～45 岁　　　C. 46～60 岁　　　D. 60 岁以上

2. 您的文化程度？

    A. 本科　　　　　B. 研究生　　　　C. 其他

3. 您是：

    A. 在校学生　　　B. 已工作

4. 您的职业是：

    A. 工人　　　　　B. 教师　　　　　C. 医生　　　　　D. 农民

5. 您是否了解什么是河道生态基流？

    A. 非常清楚　　　B. 比较清楚　　　C. 一般清楚　　　D. 不清楚

6. 您是否了解生态基流保障对人类社会和河流健康的贡献？

    A. 非常清楚　　　B. 比较清楚　　　C. 一般清楚　　　D. 不清楚

7. 您认为河道生态基流是否需要保障？

    A. 非常需要　　　B. 比较需要　　　C. 一般需要　　　D. 不需要

8. 您认为什么是渭河干流宝鸡段河道生态基流保障水平偏低的最主要原因？

    A. 气候变化　　　　　　　　　　B. 人口增长

    C. 引水系统浪费严重　　　　　　D. 水资源管理不合理

9. 您认为目前渭河干流宝鸡段水资源使用的问题是什么？

    A. 宝鸡峡灌区农业灌溉引水量过大　B. 引水系统水资源浪费严重

    C. 用水顺序存在问题　　　　　　　D. 没问题

10. 您对现有河流生态基流保障措施及方案了解吗？

    A. 非常了解　　　B. 比较了解　　　C. 一般了解　　　D. 不了解

11. 您对渭河干流宝鸡段河道生态基流保障现状是否满意？

    A. 不满意　　　　B. 无所谓　　　　C. 满意　　　　　D. 非常满意

12. 您认为哪些方面还需要进一步改善？

    A. 生态基流保障奖惩措施

    B. 水电站的使用时间及其使用顺序

    C. 农业灌溉用水量调整

    D. 景观现状

思考题

1. 简述河道生态基流的定义和内涵。

2. 河道生态基流功能有哪些？请简述。

3. 河道生态基流的计算方法有哪些？怎样分类？

4. 河道生态基流价值的计算方法都有哪些？河道生态基流保障的经济损失计算方法有哪些？请详细阐述。

5. 河道生态基流的保障措施都有哪些？请简述。

6. 河道生态基流保障的补偿主客体界定原则？河道生态基流保障补偿方式有哪些？

本章参考文献

[1] Cheng B, Li H. Agricultural economic losses caused by protection of the ecological basic flow of rivers[J]. Journal of Hydrology, 2018, 564: 68-75.

[2] Galelli S, Dang T, Ng J. Y., et al. Opportunities to curb hydrological alterations via dam re-operation in the Mekong [J]. Nature Sustainability, 2022.

[3] MacKay, Heather, Brian M. The Importance of Instream Flow Requirements for Decision-Making in the Okavango River Basin[J]. Transboundary Rivers, Sovereignty and Development, 2003, 275-302.

[4] Thame. R. 2003. A global perspective on environmental flow assessment: emerging trends in the development and application of environmental flow methodologies[J]. River Research and Applications, 1999: 397-441.

[5] Tennant D L. Instream Flow Regiments for Fish, Wildlife, Recreation and Related Environmental Resources [J]. Fisheries, 1976, 1(4): 6-10.

[6] 成波. 水资源短缺地区河道生态基流的计算方法及保障补偿机制研究[D]. 西安: 西安理工大学, 2021.

[7] 董哲仁, 孙东亚, 赵进勇, 等. 河流生态系统结构功能整体性概念模型[J]. 水科学进展, 2010, 21(4): 550-559.

[8] 吉利娜. 水力学方法估算河道内基本生态需水量研究[D]. 杨凌: 西北农林科技大学, 2006.

[9] 高志玥, 李怀恩, 张倩, 等. 宝鸡峡灌区农业供水效益 C-D 函数岭回归分析[J]. 干旱地区农业研究, 2018, 36(6): 33-40.

[10] 刘昌明, 门宝辉, 赵长森. 生态水文学: 生态需水及其与流速因素的相互作用[J]. 水科学进展, 2020, 31(5): 765-774.

[11] 李怀恩, 岳思羽. 河道生态基流的功能及价值研究——以渭河宝鸡段为例[J]. 水力发电学报, 2016, 35(11): 64-73.

[12] 李芬, 李文华, 甄霖, 等. 林生态系统补偿标准的方法探讨——以海南省为例[J]. 自然资源学报, 2010, 25(5): 735-745.

[13] 林世泉. 我国灌溉用水管理技术的发展[J]. 灌溉排水, 1992, 11(1): 28-30.

[14] 穆贵玲, 汪义杰, 李丽, 等. 水源地生态补偿标准动态测算模型及其应用[J]. 中国环境科学, 2018(7): 2658-2664.

[15] 宋进喜, 李怀恩, 王伯铎. 西北开发中的水资源问题及对策[J]. 长安大学学报, 2002, 22(6): 108-112.

[16] 田长彦, 周宏飞, 宋郁东. 以色列的水资源管理、高效利用与农业发展[J]. 干旱区研究, 2002, 17(4): 63-67.

[17]　吴洁珍，王莉红．生态环境建设规划中引入生态环境需水的探讨[J]．水土保持，2005，12(5)：59-62．

[18]　王雁林，王文科，杨泽元．陕西省渭河流域生态环境需水量探讨[J]．自然资源学报，2004，19(1)：69-78．

[19]　徐宗学，彭定志，庞博等．河道生态基流理论基础与计算方法：以渭河关中段为例[M]．北京：科学出版社，2016．

[20]　杨兰，胡淑恒．基于动态测算模型的跨界生态补偿标准—以新安江流域为例[J]．生态学报，2020，40(17)：5957-5967．

[21]　杨志峰，张远．河道生态环境需水研究方法比较[J]．水动力学研究与进展，2003，18(3)：294-301．

[22]　张倩，李怀恩，高志玥，等．基于河道生态基流保障的灌区农业补偿机制研究——以渭河干流宝鸡段为例[J]．干旱地区农业研究，2019，37(1)：51-57．

[23]　张倩．渭河干流关中段河道生态基流保障补偿研究[D]．西安：西安理工大学，2018．

[24]　赵宇．渭河干流关中段生态基流价值时空变化研究[D]．西安：西安理工大学，2015．

[25]　张代青，高军省．河道内生态环境需水量计算方法的研究现状及其改进探讨[J]．水资源与水工程学报，2006，17(4)：68-72．